线性建设工程生态环境影响评价：理论、方法与实践

陈利顶 等 著

本书是环保公益性行业科研专项“不同类型建设工程生态环境影响定量评价技术和方法”（201209029）的研究成果，由该项目资助出版。

科学出版社
北京

内 容 简 介

本书是基于环保公益性行业科研专项“不同类型建设工程生态环境影响定量评价技术和方法”项目的研究成果编著完成的。全书分上、下两篇，共八章内容。上篇主要从线性建设工程的类型与特点、建设工程生态环境影响评价现状与发展趋势、生态环境影响敏感评价因子筛选、生态环境影响定量评价技术与方法、生态环境影响阈值识别原则与方法等方面进行了系统的论述；下篇结合具体案例研究，从道路建设工程生态环境影响定量评价技术与方法、油气管道工程生态环境影响定量评价技术与方法、输水管道工程生态环境影响定量评价技术与方法，论述了建设工程中如何开展生态环境影响定量评价的具体思路。

本书适合从事环境保护的管理部门、科研机构从业人员参考使用，也适合作为环保行业准入考试的参考用书。

图书在版编目（CIP）数据

线性建设工程生态环境影响评价：理论、方法与实践／陈利顶等著.
—北京：科学出版社，2016.3
ISBN 978-7-03-047328-8

Ⅰ.①线… Ⅱ.①陈… Ⅲ.①建筑工程–生态环境–环境影响–评价
Ⅳ.①X820.3

中国版本图书馆 CIP 数据核字(2016)第 026736 号

责任编辑：马 俊／责任校对：张怡君
责任印制：赵 博／封面设计：北京铭轩堂广告设计有限公司

科学出版社出版
北京东黄城根北街 16 号
邮政编码：100717
http://www.sciencep.com
北京科印技术咨询服务有限公司数码印刷分部印刷
科学出版社发行 各地新华书店经销
*
2016 年 3 月第 一 版 开本：787 × 1092 1/16
2017 年 4 月第三次印刷 印张：14
字数：330 000
定价：108.00 元
(如有印装质量问题，我社负责调换)

前　　言

生态环境影响评价是环境管理的基础，也是环境管理的重要手段。生态环境影响评价是在现状调查、问题识别与影响预测的基础上进行的，通过全面调查和综合分析开发建设项目和生态环境的特点及相互作用，预测和评估人类活动对自然生态系统结构和功能所造成的影响，最终提出预防或者减轻不良环境影响的对策和措施，为解决人类面临的生态环境问题，开展生态系统管理和实现区域可持续发展提供技术支持。

目前，建设工程环境影响评价中，水、气、声等环境污染类评价已经具有比较系统的评价技术和方法。由于生态影响的复杂性、长期性和潜在性特点，建设工程的生态环境影响仍缺乏可靠的定量技术与方法。环境保护部（环保部）自 20 世纪 90 年代就颁布实施了《环境影响评价技术导则——非污染生态影响》，并于 2011 年颁布了《环境影响评价技术导则——生态影响》。但由于生态环境影响评价是一个多层次、多目标、多任务的系统工程，增加了生态环境影响评价的难度。现有生态环境影响评价缺乏简单实用的评价方法和统一的可定量化的评价指标，评价的指标体系可操作性较差。在评价分类定级上主要依据工程规模，虽然提出了生态因子分析的内容和过程，但缺乏对建设项目的工程类型、规模、区域生态系统特点与生态环境影响关系的系统辨识和深入研究，盲目追求对生态影响的全面评价，评价范围和内容的特征性和针对性不强，评价结果无法提供科学明确的评判依据。此外，也缺乏对关键敏感生态因子尺度特征的考虑。所有这些问题，造成了建设项目生态环境影响评价在实际操作中具有一定的随意性和不确定性，直接影响环境影响评价结果的可信度。随着人们对生态环境问题认识的重视和深入研究，对工程建设项目生态环境影响进行系统、科学的评价成为目前环境管理工作的必然需求，尤其在生态环境影响定量评价方面，迫切需要相关技术支持。

面对建设工程生态影响评价中存在的难点，2012 年环保部立项启动了针对“不同类型建设工程生态环境影响定量评价技术和方法”的研究，其主要目的是探讨不同建设工程类型和规模与生态环境影响之间的关系，阐明不同类型建设工程生态环境影响的类型、特征、范围、程度及空间尺度特征，建立生态环境影响定量评价的指标体系和评价方法。本书正是基于该项环保公益性行业科研专项的研究成果编著完成的，全书分上、下两篇共八章内容。上篇主要从线性建设工程的类型与特点、建设工程生态环境影响评价现状与发展趋势、生态环境影响敏感评价因子筛选、生态环境影响定量评价技术与方法、生态环境影响阈值识别原则与方法等方面进行了系统的论述；下篇结合具体案例研究，从道路建设工程生态环境影响定量评价技术与方法、油气管道工程生态环境影响定量评价技术与方法、输水管道工程生态环境影响定量评价技术与方法等方面，论述了建设工程中如何开展生态环境影响定量评价的具体思路。

本书第一到第三章由肖峻和汪亚峰撰稿，第四章、第五章由时鹏撰稿；第七章由时鹏、肖俊和汪亚峰撰稿；第六章由张慧、徐丽丽和刘方正撰稿；第八章由吴刚撰稿。全书由陈利顶和汪亚峰统稿。

对于建设工程的生态环境影响不仅要关注施工过程中的直接影响，同时要特别注重工程运营期间不同尺度下的潜在影响及长期的累积影响。因此，定量评价建设工程的生态环境影响十分困难。本书结合案例研究，对不同类型的建设项目生态环境影响的定量评价技术和方法进行了一些尝试，希望本书的出版可以起到抛砖引玉的作用，以推动我国生态环境影响定量评价技术与方法的发展。限于作者水平，本书不足之处在所难免，敬请读者批评赐教。

作　者

2015 年于北京

目　　录

上　篇

理论与方法

1 线性建设工程的类型与特点

1.1 线性建设工程类型

线性建设工程是指廊道式的建设工程，即以线状、条带状格局形式开展的施工建设活动，如铁路、高速公路、油气输送管道、大型引水调水工程等。20 世纪 90 年代以来，我国先后投入运营了一系列大型廊道式建设工程建设项目。

1.1.1 道路工程特征

道路是指道路路面，以及道路两侧或者任何与之平行的植被带等附属工程，如高速公路中间的植被带、两侧的隔离带等。与其他运输形式相比，公路运输具有“面对面”、“户对户”的特点，因此它是运输体系中最为活跃、最为有效的一种运输方式。道路交通以其灵活、快捷、方便、机动、覆盖面广、通达深度深、可达性好等特点，成为现代综合交通运输体系的重要组成部分（王建军，2003）。

2004 年国务院通过了《国家高速公路网规划》，提出我国高速公路网由 7 条首都放射线、9 条南北纵向线和 18 条东西横向线组成，简称为“7918 网”，总规模约 8.5 万 km。根据交通运输部发布的《2014 年交通运输行业发展统计公报》统计，截至 2014 年年底，全国公路总里程达 446.39 万 km，其中高速公路里程 11.19 万 km。高速公路可以连接 90%目前人口在 20 万以上的城市，高速公路达到 5 万 km，二级以上公路达到 40 万～45 万 km。干线公路基本达到二级以上标准。到 2020 年全国公路总里程达到 260 万～300 万 km，高速公路达到 7 万 km 以上，连接所有目前具 20 万以上人口的城市，基本形成高速公路网，二级以上公路总里程达到 60 万～65 万 km，连接所有的县。乡到行政村公路基本达到高级、次高级路面标准，人口在 20 万以上的城市高速公路连接率达到 90%。公路客运量占综合客运量的 91%，货运量占综合货运量的 71%，在综合运输中的作用逐年增大（郝红彬，2007）。作为国民经济和社会发展的重要基础设施，道路组成了重要的廊道式交通线路，在现代综合交通运输体系中占据着极其重要的地位，为我国国民经济和社会的发展做出了突出的贡献。

按照交通功能，可将道路分为高速公路、快速公路、主要干道、次要干道、地区公路五类；按地形分区进行分类，可将道路分为平原区（地形平坦）公路、丘陵区（地形起伏）公路、山岭区（地形复杂）公路；按地区进行分类，可将道路分为乡区公路与市区道路；按气候分区进行分类，可将道路分为一般地区（无积雪结冰地区）公路和冰雪地区（有积雪结冰地区）公路。

道路的快速发展，带动了地区经济的快速发展，但给生态环境也带来较大的压力。道路是典型的人为活动的产物，对许多生态过程产生直接或间接的影响，其影响尺度从种群到景观。交通工程占地面积大，需要将路面植物移除并挖筑地基、压实路面，部分区域需要修建高架桥、立交桥等。路网的形成不仅会改变区域生态环境，同时还会改变原有的景观结构，改变物流、能流及信息流的传输方式和通道（章家恩和徐琅，1995）。随着道路设计标准的逐步提高，路基填挖高度加大，势必造成大量的高填深挖路段，为了减少费用，这些路段很少以高架桥和隧道的方式通过而以填挖土方为主。由此，引发了一系列问题，如高边坡使山体严重被切割且处于不稳定状态，高填深挖后频频诱发环境地质灾害，由防护加固、地基处理工程的增加引起工程费用的不断增加等。此外，在施工中乱挖、乱弃土石方，大量的废弃方堵塞河道，以及排水系统设计不合理、施工破坏原有植被与水系等造成的水土流失，直接的后果是对自然环境造成极大的影响，甚至破坏当地的生态系统平衡，给子孙后代留下无穷的隐患。同时公路在平原微丘地区以高填方穿越农田、林地、草地、水网、村镇时，一方面造成自然景观的人为分割，使公路在整个环境中显得十分生硬、呆板，形同异物，与周围景观不协调，造成行车的不适与安全隐患；另一方面占用了大量的土地，特别是占用一些生态价值较高的林地、草地、耕地、水域等，使占地区域在水源涵养、生物多样性保护、土壤形成与保护、气候调节等方面的功能下降，生态环境恶化，影响人们的日常生活。

1.1.2 油气输送管道工程特征

现代管道运输起始于19世纪中叶，萨缪尔于1865年首先在美国宾夕法尼亚州泰特期绍尔油田内铺设了第一条输油管道。经过100多年的发展，管道运输业已经成为与铁路、公路、航空、水运平行的五大运输手段之一。油气管道输送方式与常规能源运输方式相比，具有成本低、损耗低、运输量大等诸多优点（Howgego and Roe，1998；Egbunike and Potter，2011），具体包括以下几方面。

（1）大大减少转运换装环节，实现连续运输，避免空车返回的运力浪费，运量大，效率高，易于实现自动化管理。

（2）管道建设投资省、见效快、占地少。据初步估算，建设一条长7000km的管道，它所产生的社会经济综合效益，仅降低运输成本、节省动力消耗、减少运输中的损耗3项，每年就可以节约资金达10亿元左右。而且，管道建成投产后，90%的土地可恢复使用，实际占地只有铁路的1/9。

（3）运输过程可实现完全密闭化，安全性高、损耗低。对于油气输送管道来说，汽车、火车运输均有很大的危险，而管道在地下密闭输送，具有极高的安全性。管道运输的燃料消耗是铁路的1/2，是公路的1/9；运输损耗是铁路的1/3，是公路的1/2。

（4）可适应各种复杂地形、地貌和气候条件。由于管道输送在运输气体、液体、浆体等散装物品方面所具有的独特优势，目前已经成为许多国家投资的重要工程。

根据输送介质不同，油气管道可以分为以下几类：①原油管道。管道布局是石油生产地与炼油厂、化工厂等用油地相连，也通过水陆联运、管道输送到海港、内河码头装油船。②成品油管道。主要用于连接炼油厂和化工厂、电厂、化肥厂、商业成品油库及其他用户。我国成品油管道大部分都是管径小、距离近、输送油品单一的管道。③天然气管道。用于输送气田天然气和油田伴生气的输送管道，由开采地或处理厂输送到城市配气中心，是陆地上大量运输天然气的唯一方式。④煤浆、矿浆管道。将其粉碎后加水呈浆状通过管道运输，当前在我国应用较少。

由于管道运输的种种优势，其已经成为当前世界上石油和天然气中、长距离运输的主要方式，全球 100%的天然气、85%以上的原油的运输均是通过管道输送来实现的（Liu et al.，1998；宋艾玲等，2006）。截至 2008 年年底，我国建成并运行的油气管道长达 6.4 万 km，天然气、原油和成品油管道依次为 3.2 万 km、1.9 万 km 和 1.3 万 km（蒲明，2009）。我国主要的油气管道工程包括以下几方面。

（1）西气东输工程。它是我国管道最长、口径最大的天然气管道输送工程。全程采取干支结合、配套建设方式进行设计，共包括Ⅰ线、Ⅱ线和Ⅲ线工程。其中Ⅰ线工程起于新疆轮南，途经 10 省（区、市），全长约 4000km；Ⅱ线工程于 2011 年 6 月 30 日正式投入使用，西起新疆霍尔果斯口岸，南至广州，主干线和 8 条支干线长度超过 9100km，设计输气量年达 300 亿 m^3；Ⅲ线工程部分地段于 2013 年正式启动，预计 2015 年全线贯通。

（2）陕京Ⅱ线输气管道工程。该工程西起陕西省靖边县，途经陕西省、山西省和河北省，东至北京市大兴区采育镇，全长 935.4km，设计输气量为 $120\times10^8m^3/a$（李影等，2009）。

（3）西部原油、成品油管道工程。该工程是西气东输工程之后的又一条重要的能源输送线路。它从新疆鄯善出发，往东南到达兰州，总长度为 1858km，设计年输油量 2000×10^4t。

（4）甬沪宁进口原油管道工程。甬沪宁进口原油管道南起宁波大榭岛，向北越过杭州湾后到达上海浦东的高桥石化，抵达南京扬子石化，具有成熟的海底、水下输送技术，投产后年输送能力达到 2500×10^4t。

另外，我国建设并投入运行的油气管道建设工程还有中缅油气管道工程、中哈油气管道工程、中俄原油管道工程等跨国管道工程，以及各类小规模、支线工程，油气管道网络已经形成“北油南运”、“西油东进”、“西气东输”和“海气登陆”的输送格局。

一般来说，管道铺设在地下 1～2m 的深度，油气管道建设一般需要开挖管沟，挖掘土方，将管道埋入地下，再将表土回填，并逐渐恢复地表地貌。修建时需要拆迁管线沿线地区房屋，遇到河流时一般采取河床定向钻穿越或者架设桥梁穿越。管道沿线设置压气站、分输站、清管站等阀室，必要时需要保留一侧或者两侧的伴行公路（黄春芳，2008），并每隔一段距离在地表竖立标志桩或者测试桩，标注位置和走向。从环境影响的角度来看，油气长输管道工程有如下特点（熊婷，2011）：①长输管道工程一般管线较长，管径较大，临时占地面积大，弃土石方分散且量大，影响面广；②长输管道建设过程的作业线路清理将破坏地貌；③作业线路的清理还可能涉及居民搬迁，线路沿线区域的生态系统功能将发生改变等；④输送的介质为天然气、原油、成品油等，具有一定的危险性。

1.1.3 沟渠与输水管道工程特征

输水管道是从远距离水源地输水到缺水地区的管道和渠道的统称。广义上指长距离的整个输水系统，包括管道、明渠、暗渠和隧洞等。狭义上仅指跨越山谷、河谷或低洼地的输水构筑物。输水管道有各种不同的形式：按供水情况分，有重力供水和水泵供水（或称压力供水）；按水力条件分，有重力流和压力流；按水流形式分，有满流和非满流；按构筑物类型分，有地面渠道、高架渠道（包括渡槽）、管道和隧洞等。大型输水管道建设工程往往是多种输水管道形式的组合。

输水管道工程应用广泛，当前，国内已建成或在建设中的输水工程包括：东深供水工程、引滦入津工程、黄河万家寨、引黄济青工程、西安黑河引水工程、南水北调东线、中线工程等，国外较大的工程包括美国高平原输水项目、原苏联列宁卡拉库姆运河、澳大利亚雪山工程等，以及计划设想中的西安引汉济渭工程、南水北调西线工程、甘肃白龙江引水工程、中俄之间的贝加尔湖引水工程等。

一般来说，沟渠和输水管道工程具有以下几个方面的特性。

（1）减少渗漏并保护水质。管道输水由于水被密封在管道内，几乎没有蒸发也不会污染，而管身和接口的渗漏量是非常少的，这与土渠、砌石渠道的蒸发量相比显然是微不足道的。

（2）节省土地资源。暗渠及输水管道除了泵站和（检查测流）阀井的少量永久占地外，其余均为临时占地，输水管道埋在地下大大减少了永久占地和拆迁量。城市人口增长迅速、人民生活质量提高等社会因素，使得土地资源的供应面临着巨大的压力，在这种情况下进行供水引水工程基础建设，输水管道工程自然成为提高土地使用率的首选方案（裴源生等，2004）。

（3）对环境影响小，便于管理和维护。由于输水管道埋在地下，除了阀门、阀件需定期检查外，其他基本不需要维护，维修费用少，且管线一般是根据地形起伏布置的，穿越道路、河渠均采用倒虹吸地埋，彻底解决了输水与洪涝、输水与交通的矛盾，管理起来比较方便。

（4）工期短，施工速度快，减少了占地时间，有利于被占土地早日恢复生产。

（5）运行安全，使用寿命长。由于输水管道是埋在地下的，一般不受外界自然因素的影响，人为破坏的概率非常低。

随着我国城市建设的发展，输水管道建设工程日渐增多。输水管道建设工程在满足生产力发展需求的同时，又不可避免地在一定程度上改变了自然地貌和生态环境。管道工程建设一般分为 3 个阶段：勘察设计期、施工建设期和营运期。由于各个阶段的工程特征与建设任务不同，其对生态环境的影响程度也不一样。管道工程建设的主要工程量集中在施工建设期，对区域生态环境的影响也集中于此阶段。合理实施跨流域调水计划有助于水资源的充分利用和改善生态环境，反之，不合理的调水规划及其工程不但不能达到预定的目标，反而产生一系列生态环境问题，遭到大自然的报复。

1.1.4 其他类型线性建设工程特征

铁路、大型长距离输电线网等均属于线性建设工程，这些大型长距离线性建设工程在国民生产中具有重要的作用。

铁路运输是现代运输的主要方式之一，也是构成陆上货物运输的两个基本运输方式之一。它在整个运输领域中占有重要的地位，并发挥着越来越重要的作用。由于受气候和自然条件的影响较小，且运输能力及单车装载量大，在运输的经常性和低成本性方面占据了优势，再加上有多种类型的车辆，使它几乎能承运任何商品，几乎可以不受重量和容积的限制，而这些都是公路和航空运输方式所不能比拟的。自 2009 年开始，我国铁路建设进入大规模发展阶段，2010 年，中国交通基建投资约为 2 万亿元，其中铁路投资额约为 7000 亿元，占全行业的 35%。2014 年年底，全国铁路营运里程超过 11 万 km，居世界第二位；其中高铁运营里程超过 1.5 万 km；复线率和电气化率分别提高到 45.1%和 70%。到 2015 年，全国铁路旅客发送量或将完成 30 亿人左右；到 2020 年，铁路客运量或达到 50 亿人。即“十二五”期间铁路客运量的年均增速为 12.35%，明显高于“九五”和“十五”期间 2.58%和 7.75%的年复合增长率，铁路客运增速将达到一个相对的顶峰。

铁路工程建设项目施工周期长，施工期对生态环境的影响较大，隧道开挖、桥梁施工和填筑路基等土石方工程均会对环境造成不利影响。在建设阶段，铁路工程对环境的影响主要是改变地貌、占用土地、破坏植被等。具体来说，铁路建设期间对环境的影响主要有以下几个方面：①对土地资源的影响。除铁路修建本身占用土地外，铁路工程施工期间，施工单位的临时设施、临时房屋和废弃土场等也占用土地；铁路工程修建过程中，由于开挖路堑、取土填筑路堤、开凿隧道等，对山坡及表土搅动较大，会使周围植被遭到破坏；铁路工程施工中还存在弃土弃渣。②对水环境的影响。主要是施工过程中的生产生活污水所产生的影响。另外，在桥墩施工中，挖坑排水会增加水中的泥沙含量。③施工噪声影响。开山放炮或机械化施工路段，由推土机、挖掘机、装载机等施工机械产生的噪声，将对周围环境产生一定的影响。④对大气环境的影响。在气候干燥的季节施工时，土石方施工现场的二次扬尘是污染大气的主要因素。机械化施工路段，燃油施工机械排放的尾气，如 CO、SO_2 等会增加该路段的大气污染。

长距离输电线路是解决我国电力资源空间分布不均，东南及沿海地区季节性电力缺乏的重要手段。输电线路根据输送电压不同，分为高压输电线、超高压输电线和特高压输电线。20 世纪 50 年代提出的高压输电方案目前已经得到广泛应用，自从 1981 年我国第一条 500kV 高压输电线路（平顶山—武昌）投入运行以来，高压输电线路发展迅速，并逐渐成为我国电力系统的主干网络，220kV 与 330kV 输电线路电压等级已成为大中城市的主干网。随着西北电网中的拉西瓦水电站、公伯峡水电站等枢纽工程的相继开工建设，国家在西北建设 750kV 电压等级的输变电工程。该交流试验工程也是首个国内最高电压等级特高压交流示范工程，是我国自主研发、设计和建设的具有自主知识产权的 1000kV 交流输变电工程（李建基，2004）。晋东南—南阳—荆门特高压交流试验示范工程全长 640km，纵跨晋豫鄂三省，其中包含黄河和江汉两个大流域跨越段。线路起自山西 1000kV 晋东南变电站，经河南 1000kV 南阳开关站，止于湖北 1000kV 荆门变电站。2008 年 12 月 30 日 22 时，该工程投入试运行，2009 年 1 月 6 日 22 时，该工程顺利通过 168h 试运行。国家电网公司在 2010 年 8 月 12 日首度公布，到 2015 年建成华北、华东、华中（“三华”）特高压电网，形成“三纵三横一环网”的电网格局。

长距离输电线网带来的生态环境问题包括工程建设破坏植被、产生边坡从而诱发水土流失、改变土地利用类型、破坏景观格局和视觉美感等线性建设工程的常见影响，同时还改变了周边区域的电磁环境，而当前的研究认为，人体暴露在较强的电磁波辐射中会感觉不适，长时间暴露在辐射中可能会引发疾病。

1.2　线性建设工程对生态环境要素的影响

廊道式建设工程不可避免地给所经过地区的生态环境带来一系列的扰动作用，从而使得该地区的生态系统功能和环境质量发生改变（Spellerberg，2002；Forman，2003）。工程作业直接破坏区域内的植被生长，影响野生动物的生存，从而影响初级生产能力和次级生产能力，而且由于边缘效应的影响，破碎化后的生境总量比最初的整体要少，公路、铁路所起的阻隔作用尤其不利于物种和基因的交流，进而降低生态系统内的能量流动和物质循环能力（Develey and Stouffer，2001；成文连等，2010）。同时，廊道工程所带来的人为干扰大幅增加，驱动周边地区土地利用方式的改变，并作用于上述各个方面，在多个方面对生态系统产生不利影响，使得整个生态系统易发生退化，增加了生态风险。针对具体生态要素，有如下几个方面的影响。

1.2.1　土壤环境

线性建设工程的建设期对所处地区的土壤环境有较大影响，而运营期则会给土壤环境带来长期的潜在影响。以道路为例，道路建设活动和车辆运行加大了道路对邻近区域土壤的压实作用，这种效应甚至可以高达未受干扰区域的 200 倍，其直接后果是增加土壤容重，土壤容重的增加会导致土壤持水能力的下降。在长期干扰下，道路边界土壤的质地和组成将发生改变，其中土壤质地由细腻向粗糙转变。更重要的是，土壤物理环境的改变短时间内难以恢复，而且这种由机械压实和碾压产生的效果并不会随着道路的废弃而立刻消失，这种影响将持续数十年乃至更长的时间。此外，道路建设能够增加道路两侧的土壤酸碱度，使用的建筑材料会增加道路及周边地区土壤中的铅、铝、铁、镉等重金属含量，从而逐渐改变土壤环境（郭广慧等，2007）。管道建设期也有机械碾压和管沟开挖后的回填过程，这些工程步骤还会改变施工场地及两旁土壤质地，影响土壤肥力，改变土壤的理化性质（潘荣叁，2011）。

1.2.2　植被

地表植被是森林生态系统、草原生态系统、农业生态系统及人类生存环境的主要组成部分。线性建设工程不仅会影响植物群落结构的稳定性，同时也会改变植被组成，影响群落的更新和演替过程，从而对沿途植被产生深刻的影响。由于开挖沟道、路基及建设施工车辆通行的需要，作业区及两侧的植被将会被完全破坏，弃渣场、生活区、材料堆放点也会造成周边植被破坏，使得植物生存环境质量降低（孔国辉，1988），土壤质量下降，立地条件改变，生态系统退化。此外，施工和取土工程可能造成地下水出露，改变表层土体的含水量，从而使山体植被类型发生变化，施工期的扬尘和运营期的汽车尾气也会影响区域内植被的光合作用，减少其生态效率；实施的道路绿化工程，人为改变了植被结构，引入非本地植物物种，并使地区的绿当量发生改变。

1.2.3 土地利用类型

线性建设工程，尤其是公路和铁路建设会占用大量的土地资源，修建路基或者架设高架桥，从而改变了土地利用类型。路基和场站需要占压土地、取土采石挖毁土地、施工临时占用土地（辅道、作业场、施工队伍居住区）等，必须挖方后填土压实以修筑地基，部分地段需要掺加填料加固地基，将长期占用沿线地区的部分耕地和非耕地，这些被占用的耕地和非耕地的原有功能将长期被改变。建设项目占用土地后，沿线地区进行拆迁安置，另辟房基也可能造成耕地减少；或安置不当，村民开山建居、毁林置地造成植被破坏，使得人地矛盾更加突出，同时也破坏了原有生态系统的平衡。在施工过程中，必须挖方后填土压实以修筑地基，部分地段需要掺加填料加固地基，这些措施都会永久性地改变工程所占区域的土地利用类型，而且即便是采取恢复措施，也难以恢复到之前的正常水平。

1.2.4 水文

线性建设工程可能会改变地表径流的固有态势，从而造成冲、淤、涝、渍等局部影响。例如，我国的高速公路和铁路大多采用高路堤，从而保证在洪水季节水流畅通，又易于多开涵洞通道，以利于道路两边社区的往来。但高路堤犹如长堤横卧在大地上，阻隔地表径流，改变地表水系和水流方向。在洪水季节，行洪通道不足可能阻滞涝水排泄，导致局部地带渍涝。而在专门留下的行洪泄洪口处，因洪流量大又可能造成局部地方被冲刷或淤积。道路建设中一些地段的特殊工程施工会改变地下水自然埋藏和迁移的环境，破坏正常的开采规律，引起地下水位下降，从而影响部分植被的自然生长。

对于水生态系统的影响阶段主要集中在建设期，修建跨河、跨江大桥时，对水生态系统产生了剧烈扰动。但部分工程在运行期间也可能产生影响，如管道穿过河流时，施工下游方向水体中的泥沙明显增加，栖息地环境的改变将影响鱼类的呼吸率等生理特征等（Lévesque and Dubé，2007）。

1.2.5 栖息地

线性建设工程穿越自然保护区和生物栖息地时，必然会对栖息地生境产生影响，其中最重要的影响是导致生境破碎化。生境破碎化是在人为活动和自然干扰下，大块连续分布的自然生境被其他非适宜生境分隔成许多面积较小的生境斑块（岛屿）的过程（傅伯杰和陈利顶，1996）。生境破碎化不仅会导致适宜生境的丢失，而且能引起适宜生境空间格局的变化，从而在不同空间尺度上影响物种的扩散、迁移和建群，以及生态系统的生态过程和景观结构的完整性，是许多物种濒危和灭绝的重要原因。

线性建设工程产生的栖息地生境破碎化突出表现在两个方面：①形态上的破碎化。随着人类活动的增强，景观中破碎化生境增加。其结果是适宜于生物生存的栖息地面积急剧减小，在一定程度上降低了栖息地保护物种的功能；另外随着斑块形状（栖息地）的复杂化（破碎化），斑块边缘效应增强，导致自然栖息地核心区面积减少，在极大程度上减弱了栖息地保护生物多样性的功能。②生态功能上的破碎化。指栖息地（斑块）内部生境的破碎化，主要是由气候条件、人为活动的影响造成栖息地内部生态环境质量的下降，或由自然环境因子在空间组合上的不匹配而导致生境适宜性的降低或在空间分布上的破碎化（陈利顶等，2014）。线性建设工程产生的生境破碎化状况在这两个方面均较为明显，因此既破坏了原有景观的生态功能，同时也降低了景观内部的连通性，产生边缘效应（Hardt et al.，2013；Solé-Senan et al.，2014）。

1.2.6 景观格局

线性建设工程一般会形成景观中的特殊廊道，具有通道、屏蔽或过滤、生境、源和汇 5 个基本功能。同时还具有完全连通性（Forman and Alexander，1998），所以在整个景观中，线性建设工程及其组成的网格本身对景观有一定的生态影响。同时，线性建设工程作为深入景观的途径，有利于人类的土地利用和开发，并且更强烈地改变着景观格局和生态过程。它在所进入的景观中产生廊道效应，使景观格局发生变化（宗跃光，1999；刘世梁等，2005；陈利顶等，2010）。连续的整体景观转变为分割和破碎的景观镶嵌体，破碎化程度将会加大，从而威胁到生物多样性的维持，降低生态环境的稳定性，增大环境保护的难度。护坡、绿化等植被恢复措施虽然起到了一定的固土、美化作用，但改变了原有生态景观的风貌，增加了景观异质性，同时也降低了景观的连通性，增加了景观破碎化程度，改变了整体景观功能。

1.2.7 其他要素

线性建设工程类型多，跨越区域长，产生的生态环境影响复杂多样。除了对上述几类生态环境要素产生影响外，针对不同的线性建设工程，或者对于特殊的生态环境、敏感区域还有其他方面的影响。其中比较重要，值得关注的影响包括以下几方面。

（1）对声环境的影响。对声环境产生影响的线性建设工程主要是公路、铁路等具有交通运输类功能的线性建设工程，其他工程的影响主要集中在建设期，工程建设完成后对声环境影响较小，甚至没有影响。而公路和铁路修建后，汽车和火车的通行会产生较大噪声，影响周边居民点的声环境健康，干扰周边动物的栖息地环境。

（2）增加入侵生物、流行性疾病的传播途径和范围。植物种子、昆虫幼虫等可能会附着在汽车上，或者通过人为引入，进入周边区域，从而对原生态系统造成不可预计的后果。流行性疾病也有可能沿着线性建设工程进行传播。如长距离输水工程为长江流域的钉螺作为入侵种进入北方提供了可能，增大了血吸虫病的传播风险（缪峰等，2004）。

（3）改变电磁环境。高压输电线路会对周边电磁环境产生影响，有可能对人体和动植物的生长产生不利的影响。

1.3 线性建设工程生态环境影响的特点

1.3.1 不同类型线性建设工程影响的特点

由于不同的线性建设工程之间各有差异，因此其对生态环境的影响也具有各自的特点。

（1）道路工程：公路交通所排放的尾气含有 CO、NO_x 等污染物质，对大气造成了污染（张振维等，2000；Van Bohemen and Van De Laak，2003），并扬起粉尘，增加空气中的颗粒物数量，对人体健康和植物光合作用造成损伤（Auerbach et al.，1997）；随着交通流量增加，道路周边环境中土壤重金属和植株上附着的重金属总量也会显著性增加，二噁英、多氯化联二苯等持久性有机污染物浓度明显上升（Benfenati et al.，1992；郭广慧等，2007）。公路和铁路两旁固体废弃物增加，由此导致途经区域水体污染风险增大（Gjessing et al.，1984）。与此同时，车轮摩擦及路面材料易于吸收热量，产生道路热岛效应（Jones，2000）。通过道路建设形成路域生态系统，而路域生态系统的形成会带来明显的廊道效应，由此会导致外来物种通过道路扩散，并干扰周边地区植物群落的稳定性，破坏群落演替过程（Tyser and Worley，1992；尹忠东等，2006）；Andrews（1992）研究表明，道路交通引起脆弱生态区物种生境破碎化和岛屿化，从而造成栖息地面积缩小、生境质量下降，由此导致种群数量减少，甚至在该地区灭绝。

（2）油气输送管道。油气输送管道在运营期会显著升高周边土温，降低土壤水分含量（Hopmans and Dane，1986），从而改变微生物群落种类，提高微生物活性，降低土壤有机质含量（赵静等，2011），增大区域蒸发量，并使得植被退化，加快作物成熟（穆从如和杨林生，1995）。Zink 等（1995）研究发现，管道经过南加州生态保护区所形成的廊道主要由外来物种组成的同种植物群落构成，其与本地植物群落的相似性很低。此外，管道穿过河流时，施工下游方向水体中的泥沙会明显增加，栖息地环境的改变将影响鱼类的呼吸率等生理特征，干扰鱼类产卵，进而影响鱼类的生长率、孵化率、仔鱼成活率（Lévesque and Dubé，2007）。

（3）输水管道工程。输水管道工程属于非自然型的减少输水区水资源保有量的工程，如果不经过合理的规划和科学的论证，有可能会对当地水生态安全产生显著影响，引发水生态危机。输水管道工程可能会对水源区产生生态环境方面的影响，例如，南水北调工程建设后，长江河口地区盐度的变化及对城市供水水质的影响，研究者认为南水北调必然使得在枯水季节上海区段的长江干流盐分含量提高，对供水水质产生负面影响（杨桂山，2001）。

1.3.2 线性建设工程生态环境影响的共性

生态环境是指影响人类生存与发展的水资源、土地资源、生物资源及气候资源数量与质量的总称，是人类生存和发展的基础，其质量的好坏关系到区域社会经济的可持续发展（曲格平，2002）。当前，随着社会经济的迅速发展，人口、资源和环境的矛盾日益突出，对生态环境的胁迫加重了人类的生存危机，土地退化、生态平衡失调、生物多样性骤降等全球性生态问题日益凸显，不仅使国家经济、社会生活面临挑战，而且对国家安全和国民经济可持续发展构成了严重威胁（肖笃宁等，2002；施晓清等，2005）。线性建设工程生态环境影响突出表现为以下几个特点。

1.3.2.1 工程路径长，影响区域广，涉及的生态系统复杂

公路、铁路、沟渠及管道运输线路均属于长距离线性建设工程，跨越了不同类型的区域。由于我国幅员辽阔，长距离线性建设工程往往需要穿越上千公里的国土，因此不可避免地会穿越不同生态类型区，对不同的生态功能区产生影响。以西气东输Ⅰ线工程

为例，该工程从我国西北到东南穿过了 10 个省（市、自治区），途径区域的主要气候类型包括温带大陆性气候、高原山地气候、温带季风气候和亚热带季风气候四大类，沿途所经过的生态系统涵盖了干旱荒漠生态系统、荒漠草原生态系统、绿洲生态系统、草原生态系统、农业生态系统、森林生态系统、湿地生态系统等类型（陈利顶，2006）。因此，廊道式建设工程对生态环境产生影响的范围之广，影响的生态系统类型之多，区域之间的差异之大，使得产生的影响十分复杂多样。

1.3.2.2 廊道效应明显，人为影响增加

线性建设工程作为一种廊道型工程，是连接城市与城市、城市与乡镇的通道，是人类互相连接的廊道。但是，对自然界的不同生物类型来说，许多时候它却是一道无法跨越的屏障，起到了分离与阻隔的作用。这种作用会导致景观破碎化，将自然生境切割成孤立的斑块状，由此使生境岛屿化，降低生境承载功能，使生活在其中的生物变得更为脆弱。例如，当公路或者铁路穿过一片森林时，被其分割成两部分的森林总的生态服务价值将小于原先的整体森林景观的价值。线性建设工程将原来生活在森林两侧的动植物的生境隔离开来，如果被隔离后的斑块上的动植物种群数量太少，它们就会因为繁殖受到影响或生境恶化等而从该地区逐渐消失，森林生态系统的生物多样性维持价值也将随之下降。线性建设工程的分割会限制某些动物进入它们已经习惯的繁殖区或季节性觅食区，从而减缓和阻碍区域内的物质和能量流动。对于生态环境较为恶劣的区域，线性建设工程建设将占据隘口、狭谷或切断岭脊，深挖高填，而这些区域往往是某些动物重要的迁徙路径或者是某些稀有物种的重要栖息环境，因此线性建设工程有可能对其生存造成毁灭性的影响。

此外，线性建设工程建设使得沿线地区的人流和物质流的强度增加，速度加快，同时也扩大了人类活动范围，使许多原先难以到达或难以进入的地区变得可达和易于进入。这对自然保护区和珍稀资源的保护将会构成巨大威胁。而且，铁路、公路等线性建设工程的建设可以明显改变某一城市或乡村发展和扩大的方式，如高铁新建的火车站会刺激周边地区的经济发展、房地产的开发及第三产业的发展，由此会导致周边区域环境的改变等。线性建设工程将是这些变化的主要驱动因素，从而间接地造成工程两侧的景观格局发生改变。

1.3.2.3 非污染生态环境影响复杂

线性建设工程给生态环境造成的潜在影响和危害包括生物多样性下降、栖息地退化、水土流失、地质灾害、地热、景观格局变化等，这类非污染生态环境的影响种类繁多，类型差别较大，虽然没有污染环境，但是对生态环境的危害较大，体现出线性建设工程生态环境影响的复杂性。

线性建设工程往往会破坏工程两侧的植被，产生廊道效应，分割自然生态环境，限制动物活动范围，进一步降低栖息地的生态功能，从而使得栖息地质量下降，生物多样性丧失。另外，部分线性建设工程采用外来速生物种营造生物环境的手段来修复遭到破坏的原生植被，这为生态植被长期演替创造了条件，而且公路等线性建设工程也为外来物种入侵提供了条件（Zink et al.，1995）。

线性建设工程建设的水土流失是由于开凿隧道、修筑大开挖、高路堤，以及填挖路基扰动地表或岩石层堆置的废弃物等，造成对原地貌、土地和植物等水土资源的破坏和损失，是一种典型的人为加速侵蚀。其主要表现为土壤侵蚀和水力侵蚀两种形式。在道路、铁路等工程中，路基施工、取土施工和弃土施工 3 个阶段是水土流失的高发期。例如，输电线路由于以人为开挖作为基础平台，产生人工高边坡，导致水土流失（鲁先龙和乾增珍，2009）。

线性建设工程是一项空间跨度大的带状工程，需要跨越不同的地区和不同的地质单元，容易在自然条件的共同作用下引发环境地质灾害问题。山区公路、铁路和管道建设中最常见的地质灾害主要是崩塌、滑坡和泥石流。例如，山体的开挖使边坡岩体失去部分支撑力，坡脚处大量采石取土使坡脚应力发生变化，支撑力减弱，在局部强度较低的边坡处便可能发生崩塌。另外，在岩体较破碎地带，不合理的工程爆破也可能引发崩塌。而在古滑坡的前缘（抗滑段）开挖，会削弱滑坡和斜坡的支撑部分，诱发牵引式滑坡，而在古滑坡的后缘（下滑段）弃土、修建构造物，会使附加应力加大，增加下滑力，引起推移式滑坡。对泥石流的影响主要表现在工程占地和施工使沿线植被遭到破坏、山体裸露增加和开挖边坡产生的大量弃渣任意堆放等，为泥石流的发生提供了充足的松散物质来源和地表水迅速汇聚的条件，在暴雨的触发下便可能形成泥石流。

部分线性建设工程能够改变地表温度。例如，道路建设工程中，车轮摩擦产热及路面材料吸收太阳辐射，使得路面温度升高，产生道路热岛效应（Jones，2000）。研究调查发现，华北石油管道运行期间，地表土壤温度比相邻地段高出 1～3℃，蒸发量加大，秋季农作物提前 1～2 周成熟，冬季土表积雪提前融化（穆从如和杨林生，1995）。

1.3.2.4　影响的长期性和隐蔽性

线性建设工程往往都是永久性建设工程，一旦规划建设，将永久改变途经区域的土地利用类型，对途经区域产生的各类影响也是长期的。同样，线性建设工程项目建成之后，对生态环境产生的部分影响不会直观地表现出来，或者不易被人们所察觉。例如，大部分地段油气管道连通后，将土方回填，再进行植被恢复，使其带来的地温升高、土壤质地改变等影响受到忽视。同样，输水工程对北方缺水地区生态环境的改善起到了积极的作用，使得人们易于忽视其对水源区的生态影响及生物入侵等负面作用（盛海洋，2004；盛海洋等，2004；何志恒和张全发，2007）。而道路工程建成后，由于汽车尾气排放，尾气中的重金属和部分有机污染物进入周边土壤中，可能在多年后出现土壤重金属超标。这些细微而又长期的生态环境变化如果得不到人们的重视，会产生积累，逐渐从量变转为质变，从而造成生态环境的明显退化。

2 线性建设工程生态环境影响评价现状与发展趋势

人们在享受线性建设工程所带来的便利与快捷的同时，也逐渐认识到不合理的工程规划设计和建设会给区域生态系统带来一系列问题，而这些问题产生的后果将最终作用于人类社会，影响人类的生存与发展。而且线性建设工程跨越路线长，覆盖区域广，经过的生态系统类型复杂多样，对生态环境的影响既有各自的普遍性也有其特殊性，因此正确识别不同线性建设工程生态影响的类型和程度，进行科学合理的线性建设工程项目生态环境影响评价，已成为环境影响评价、生态保护和环境管理领域的研究重点之一（穆从如，1994；关华，2006；陈利顶等，2007）。

生态环境影响评价是指从生态系统观点，运用生态学、环境科学的理论和方法，对拟建设项目、区域开发计划和国家政策实施后对生态环境产生的物理性、化学性或生物性的作用及其造成的生态环境变化，以及对人类健康和福利的可能影响，进行系统的识别、预测和评估，并提出减少这些影响的对策，从而达到人类行为与环境之间的协调发展（毛文永，1988）。因此，线性建设工程的生态环境影响评价对于各种复杂生态系统的保护具有十分重要的作用，也是维持脆弱生态区域环境、实现人与自然和谐相处的有效保证，在线性建设工程项目及其他各类建设项目中占据着举足轻重的地位。基于线性建设工程及其生态环境影响评价的现状和重要性特点，本章对线性建设工程产生的各种生态影响、环境影响进行了概括；介绍了生态环境影响评价在线性建设工程项目中的具体应用和相关研究成果，并讨论了目前的环境影响评价研究所存在的问题，以期为线性建设工程生态环境影响评价工作的进一步完善和发展提供借鉴和依据。

2.1 生态环境影响评价的发展和特点

生态环境评价研究开始于 20 世纪 60 年代中期，美国国会于 1969 年通过《国家环境政策法》，成为了第一个建立环境影响评价制度的国家。伴随着人口的增长和社会工业化程度的提高，人类活动的范围和强度日益扩大，自然界越来越多地被打上人类活动的烙印，生态环境问题愈加突显。为了解决这些问题，人们意识到需要深入地理解生态环境结构、功能和过程，因此，生态环境影响评价研究逐渐受到重视，并成为学者研究的热点（海热提和王文兴，2004）。

从生态环境评价的研究对象来看，总体可以分成两大类，一是对生态环境所处的状态即生态环境质量进行评价，二是对生态环境的服务功能即生态环境的价值进行评价。研究初期主要是开展生态环境质量评价，包括生态安全评价、环境质量评价、生态风险评价、生物多样性评价、工程影响评价和生态健康评价等（Stockle et al.，1994；Tilman et al.，1996；Kooistra et al.，2001）。而后者在 Daily（1997）等的倡导下，也逐步得到了学者的认可，并开始服务于环境管理方面（吴伟光，2002）。

Forman 等（Forman and Alexander，1998；Forman，2003）确立的道路生态学对道路生态学重要的理论、原则、模型和概念进行了系统详尽的总结，引起了立法机构和研究人员对道路生态环境的重视，为交通工程的评价工作奠定了理论基础，促进了线性建设工程生态环境影响评价的发展。Fischer（1999）通过对英格兰北部、荷兰和柏林的 36 项交通基础设施政策、规划的研究，分析了交通规划对生态环境和有关社会经济影响的评价方法。Sherwood 等（2002）评价了公路网对野生生物生境的影响，认为其对野生生物的生存有着巨大的干扰能力。Ducros 和 Joyce（2003）采用 BZIEF 模型，建立以标准为基础的得分体系，对河岸缓冲带进行评价。

线性建设工程发展迅速，各种线路形成网络，遍布全国，而且扩展趋势迅猛，其对生态环境的影响愈加突显。以道路为例，在欧洲国家，公路及其边缘地段虽然仅占国土面积的 1%～2%，但其生态学影响范围则达到了国土面积的 15%～20%，重要性不容小视（Forman and Alexander，1998）。而且线性建设工程导致的生境质量下降、种群退化、生物多样性下降等后果，有可能在十几年后才显现出来，而使人们低估其生态学影响（Findlay et al.，2000）。Ferrary（1995）指出，环境影响评价是指导铁路线路规划和工程设计的重要方法，可以减轻铁路建设和运营期带来的负面环境效应，在环境保护方面能够起到积极的作用。采用生态影响评价的方法对线性建设工程环境影响进行分析和研究，能够兼顾各方面的利益，为缓解和消除工程所带来的环境风险提供理论依据和技术指导，最终使工程项目具有良好的环境相容性。

当前线性建设工程生态环境影响评价的特点主要体现在以下几个方面。

（1）根据不同生态区域特征进行分析和分类评价。针对线性建设工程距离长、途经生态系统多样的特点，依据评价对象内部各个区域的共同特征和不同特点，选择主导因素，开展分类评价工作，从而突出了具体生态环境的特性，提高评价的准确度和可信度。例如，Mao 等（2011）对中国沙漠地区的公路建设对自然生态环境的影响进行了评价，按照公路所经过的区域特点选取一个主导因素和 4 个辅助因素，作为划分区域的影响因素，不同区域的评价等级各不相同，最终把评价区域划分成三大类，从而为沙漠公路线路规划、设计、施工和维护提供了依据。丘君等（2003）将生态系统稳定性理论引入生态环境影响评价，按照稳定性的不同将生态系统划分为不稳定、欠稳定、稍稳定和稳定 4 个等级，从而根据生态系统所处的级别不同，指导工程项目做出符合实际需要的友好环境构建对策。高启晨等（2003）提出了依据不同的生态系统建立输气管道生态安全保障体系的构想。

（2）遥感（RS）、地理信息系统（GIS）等工具被广泛用于数据获取和资料收集，服务于生态环境影响评价工作，使评价参数的可信度和准确度提高。例如，Fiori 和 Zalba（2003）采用地统计学方法对石油勘探与开发对阿根廷巴塔哥尼亚草原生物多样性造成的潜在影响进行了研究，并对该自然保护区受到的影响进行了分析与评价。Lee 等（1999）运用 GIS 技术，根据景观类型、斑块大小及景观类型的重要性对 Chiltern Hills 地区进行了景观评价。沈渭寿等（2005）采用 GPS 卫星定位、航测遥感技术采集数据，对青藏铁路沿线生态景观变化做出了定量评价。

（3）可选用的评价方法多样，指标体系各具特点。国内规范性标准《环境影响评价技术导则》并未具体规定建设项目生态环境影响评价的方法，因此不同学者和工作人员一般根据评价对象所处的工作等级和项目要求自行选取评价方法。例如，李庆旭等（2007）使用层次分析法对宝鸡到天水的高速公路的生态环境影响进行了评价，评价结果与实际结果相比具有较好的一致性。赵勇等（2005）采用综合生态影响评价指数法对公路选线方案进行了取舍，选取对环境影响较小的线路，为规划决策提供参考。高永年和高俊峰（2010）使用综合指数法对南水北调中线工程对汉江中下游流域生态环境的影响进行了评价。此外，《环境影响评价技术导则》虽然对评价内容有所规定，但鉴于建设工程项目之间的工程类型及其影响的生态环境等因素差异很大，选用哪些具体指标可以由学者自行筛选，因此不同学者所建立的评价指标体系有所差异。

另外，线性建设工程经过生态脆弱区、生态敏感区和保护区的环境影响评价的有关研究逐渐得到重视，并有所报道（徐宪立等，2006；李国艳等，2009；董仁才等，2011；张新玲等，2011）。而相比公路、铁路和管道建设而言，其他线性建设工程的环境影响评价方面的相关研究也有所报道，但数量较少（裴源生等，2004；金良俊和张强，2006）。

2.2 生态环境影响评价方法

2.2.1 压力-状态-响应框架模型

当前的生态环境影响评价工作所用到的各类方法，大多是基于压力-状态-响应（pressure-state-response，PSR）框架模型建立的，对于道路工程、油气管道及输水工程，国内外均开展了大量的研究工作，这些工作也成为继续发展生态环境影响定量评价技术的基础。

压力-状态-响应框架模型最早由加拿大统计学家 Tony Friend 和 Rapport（1979）提出，用于分析环境压力、环境状态、环境响应之间的相互作用。压力-状态-响应框架模型是一种从指标产生的机制方面着手构建评价指标体系的方法。该框架模型使用了原因-效应-响应这一逻辑思维来构造指标，主要目的是回答发生了什么、为什么会发生，以及该如何做的问题，实质上是一个用于分析和评价环境与人类活动关系的概念框架。压力指标是用来测量由人类活动所引起的环境影响；状态指标则用来测量由人类活动造成压力导致的环境状况的变化和结果；响应指标是反映人类人为改善环境状态而采取的社会行为（OECD，2001；刘燕华和李秀彬，2007）。

PSR 框架模型适用于对复杂系统的某一动态、变化的属性进行评价，具有系统性、整体性、灵活性的特点，并能有效地整合资源、经济、政策、制度等方面的因素。基于 PSR 模型开展复杂环境下的评价工作，可以全面反映各影响因子对生态环境的作用，已逐渐成为较为重要的生态环境评价框架之一（李中才等，2010；马倩等，2011）。

2.2.2 常用的管道工程生态环境影响评价方法

随着油气管道建设的重要性被人们所渐渐认可，管道工程生态环境影响评价也得到了广泛的研究，出现了不少适用的评价方法，主要包括综合评价指数法、灰色关联度分析法、层次分析法、模糊分析法、人工网络神经评价法等。这些方法在实际应用中优点和缺点都十分突出，从而在此基础上又衍生了一些更为完善的复合分析方法。常见的用于生态环境影响评价的方法有以下几种。

（1）综合评价指数法。综合评价指数法具有灵活、全面的特点，现已广泛运用于涉及面较广并较复杂的评价中，同样可拓展到生态环境影响综合评价中。综合评价指数法一般用于生态因子单因子质量评价，生态环境多因子综合质量评价和生态系统功能评价（海热提和王文兴，2004）。应用这种方法的关键是确定指标集和指标权重。指标集应较全面地反映建设项目对生态环境的影响。在指标集和指标权重的确定过程中，一般采用简单易行的专家打分法，但是这种方法受人为因素影响较大。

（2）灰色关联度分析法。当研究对象存在各类不同影响因素，而且相互关系比较复杂，难以得到全面、足够的信息时，可以将这些因素视作灰色系统，通过一系列关联度分析将其关系进行白化。对灰色系统进行分析和研究时，关键在于如何从随机性的时间序列中找到关联性和关联性的度量值，以便进行因素分析。此方法适合于权值的确定，但难以清晰地表征评价结果（杨士建，2003）。

（3）层次分析法。其基本思想是先按问题要求建立一个描述系统功能或特征的内部独立的递阶层次结构，通过两两比较因素（或目标、准则、方案）的相对重要性，构造上层某要素对下层相关元素的权重判断矩阵，从而给出相关元素对某要素的相对重要序列。层次分析法的核心问题是排序问题，包括递阶层次结构原理、标度原理和排序原理（左伟，2002）。该方法具有实用性、系统性、简洁性等优点，有利于处理某些难以完全用定量方法分析的复杂问题。缺点则是建立的常权值分布刚性较大，难以准确反映生态环境及生态安全评价领域的实际情况。

（4）模糊分析法。模糊综合评价是以模糊数学为基础，应用模糊关系合成的原理，将一些边界不清、不易定量的因素定量化并进行综合评价的一种方法。即通过构造等级模糊子集将反映被评价事物的模糊指标进行量化，确定隶属度，然后利用模糊变换的原理对各指标进行综合分析。该方法的优点在于能够方便地将定性指标定量化，很好地解决了判断的不确定性问题。缺点则是权重确定有主观性，而且不能消除因子之间的相关性（赵敏和常玉苗，2009）。

这些方法在实际应用中优点和缺点都十分突出，因此以上述方法为基础，取长补短，衍生出了一些更为完善的复合分析方法，从而得到更科学可信的评价结果，如层次分析-熵值法、层次分析-变权-模糊-灰色关联复合模型等。当前，复合分析法已经逐步成为学者研究的热点（胡月明等，2001；左伟等，2005；丁晓静和王耕，2010）。

以上评价方法均是目前比较通用或常见的生态环境影响评价方法，共同特点是定量和定性相结合，部分指标的大小及权重需要人为评判，因此可能会对评价的准确性造成影响。同时由于线性建设工程对生态环境的影响具有特殊性，要求评价方法具有针对性，因此，评价方法的完善和新方法的探讨也是当前相关研究工作的重要环节。

2.3 道路工程生态环境影响评价现状

2.3.1 国外评价现状

国外对道路的生态影响研究始于 20 世纪六七十年代，主要集中在对野生动物行为及道路地表径流等理化环境或过程造成的影响方面。20 世纪 90 年代以来，道路研究转向道路网络及其影响等相关领域，即道路与景观格局和过程的关系，主要集中在经济效应、破坏动植物栖息环境、影响物种的传播和迁移、污染、灾害、景观破碎化、边缘效应等几个方面，而且逐步开始进行道路景观美学方面的评价与研究。当前，借助 GIS 技术，考虑道路建设前后对生态环境的影响，采用生态风险等方法评价道路选线对生态环境承载力的影响，在脆弱生态环境下的道路建设中应用已经较为普遍。通过生态环境评价，结合环境保护的整体目标和保护对象的特性，最终提出各类生态修复和生态补偿措施。

在评价方法领域，国外学者开始相关研究的时间较早。例如，美国 Ohio 河流域环境质量评价中采用了 Horton 指数、美国国家野生动物协会提出的 NWF 环境质量指数、加拿大环境部 In-habor 总环境质量指数、日本科学家西田耕之助的居民感受征询多元统计分析法等，各类评价方法均得到了充分的应用，这些方法均属于综合质量指数方法中的赋权方法研究。1972 年列昂波特（L.B.Leopold）研究出相关矩阵法，提出利用矩阵形式来建立起开发行为和受影响的环境特征性或条件之间明确的因果关系，其中横轴列出一项开发行动所包含的对环境有影响的各种活动，纵轴列出所有可能受开发行为的各种活动影响的环境因子。图形叠置法是最先由美国著名的生态规划师 McHarg（McHarg and Mumford，1969）提出的用于环境分析的方法，该方法利用计算机技术进行信息处理、叠加和综合，现已在环境影响评价中得到了广泛应用。Sankoh 等（1993）通过评估道路建设不同线路对生态环境的“最小冲突”，采用生态风险等方法评价道路选线对生态环境承载力的影响，并进行道路选线。之后，意大利 Mario 和 Salemi 开始把模糊概念引入环境影响评价，尝试量化评价结果（Enea and Salemi，2001）。

2.3.2 国内评价现状

我国的道路建设项目环境影响评价起步相对较晚，始于 20 世纪 80 年代中后期。1986 年交通运输部（交通部）公路科学研究所对深汕高等级公路，以及 1987 年西安公路学院环境工程研究所对西安至临潼高速公路进行的环境影响评价是我国开展最早的公路环境影响评价项目，之后，我国在道路环境影响评价领域相继开展了大量的研究与探索。

国内许多专家和学者也开展了大量的工作。蔡志洲（1995）针对自然和人工生态系统，分别讨论了公路在选线、施工和营运期对生态的影响，并提出了通过生态工程达到生态恢复和系统优化的设想。陈雨人和朱照宏（1997）将道路环境影响评价的指标体系分为声环境、大气环境、生态环境和景观 4 个方面来开展。程胜高等（2000）以宜昌—黄石高速公路为研究对象开展生态环境影响评价研究，认为高速公路项目的直接生态影响来自于道路施工、维护和过往车辆的干扰。孙乔宝和甄晓云（2000）分析了高速公路对生态环境的影响及其确定方法，提出了减轻生态环境影响的措施，并针对长期保持良好的高速公路生态环境等问题提出了对策和思路。钱亦兵（2001）提出公路施工和运营对生态环境的影响主要表现在植被的破坏、某些动物种群栖息地缩小、土壤理化性状的改变和风蚀、对原有人群的生产与生活的干扰 4 个方面。曹力媛（2002）综合分析了高速公路在施工和营运过程中对生态环境的破坏和污染问题，并从路线的选择设计、施工管理、工程控制、环境管理等方面提出了相应的对策。

此外，一些新的理论和概念也应用到公路生态环境影响研究中。李胜等（1999）对物元模型在道路交通环境影响评价中的应用做了一定尝试；李修刚等（1998，2001）采用基于GIS的图形叠置法，利用GIS系统的叠置分析、缓冲区分析等空间分析和处理属性数据的功能来进行道路的环境影响研究；陈斌等（2002）把多级关联灰度评价理论引入公路建设环境评价系统，分析了评价系统所用到的评价模型，并开发了适用于当前操作系统的公路建设环境评价系统。

尽管众多科研工作者在公路交通与环保方面开展了大量深入细致的工作，但公路建设所产生的环境影响是复杂而深刻的，要彻底、全面地对其进行分析评价存在很大的难度。由于我国的公路环境保护研究还处于起步阶段，公路环境影响分析的理论和方法还不够成熟，目前在公路环境影响评价中大多是采用定性分析的方法（董常晖和徐燕，2004），而现有的定量评价所常用的方法也往往具有一定的局限性。

2.4 油气管道工程生态环境影响评价现状

2.4.1 国外评价现状

现代管道运输作为世界五大运输手段之一，其运输优势已经被人们所认可，越来越多地应用到工业生产和生活服务中。而在其逐渐发展过程中，所引发的生态环境问题也受到了人们的关注，因而进一步发展出对其进行生态环境影响评价的社会需求。最早铺设管道的西方国家也是最先开展油气管道工程生态环境影响评价工作的国家。目前，西方国家对生态环境影响的评价较为规范，以英美为例，其分别颁布实施了具体的评价技术规范和标准，美国国家环境保护局颁布的 *Guidelines for Incorporating Biodiversity into the EIA Process Using a Cumulative Effects Approach* 和英国 Institute of Ecology and Environmental Management（IEEM）编制的 *Guidelines for Ecological Impact Assessment in the United Kingdom* 均是对生态环境影响评价工作进行指导的技术标准和规范，对评价范围、方法和步骤等规定得较为细致，两国的油气管道生态环境影响工作分别参照各自技术规范实施，从而能够在统一的框架下判断油气管道的生态环境方面的可行性。而且由于其规定较为细致，如将野生动物通道设计纳入常规的交通设施规划及环境影响评价中，并有具体的评价指标，因此其评价规范值得国内借鉴。

在具体的评价研究方面，Riley（1984）对管道工程修建对土壤的影响进行了分析，他认为管道修建时车辆碾压形成道路及修筑的简易车道，以及道路修筑活动和车辆运行对邻近区域土壤具有的明显压实作用，其直接后果都是增加了土壤容重。而土壤容重的增加会导致土壤持水能力的降低（Olander et al.，1998），从而改变了根际生态环境。有研究认为，油气管道建设过程中会改变土壤的酸碱度（Olander et al.，1998），而 Hopmans 和 Dane（1986）在对管道工程的评价过程中发现，管道在运营期会升高周边土壤温度，降低土壤水分，从而改变微生物群落种类，提高微生物活性，降低土壤有机质含量。

Desserud 和 Naeth（2013）针对草原生态系统在受到油气管道建设工程的影响后，对草原的恢复过程进行了分析和评价，他们认为管道建设后，不仅会影响植物群落结构的稳定性，同时也会改变植被组成，影响群落的更新和演替过程，从而对沿途植被产生深刻的影响。由于原生态环境的平衡被打破，新建立的植被格局与原植物群落会产生差异，而且增加了外来植物物种入侵的风险（Olson and Doherty，2012）。

Andrews（1992）在栖息地方面对管道修建带来的生态环境影响进行了分析和评价，研究发现，管道建设后形成的道路，以及运营期时保留的伴行道路，这些道路及其产生的交通运输可能引起脆弱生态地区许多物种生境破碎化和岛屿化，从而造成栖息地面积减小、质量降低，使得种群数量下降，甚至在该地区灭绝。研究人员对油气管道对土地质量的影响进行了评价（Wang et al.，2010；Qi et al.，2012），他们认为油气管道建设会产生和加剧土壤侵蚀和土地荒漠化（沙化），从而对栖息地生态环境质量造成影响，也会使栖息地生态功能减弱。

2.4.2 国内评价现状

在油气管道工程方面，目前国内的研究也逐年增加。王刚和袁国映（2001）等对塔里木气田管道运输工程的建设对建设区域内生物多样性和植被的影响进行了系统的评价，认为塔里木地区气源工程的开发势必对该地区脆弱生态环境下各类生物的生境产生较大影响，胡杨林生态系统有严重萎缩的可能，并提出了一系列具体的防范措施。高启晨（2003）评价了西气东输Ⅰ线工程建设对河西走廊地区典型生态系统的影响，针对裸地生态系统、绿洲生态系统、戈壁半灌木矮半灌木荒漠生态系统地区提出了生态安全保障体系。熊春平等（2004）对天然气长输管道工程建设项目的环境影响评价技术进行了探讨，提出输送管道工程建设项目环境影响评价的重点应是管道建设施工期的生态环境影响和运行期的环境风险控制。郭丽新等（2004）以西气东输东段作为研究区域，分析了工程建设对农田生态系统的影响，研究认为管道工程建设使得不同地区的土壤质量发生了不同程度的下降，继而影响作物的生长，最后提出了改善和恢复土壤生态环境质量的方法。油气管道对生态脆弱区、生态敏感区和保护区的环境影响评价的有关研究，当前也有所报道（李国艳等，2009；张新玲等，2011）。

当前国内的油气管道生态环境影响评价工作具有以下 3 个方面的特点。

2.5 输水工程生态环境影响评价现状

2.5.1 国外评价现状

随着城市基础建设的发展和城市规模的扩大，输水管道建设工程日渐增多。输水管道工程建设在满足生产力发展需求的同时，又不可避免地在一定程度上改变自然地貌和生态环境。管道工程建设一般分为 3 个阶段：勘察设计期、施工建设期和营运期。由于各阶段的工程特征与建设任务不同，其对生态环境的影响程度也不一样。管道工程建设的主要工程量集中在施工建设期，对区域生态环境的影响也集中于此阶段。

美国、日本等发达国家，在修建水利水电工程与实施工程调度方案时，对其引起的生态环境影响给予了高度重视。早在 20 世纪 70 年代，国外学者就开展了水利水电工程与生态环境问题的研究，这些研究最初主要集中在工程对生态环境影响的识别方面。近些年研究重点逐渐转移到如何减轻、避免这些生态环境影响带来的问题上。

大型跨流域调水工程在国际上已有许多成功经验，如美国最大的调水工程加利福尼亚州调水工程、俄罗斯的北水南调计划、印度的北水南调工程、墨西哥的南水北调工程及加拿大的丘吉尔河引水工程等。这些大型调水工程都有一个共同的出发点：缩小水资源空间差异、缓解缺水地区水资源供需矛盾、人为合理分配水资源，使水资源充分发挥效益。调水带来的好处是不言而喻的。美国西部有干旱“荒漠”之称，由于修建了中央河谷、加利福尼亚州调水、科罗拉多水道和洛杉矶水道等长距离调水工程，在加利福尼亚州干旱河谷地区发展灌溉面积 $140hm^2$ 以上，使加利福尼亚州发展成为美国人口最多、灌溉面积大、粮食产量最高的一个州，洛杉矶市跃升为美国第三大城市。

然而，有时由于调水工程巨大，涉及社会、经济、环境和技术等多方面问题，特别是难以预见的生态环境问题，可能会给人类带来危害甚至是灾难。例如，俄罗斯的北水南调工程，它按照西伯利亚地区 8 条汇入北冰洋的河流的总水量为 19 500 亿 m^3 作为设计依据，调出其水量的 1%～3%，看似水量不多，但是工程造成原流入喀拉海的淡水量和热水量减少，影响了喀拉海水温、积水、含盐量、海面蒸发及能量平衡。还导致极地冰盖扩展增厚，春季解冻时间推迟，地球北部原本短暂的生长季节再度缩短半个多月，从而造成西伯利亚大片森林遭破坏，风速加大、春雨减少、秋雨骤增，严重影响了农业生态环境。同时也使北冰洋海域通航条件变差，大麻哈鱼等产量减少，还潜在地影响着当地乃至全球的气候。由此可见，合理实施跨流域调水计划有助于水资源的充分利用和改善生态环境；相反，不但不能达到预期的目标，反而会遭到大自然的报复。目前，国外对大型调水工程都已采取非常审慎的态度，在规划新的调水工程时，必须考虑其对生态环境和经济的影响，如北美水电联盟计划因工程规模浩大，对生态环境破坏力强而最终被搁浅。相比之下，建立节水型工农业，减少无效灌溉，同样可以获得数以亿计的经济效益，而且不至于破坏生态平衡，现已被多数发达国家所采纳。

国外输水管道工程的生态影响评价以水生生态环境评价为基础，以生态脆弱性理论与生态系统监控评价理论为指导，并且随着评价理论的发展，指标体系作为水生生态环境评价的核心也不断得到发展。总体上经历了 3 个阶段：第一阶段的评价主要依靠单一的物化指标；第二阶段各国学者逐渐认识到单一指标的局限性，因而开展了多指标评价体系的研究，并开始引入生物指示物作为评价指标的重要方面；第三阶段生境评价成为各国在输水工程生态环境影响评价的重要内容，各国根据自身的生态环境特点制定了不同的生态环境影响评价指标体系。

2.5.2 国内评价现状

国内输水管道工程生态影响评价的研究主要集中在管道工程建设对输水区及其下游、受水区与输水沿线生态系统的影响，其中，调水区的影响主要是水源工程、水源工程下游、移民工程对区域陆生生态系统、水生生态系统及区域小气候的影响；受水区的生态环境影响评价主要包括对受水区水环境与植被生态系统的影响；输水管道工程沿线的生态影响主要集中在对沿线陆生生态系统、水生生态系统、地下水系统的影响。

当前输水管道工程生态环境影响评价存在的主要问题有：第一，评价等级与评价范围如何确定。一般的评价内容均包括陆生生态系统、水生生态系统、水土流失 3 个方面，没有针对具体的工程内容对生态要素进行界定，以至于评价的重点不突出；此外，评价要素的时空范围与生态影响不匹配，因而，如何准确评价工程的影响范围、影响的时间长短需要技术导则给出更加精确的规定与说明。第二，评价方法存在问题。目前定性描述的方法居多，定量分析的方法应用较少，并且定量评价方法的精度与可操作性之间存在矛盾；同时《环境影响评价技术导则——生态影响》中提到的评价方法没有较为明确统一的规范，对于评价结果会产生较大的误解。第三，生态监测体系不完善，输水管道工程生态影响评价中的生态监测一般只是一种“状态监测”而非“过程监测”，以至于评价结果并不能真实客观地反映由工程建设引发的生态环境的变化过程与规律，对评价结果的准确性产生影响。第四，评价结果的阈值识别。当前输水管道工程对沿线生态系统的影响评价所用的评价方法以定性评价方法为主，定量评价方法集中在沿线景观、植被、生物多样性方面，但对于评价结果的阈值识别缺乏相应的实验设计与验证，使得定量评价结果对于工程生态影响评价结论的贡献不足。

2.6 存在的问题与发展方向

2.6.1 存在的问题

目前线性建设工程生态环境评价研究总体上并不多，其重要性仍需要得到人们的认识和社会的重视，而且不同的工程类型之间研究深度差异较大，油气输运管道、长输电线网和人工运河等方面的评价工作需要加强。除此之外，相关研究还存在以下几方面的问题。

（1）评价因子的筛选方法缺乏统一标准；评价因子无法全部定量获取；单一评价方法难以覆盖全部内容。由于线性建设工程影响范围大、线路长、途经的生态环境区域复杂多样、造成的生态问题也各不相同，评价其对不同区域的生态环境影响所需要的参评因子多，筛选难度大，不同地区权重不同甚至相差较大，很难做到凭借一套或者几套单一的评价指标体系来解决所有问题。因此，如何建立起一系列能够符合上述要求的生态环境影响评价体系是当前亟待解决的一大问题。

（2）评价指标权重的确定过于主观化。目前一般依据德尔菲法确定权重，赋值过于主观。而权重不准确极易影响下一步评价方法的运用和运算，产生放大效应，导致整个评价结果偏离实际情况。同时，线性建设工程的部分生态影响具有隐蔽性，也易于出现确定的权重与实际情况不符合的情况。

（3）线性建设工程生态环境影响范围网格化的相关研究较少，是当前需要得到学者充分重视的课题。尤其是不同线性建设工程线路相互交错，使得不同工程类型产生的影响相互叠加，共同作用于生态系统，可能产生新的生态环境问题，从而加大了评价难度。

2.6.2 线性建设工程生态环境影响评价的发展方向

正是由于环境影响评价工作提出了各类新问题，促进了廊道两旁植被的选择和配置技术，声屏障材料的研发工作，GIS 和 GPS 支持的公路环境信息监测、管理等应用技术，节水、改土、固坡的路域生态工程及生态环境综合治理技术，地质灾害防护及湿地和自然保护区生物多样性保护措施等各种技术手段研究的深入，有的研究成果已经直接应用于线性建设工程环保实践。在今后的工作中，线性建设工程生态环境影响评价应参考国际环境影响评价工作的成果，充分吸收新的科研成果、先进技术和环境影响评价经验，改进生态环境影响评价方法。

1）评价流程标准化

顺应生态环境影响评价的大趋势，扩展评价内容和范围，同时丰富和充实评价方法，建立合适的、灵活的定量指标体系创建方法，提高评价方法的科学性、可信度和实用性，是当前研究中需要努力解决的重要课题。例如，针对线性建设工程通过的生态系统复杂多样这一特点，可以按照《全国生态功能区划》划分的生态区域类型和确定的生态功能，选取符合具体生态区实际情况的有针对性的生态参评因子，对基础评价指标体系进行筛选和增补，着重考虑生态区的主要生态功能、需要保护的重要资源、限制性因素或者关键因子，得到适合具体生态环境条件的评价指标体系，并找出具体生态区域的生态环境敏感因子。

2）评价内容全面与重点相结合

突出重点影响因素。针对线性建设工程经过的具体的生态类型区、生态敏感区的主要生态环境要素，结合线性建设工程产生的生态环境影响的特点，判断受影响的主要因子，在综合评价的基础上，突出重点评价因子，增加其在评价中的地位和权重，使评价内容全面，从而又能把握敏感因子和重点评价要素，兼顾线性建设工程的廊道式特点，使评价结果更为可信。

3）评价方法定量化

引进新技术，完善环境影响评价方法，如建立完善的专家系统，增强专业判断的科学性和准确程度，应用遥感与系统分析技术、GIS 技术，减少主观随意性，推广计算机数值模拟技术、实验室模拟实验技术、野外实验示踪技术等，增加数据获取的可信度是提高评价精度和准确度的重要途径。因此，评价所采用的工具和手段日益先进，多学科融合共同服务于生态环境影响评价是今后发展的趋势。

4）重视线性建设工程影响网格化研究

评价对象向宏观和大尺度方向发展，重视线性建设工程网格化的生态影响。即由目前的单一公路、铁路、管道等生态环境影响评价，向两条交汇线路的协同作用，甚至公路网、铁路网及不同线性建设工程所形成的网络对大尺度生态环境或景观格局的影响评价发展。以我国道路交通网为例，东、南部地区网络密集，且人口密度高，人多地少，环境容量空间狭小，加之城镇规划不合理等主客观因素，道路交通与环境之间矛盾尖锐，以往的以单一道路交通建设项目为单元的环境影响评价逐渐难以适应新的形势要求，需要从更高的角度来评价项目的可行性。因此，单个线性建设项目的生态环境影响评价和以线性建设工程网络为基础的区域生态环境影响评价相结合就成为现阶段生态环境管理的必然要求。

3 线性建设工程生态环境影响敏感评价因子筛选

3.1 生态环境影响评价指标与内容

由于线性建设工程的影响范围广，影响的生态要素多，又具有其独特的特点，因此，开展线性建设工程的生态环境影响评价所涉及的内容较为广泛，指标种类更是多样。通常来说，开展线性建设工程生态环境影响评价必然要兼顾水、土、气、生四大方面的内容，根据具体区域的生态环境状况再进行调整。例如，途经区域为黄土高原区，缺乏地表流水，施工区域一般无法达到地下水埋深，因此水质和水文的生态环境影响的内容可以在评价中进行简略交代。另外，四大方面内容又包括了各类指标，从不同方面描述该内容受到的具体生态环境影响。因此，针对具体的生态环境特点和生态环境问题，以及不同的指标，通过合理的细化筛选，构建科学、完整和可行的评价指标体系，可以增加评价结果的说服力，避免盲目、不必要的工作，从而提高线性建设工程生态环境影响评价工作的科学性，同时也有助于明确生态环境保护和建设的方向，为工程建设项目生态环境监督管理提供依据。

从水、土、气、生四大方面对生态环境影响评价的指标进行分类较为全面，每个方面包括了多个具体指标，从不同方面来描述。本节内容将对常用的指标及其计量方法进行介绍。

3.1.1 水环境

水是重要的可再生资源。工程建设等人为扰动会对水资源产生明显影响，进一步造成水体污染和水资源枯竭，从而对饮水安全和粮食安全造成负面影响。因此，水体质量的生态环境评价是建设工程环境影响评价工作的重要一环，对于水资源保护工作也具有重要的意义。

水资源生态环境影响评价工作主要是针对工程建设对地表水和地下水的影响进行评价，根据不同的生境和生态功能，评价所依据的水质标准也不相同，主要有《地表水环境质量标准》（GB 3838—2002）、《地下水质量标准》（GB 14848—93）及《生活饮用水卫生标准》（GB 5749—2006）。

3.1.1.1 pH

水体pH是重要的水质指标，与水体中的动植物生存环境有着密切的联系，水体pH的变化，可以通过氢离子的渗透与吸收作用，使水生动物血液pH发生相应的变化，从而破坏其输氧功能。水产动物的幼体对pH变化有极其敏感的响应。对于水生植物，pH的改变会影响其对营养元素的吸收。例如，pH降低会抑制硝酸盐还原酶的活性，导致植物缺氮。高pH会妨碍植物对Fe、C元素的吸收，当pH降至6以下时，一些大型枝角类生物便无法生存，许多微生物的活动受到抑制，固氮活性下降，有机物分解矿化速率明显降低。pH 的改变将影响许多物质的存在形式，特别是一些有毒物质的存在形式，从而改变其毒性并间接影响水生生物的生命活动。例如，NH_4^+、S^{2-}、CN^-等，由于 pH 的改变使它们可能转变为毒性更强的 NH_3、H_2S 和 HCN 形式，间接危害生物。

水体 pH 的测定方法为玻璃电极法，使用仪器测量可以实现现场测定，现场读数，较为简单快捷。

3.1.1.2 溶解氧

水中溶解氧的含量与空气中氧的分压、水的温度都有密切关系。水中溶解氧的多少是衡量水体自净能力的一个重要指标。水里的溶解氧被消耗，要恢复到初始状态，所需时间短，说明该水体的自净能力强。否则说明水体污染严重，自净能力弱，甚至失去自净能力。当水体受到有机物污染，耗氧严重，溶解氧得不到及时补充时，水体中的厌氧菌就会很快繁殖，有机物因腐败而使水体变黑、发臭，从而形成水体富营养化。因此，溶解氧是用于判断水质富营养化的重要指标之一。溶解氧的测定可采用电化学探头法，实现当场测定。

1）COD

化学需氧量（COD）是以化学方法测量水样中需要被氧化的还原性物质的量。它是废水、废水处理厂出水和受污染的水体中，能被强氧化剂氧化的物质（一般为有机物）的氧当量。在河流污染和工业废水性质的研究，以及废水处理厂的运行管理中，它是一个重要的而且能较快测定的有机物污染参数，能够反映出水体受有机类物质污染的程度。测定方法一般为国内标准《水质化学需氧量的测定重铬酸盐法》（GB 11914）的重铬酸盐法，测定较准确，可重复性好。

2）氨氮

氨氮是指水中以游离氨（NH_3）和铵离子（NH_4^+）形式存在的氮，又称为水合氨，也称为非离子氨，其中铵离子基本无毒，而游离氨是引起水生生物毒害的主要因子，国家标准Ⅲ类地面水，非离子氨的浓度≤0.02mg/L。氨氮是水体中的营养素，可导致水体富营养化现象，是水体中的主要耗氧污染物，对鱼类及某些水生生物的生存环境有害。

水中的氨氮主要来源于人和动物的排泄物，生活污水中平均含氮量每人每年可达2.5～4.5kg。雨水径流及农用化肥的流失也是氮的重要来源。此外，氨氮还来自化工、冶金、油漆颜料等工业废水中。可见水体中的氨氮含量与人为活动关系密切，同样是生态环境评价的重要指标，通用的测定方法为纳氏试剂比色法。

3）总氮

总氮是指水中各种形态无机和有机氮的总量。包括 NO_3^-、NO_2^- 和 NH_4^+ 等无机氮和蛋白质、氨基酸和有机胺等有机氮，是衡量水质的重要指标之一，常被用来表示水体受营养物质污染的程度，其测定有助于评价水体被污染和自净状况。地表水中氮、磷物质超标时，微生物大量繁殖，浮游生物生长旺盛，出现富营养化状态，造成水质降低、水生态环境恶化。常用的测定方法有碱性过硫酸钾紫外分光光度法（GB 11894—89）和气相分子吸收光谱法。

4）总磷

总磷表征的是水体中含有磷元素的量，通常将水样经消解后各种形态的磷转变成正磷酸盐后测定得到的结果作为总磷的值。磷往往是水体富营养化的限制因子，水中进入大量的磷元素往往会引发藻类和其他浮游生物迅速繁殖，产生赤潮或者水华，降低水中溶解氧含量，使得鱼类等生物死亡，水质恶化，进一步导致水体富营养化。因此，总磷是表征水质状况的重要指标之一。通常采用钼酸铵分光光度法进行测定，气相分子吸收光谱法也是当前应用较为广泛的、更为快捷的测定方法。

5）挥发酚

酚类根据能否与水蒸气一起蒸出，分为挥发酚和不挥发酚。通常认为沸点在 230℃以下为挥发酚，一般为一元酚；沸点在 230℃以上为不挥发酚。苯酚、甲酚、二甲酚均为挥发酚。不挥发酚属于原生质毒，是一种高毒物质，人体摄入一定量的不挥发酚会出现急性中毒症状，长期饮用被酚污染的水，可引起头痛、出疹、瘙痒、贫血及各种神经系统症状。当水中含酚 0.1～0.2mg/L 时，鱼肉有异味；大于 5mg/L 时，鱼中毒死亡。含酚浓度高的废水不宜用于农田灌溉，否则会使农作物枯死或减产。酚的主要污染源有煤气洗涤、炼焦、合成氨、造纸、木材防腐和化工行业的工业废水。因此，在建设工程的施工阶段，有可能会产生挥发酚污染，应在评价工作中得到体现。检验时先蒸馏，再使用 4-氨基安替比林分光光度法进行测定。

6）石油类

石油类是指矿物油类化学物质，是各种烃类的混合物。石油类可以溶解态、乳化态和分散态存在于废水中。冶金工业废水中的石油类污染物主要来自轧钢、钢材酸洗前的除油、有色金属加工和冶炼、选矿、机械加工等生产工艺过程。石油类进入水环境后，其含量超过 0.4mg/L 时即可在水面形成油膜，影响水体的复氧过程，造成水体缺氧，危害水生物的生活和有机污染物的好氧降解。当含量超过 3mg/L 时，会严重抑制水体自净过程。分散油和乳化油影响鱼类的正常生长，使鱼苗畸变，鱼鳃发炎坏死。石油类中的环烃化学物质具有明显的生物毒性。由于石油类物质是工程建设较易带入环境中的污染物，如通过管道泄漏、汽车尾气排放等途径进入环境，而且其对生态环境会产生严重的危害，因而在环境影响评价中应加以重视。采用的检测方法为红外分光光度法。

7）硫化物

水中硫化物包括溶解性的硫化氢、酸溶性的金属硫化物，以及不溶性的硫化物和有机硫化物。水质检验的硫化物则是溶解性的无机硫化物和酸溶性金属硫化物。地下水及生活污水常含有硫化物，其中一部分是在厌氧条件下，由于微生物的作用，硫酸盐还原或含硫有机物分解而产生的。焦化、造气、造纸、印染、制革等工业废水中同样含有硫化物。硫化氢可以在常温常压下从含硫废水中逸散到大气，在极低浓度下，人们就可以闻到恶臭。水中的硫化氢毒性也很大，可危害细胞色素、氧化酶，造成细胞组织缺氧，甚至危及生命；另外，硫化氢在细菌作用下会氧化生成硫酸，从而腐蚀金属设备和管道，因此，硫化物是水体污染的重要指标，可以使用亚甲蓝分光光度法进行测定。

8）重金属

水体中的重金属主要是指铅、汞、镉、六价铬、砷等金属离子或化合物，而且这类金属物质用传统的氯消毒的方法是不可能去除的，因而对自来水供应安全危害较大。

水体重金属中，汞及其化合物对温血动物毒性很大，易于被消化道吸收并随血液转移到全身各器官和组织，进而引起全身性的中毒。无机汞进入水体后可以转化为毒性极高的有机汞（甲基汞或称烷基汞），并且通过食物链富集浓缩，人食用受汞污染的水产品，会患上肾病、皮炎症、神经麻痹障碍、角膜炎、细胞坏死等疾病，并引起大脑损伤，严重危害人体健康。

六价铬的毒性大于三价铬，铬化合物对人畜机体有全身致毒作用，还具有致癌和致突变作用，是需重点控制的水污染物。铅对生命体的毒性主要表现在：婴幼儿、儿童多动症和生长发育迟缓；中老年人肾脏损伤、脑损伤、贫血、肌肉麻痹、运动障碍、神经衰弱、神经障碍、智力障碍、老年痴呆、癌症等。

镉是高毒性元素，长期饮用含镉离子浓度高的水，镉离子就会沉积在人的骨骼中，阻碍人体对钙的吸收，导致人体钙离子大量流失，引起骨质疏松、骨折、骨痛、骨骼病变等，另外也会引发消化道癌、食管癌、肝肾癌等，甚至会引起死亡。

砷自古就被视为剧毒物质，砷离子通过改变细胞的渗透压进入细胞内，促使蛋白质凝固而引起死亡。食用含砷离子的水或食物可以诱发多种癌症。

传统的测量方法根据元素不同各不相同，目前气象色谱仪能够实现对上述金属离子的含量测定，既较为快捷，又能保证精度。

3.1.2 土壤环境

土壤是重要的环境要素，与农业生产和生境中植物的生长密切相关，是维持生态系统稳定的重要因素。建设工程项目开挖路基、沟渠，堆放废渣、原料，这些工程措施必然会对土壤质量造成影响，同时也改变了土地利用方式，对于受影响区域，特别是农业产区、荒漠草原生态系统等敏感生境，应在生态环境影响评价中关注建设工程项目对土壤环境的影响。

3.1.2.1 土壤物理指标

1）土壤质地

土壤质地是土壤物理属性之一。它是指土壤中不同粒径大小的矿物颗粒的组合状况。土壤质地与土壤通气、保肥、保水状况及耕作的难易程度有密切关系；土壤质地状况是制订土地利用、管理和改良措施的重要依据。肥沃的土壤不仅要求耕层的质地良好，还要求有良好的质地剖面。虽然土壤质地主要取决于成土母质类型，有相对的稳定性，但耕作层的质地仍可通过耕作、施肥等活动进行调节。

2）土壤容重

土壤容重应称为干容重，又称土壤假比重，一定容积的土壤（包括土粒及粒间的孔隙）烘干后的重量与同容积水重的比值。土壤容重是土壤重要的物理指标，它表征了土壤的重要物理性状。

3）土壤含水量

土壤含水量一般是指土壤绝对含水量，即100g烘干土中含有若干克水分，也称土壤含水率。土壤含水率是农业生产中的一个重要参数，其主要方法有称重法、张力计法、电阻法、中子法、γ-射线法、驻波比法、时域反射击法及光学法等。土壤中水分含量称为土壤含水率（soil moisture content），是用土壤三相体（固相骨架、水或水溶液、空气）中水分所占的相对比例表示的，通常采用重量含水率（θ_g）和体积含水率（θ_v）两种表示方法。

重量含水率是指土壤中水分的重量与相应固相物质重量的比值。体积含水率是指土壤中水分占有的体积和土壤总体积的比值。体积含水率与重量含水率两者之间可以换算。

$$\text{重量含水率 } \omega = M_w/M_s \tag{3-1}$$

$$\text{体积（容积）含水率 } \theta = V_m/V_s \tag{3-2}$$

公式换算：

$$\text{重量含水率 } \omega = (\rho'_b - \rho_b)/\rho_b \tag{3-3}$$

$$\text{体积含水量 } \theta = (\rho'_b - \rho_b)/\rho_w \tag{3-4}$$

式中，ρ'_b是土壤湿容重；ρ_b是土壤容重；ρ_w是土壤中水密度。

4）土壤孔隙度

土壤孔隙度是指土壤孔隙容积占土体容积的百分比。土壤中各种形状的粗细土粒集合和排列成固相骨架。骨架内部有宽狭和形状不同的孔隙，构成复杂的孔隙系统，全部孔隙容积与土体容积的百分率，称为土壤孔隙度，它反映土壤的孔隙状况和松紧程度，是土壤主要的物理指标，一般不直接测量，可根据土壤容重和比重计算而得。公式为土壤孔隙度（%）=（1–容重/比重）×100%。

5）土壤温度

土壤温度是指地面以下土壤中的温度。主要指与植物生长直接相关的地面以下浅层土壤的温度。土壤温度影响着土壤的形成，植物的生长、发育。土壤中各种生物化学过程，如微生物活动所引起的生物化学过程和非生命的化学过程，都受土壤温度的影响。土壤温度对作物的生长发育有着直接的影响，适宜的土壤温度能促进作物的营养生长和生殖生长，土壤温度过低常使冬季作物的分蘖节或根系产生冻害，过高的土壤温度常使植物根系组织加速成熟，根系木质化的部位几乎到达根尖，降低根表面的吸收效率。该指标一般在建设工程项目对农业产区的影响中得到应用。

6）土壤侵蚀模数

土壤侵蚀模数是单位面积土壤及土壤母质在单位时间内侵蚀量的大小，是表征土壤侵蚀强度的指标，用来反映某区域单位时间内侵蚀强度的大小。建设项目生态环境影响评价中必须要包括水土流失的评价内容，可见土壤流失防治的重要性。确定土壤侵蚀模数的方法有多种，如根据省、地《水文手册》年输沙模数资料，用泥沙输移比进行推算；

野外及室内人工模拟降雨计算；利用小水库、塘坝及淤地坝的淤积量进行量测推算；远红外航空遥感方法测算；铯-137 法计算；产沙模型计算等，用得比较多的是土壤流失方程（RUSLE）计算土壤水蚀的流失量，其计算公式如下：

$$A= R\times K\times \mathrm{LS}\times C\times P \tag{3-5}$$

式中，A 为单位面积年平均土壤流失量（t/hm^2）；R 为降雨侵蚀力因子；K 为土壤可蚀性因子；LS 为地形因子；C 为植被覆盖因子；P 为水土保持措施因子。

根据《土壤侵蚀分类分级标准》中土壤水力侵蚀强度分级标准，将监测区土壤水力侵蚀强度划分为微度、轻度、中度、强烈、极强烈和剧烈 6 个等级（表 3-1），是评价工作中的重要参考依据。

表 3-1 水力侵蚀强度分级

级别	平均侵蚀模数/［t/（km^2·a）］	平均流失厚度/（mm/a）
微度	＜200，＜500，＜1 000	＜0.15，＜0.37，＜0.74
轻度	200，500，1 000～2 500	0.15，0.37，0.74～1.90
中度	2 500～5 000	1.9～3.7
强烈	5 000～8 000	3.7～5.9
极强烈	8 000～15 000	5.9～11.1
剧烈	＞15 000	＞11.1

采用风蚀预报模型 WEQ 评估土壤风蚀。计算公式如下：

$$E=f(I,\ K,\ C,\ V) \tag{3-6}$$

式中，E 为年平均潜在土壤风蚀量；I 为土壤可蚀性因子；K 为土壤粗糙因子；C 为气候（风力）因子；V 为植被覆盖因子。

根据《土壤侵蚀分类分级标准》中土壤风力侵蚀强度分级标准，将监测区土壤风力侵蚀强度划分为微度、轻度、中度、强烈、极强烈和剧烈 6 个等级（表 3-2）。

表 3-2 风力侵蚀强度分级

级别	床面形态（地表形态）	植被覆盖度（非流沙面积）/%	风蚀厚度/（mm/a）	侵蚀模数/［t/（km^2·a）］
微度	固定沙丘、沙地和滩地	＞70	＜2	＜200
轻度	固定沙丘、半固定沙丘和沙地	50～70	2～10	200～2 500
中度	半固定沙丘和沙地	30～50	10～25	2 500～5 000
强烈	半固定沙丘、流动沙丘和沙地	10～30	25～50	5 000～8 000
极强烈	流动沙丘和沙地	＜10	50～100	8 000～15 000
剧烈	大片流动沙丘	＜10	＞100	＞15 000

7）土地利用

土地利用结构是指地区或生产单位的土地面积中各种用地之间的比例关系或组成。建设工程项目会改变区域土地利用状况，使得农业生产用地、生物栖息地、保护区等用地面积占土地总面积的比重发生改变。土地利用结构可以反映出土地利用状况的变化，从而为农业生产力减少、生境破碎化、保护区生态功能降低提供评价依据。土地利用结构数据的获取除了地面测量之外，更多地依托于3S技术（遥感技术、地理信息系统和全球定位系统的统称）实现，可以使数据在时间和空间上更具有可比性。

8）土壤沙化和荒漠化

土壤沙化是指良好的土壤或可利用的土地变成含沙很多的土壤或土地甚至变成沙漠的过程。土壤沙化的主要过程是风蚀和风力堆积过程。在沙漠周边地区，由于植被破坏或草地过度放牧或被开垦为农田，土壤因失水而变得干燥，土粒分散，被风吹蚀，细颗粒含量降低。而在风力过后或减弱的地段，风沙颗粒逐渐堆积于土壤表层而使土壤沙化。因此，土壤沙化包括草地土壤的风蚀过程及在较远地段的风沙堆积过程。荒漠化是由于大风吹蚀、干旱少雨、植被破坏、流水侵蚀、土壤盐渍化等因素造成的土壤生产力自然或非自然的下降或丧失。荒漠化的最终结果大多是沙漠化。

建设项目在实施过程中，不可避免地会对地表植被和土层结构造成破坏，并堆积废渣、土料，从而引发水土流失，特别是在干旱少雨的西部地区，易导致土壤沙化和荒漠化，因此建设项目对土壤沙化和荒漠化的影响也是环境影响评价关注的主要内容。

3.1.2.2 土壤化学指标

1）土壤 pH

土壤 pH 即土壤的酸碱度，是土壤溶液的酸碱反应。主要取决于土壤溶液中氢离子的浓度，以 pH 表示。土壤酸碱度对土壤肥力及植物生长影响很大，过高和过低都会影响植物的正常生长。我国西北、北方许多地区土壤 pH 偏高，形成盐碱土，而南方某些地区的红壤 pH 较低，导致植物难以生长。土壤酸碱度对养分的有效性影响也很大，如中性土壤中磷的有效性大；碱性土壤中微量元素（锰、铜、锌等）的有效性差，对农业生产影响很大。该指标是重要的基础指标，通常用于表征土壤的酸碱环境。

2）土壤有机质

土壤有机质是指存在于土壤中的所含碳的有机物质。它包括各种动植物的残体、微生物体及其分解和合成的各种有机质。土壤有机质是土壤固相部分的重要组成成分，尽管土壤有机质的含量只占土壤总量的很小一部分，但它对土壤形成、土壤肥力、环境保护及农林业可持续发展等方面都有着极其重要的意义。土壤有机质的含量与土壤肥力水平是密切相关的。虽然有机质仅占土壤总量的很小一部分，但它在土壤肥力上起着多方面的显著作用。通常在其他条件相同或相近的情况下，在一定含量范围内，有机质的含量与土壤肥力水平呈正相关。

3）土壤全量和速效养分指标

土壤全量指标是指土壤中的氮、磷、钾及有机质等营养元素的总量，较常见的有总氮、总磷、总钾和有机质。速效养分是指当季作物能够直接吸收的养分，包括水溶态养分和吸附在土壤胶体颗粒上容易被交换下来的养分，其含量的高低是土壤养分供给的强度指标。在农业生产中最重要的土壤速效指标为速效氮、速效磷和速效钾。对于建设项目影响的农业产区，全量和速效养分指标可以作为土壤肥力状况的表征指标，在环评工作中进行选择。

4）土壤重金属指标

环评中常见的土壤重金属指标一般是具有生物毒性的、较为常见的重金属污染元素，包括汞、镉、铅、铬和类金属砷等生物毒性显著的元素，以及有一定毒性的锌、铜、镍等元素，主要来自采矿行业、农药施用、废水排放、污泥堆积和大气沉降等。土壤中的过量重金属可引起植物生理功能紊乱、营养失调，部分金属在植物籽实中富集系数较高，通过食物链进入人体后，潜在危害极大。在工程建设过程中，应该避免产生土壤重金属污染，在环评工作中，则需要根据生态类型区的具体生态功能和工程项目的特点选择具体的重金属指标。

3.1.2.3 土壤生物指标

1）土壤微生物量

土壤微生物量即土壤中生活的全部微生物总量。一般使用微生物量碳和微生物量氮来进行表征，该指标也是土壤肥力的重要指标之一，在土壤肥力评价中作为备选指标。氯仿熏蒸浸提法是当前通用的测定方法。

2）土壤酶活性

土壤酶是存在于土壤中各酶类的总称，是土壤的组成成分之一。土壤酶活性既包括已积累于土壤中的酶活性，也包括正在增殖的微生物向土壤释放的酶活性。它主要来源于土壤中动物、植物根系和微生物的细胞分泌物，以及残体的分解物，包括氧化还原酶类、水解酶类、转移酶类、裂合酶类、合成酶类、异构酶类共六大类，较常见的土壤酶包括脲酶、多酚氧化酶、蔗糖酶、过氧化氢酶等。土壤酶活性往往与土壤肥力呈正相关关系，因而能够反映土壤肥力的变化状况，在进行土壤质量生态环评中可以作为参考因素进行选择。

3.1.3 大气环境

“气”指的是建设工程项目对区域气象要素的影响，如温度、湿度、气压、风速等小气候环境的影响。这些气象要素的改变导致受影响区域的生态环境发生变化，而部分大型建设项目会显著改变区域小气候，因此在对这类建设项目开展环评时，这部分的要素需要得到重视。除了获取评价区域的降雨量、蒸发量和日照时间等基本的气象条件参数作为背景外，针对具体区域或者工程的特点，评价中应考虑是否将温度、湿度、蒸发量及风速等因素作为衡量局部小气候改变的评价因子。

1）温度

温度一般是指地表附近的大气温度，它受到的影响程度与工程项目的类型有密切关系。一般来说，工程建设破坏区域内的植物，使地表裸露，在相同的气候条件下，会增加地面逆辐射，从而提高地表温度。例如，夏季公路上方温度显著高于两侧的农田区域，城市区域产生的热岛效应等、部分热排放建设项目也会使得周边区域温度增加，如钢铁厂、采暖锅炉、火力发电厂等，都能明显改变周边热环境。而温度的改变，可能会对人类生活产生负面作用，同时，对于一些敏感区域，如荒漠草原区、自然保护区等，如果热环境改变，很可能加剧土地荒漠化和草原退化，或者导致部分喜阴湿环境的物种从区域内消失，在这种情况下，有必要对建设项目对热环境的改变进行可行性评价工作。

2）湿度

湿地及大气湿度，表示空气中水汽含量或潮湿的程度。森林、湿地生态系统由于水分来源充足，大气湿度相对较高。但建设项目带来人为扰动会破坏植物向大气的水汽输送通道，同时占用土地，造成湿地面积减小；排放热量使得周边环境干燥；另外，大坝、水库等建设项目，又可能使得局地湿度提高，改变原有的区域环境。由于湿度是人类居住环境的重要指标，与舒适度密切相关，因此在涉及人类居住环境时需要密切关注建设项目对湿度的影响，为消除负面影响和制订补偿措施提供依据。

3）风速

由于植物群落特别是乔木群落对空气对流有阻隔作用，因此常用某些耐旱乔木来作为防风固沙的防护植物，形成防护林，为农田、公路和城市提供屏障。建设项目有可能会破坏原有的防风林或者防风植被带，造成局地风沙、沙尘天气增加，使得大气颗粒物增多。另外，城市中建筑的不合理设计会产生楼间风，由于大型城市中高楼林立，狭管效应明显，部分瞬时风速能够达到 10 级，不仅影响居住适宜度，而且给城市居民的正常生活带来隐患。因此，对于风沙区、城市区域等有特殊需求的区域，应该关注工程建设对空气流动及风速的影响，以便做好前期规划设计，同时在施工完成后设置适当的防风措施，将工程项目对风速的影响降低到可承受的范围。

3.1.4 生物

生物是指表征生态系统和种群的各类指标。各类生态系统均具有一定的内部稳定性，保证系统的能量和物质得到有效循环，从而维持系统的平衡。而建设项目开始后，必然会向生态系统中引入新的物质和能量，从而改变系统的循环，造成内部不稳定，可能需要经过较长的时间才能达到新的平衡。因而，在评价过程中，从生态系统和种群的角度入手，反映工程建设的影响程度并做出可行性评估，对于生态系统的保护和恢复而言是十分重要的环节。

1）生物量

生物量是某一时间单位面积或体积栖息地内所含一个或一个以上生物种，或所含一个生物群落中所有生物种的总个数或总干重。生物量能够反映群落或者区域内植物的生产力状况，因此可以反映工程项目建设时期及建设后对群落生产力的影响状况，是较为常见的生态学指标。

林下植被生物量采用样方收获法测定，即在样地中机械布设 5～10 个 1～2m^2 的样方，将其中的草灌木（地上、地下）全部收获称重，并烘干测干重率。以样方的平均值推算全部林地的林下植被生物量。乔木层生物量的测定比较复杂，方法也比较多，比较常用的是收获法中的等断面积径级法，即根据一定标准选择一组标准木，伐倒后测定其生物量，然后以样本组生物量实测数据构建回归方程，以回归方程推算乔木生物量。

2）种群特征

（1）种数。种数即单位面积样方内包含有多少种植物，它能在一定程度反映区域内物种多样性和区域环境状况。获取种数数据，需对植物进行鉴别，并记录遇到的每种植物，最后得出种数。

（2）密度和多度。密度是指在一定空间范围内同种生物个体同时生活着的个体数量或作为其参数的生物量。种群密度是种群最基本的数量特征。物种多度分布是群落中物种个体数的频率分布。作为植物群落基础的生态学指标，物种密度和多度指标通常是采用现场人为调查的方法获取，一般分为总量调查（即对一个区域内种群的所有个体进行统计调查）和取样调查（如样方法、标记重捕法、去除取样法等）两种方式。

（3）盖度。盖度是植物地上部分垂直投影面积所占地面的比率。采用目视法获取样方内植被盖度数据，分别记录不同种类植物的盖度（即植物种盖度），以及草本层盖度、灌木层盖度和总盖度。为保证数据的精确度，各样方盖度应由同一人估算。

（4）优势种。对群落的结构和群落环境的形成有明显控制作用的植物种称为优势种，它们通常是那些个体数量多、投影盖度大、生物量高、体积较大、生活能力较强、占有竞争优势，并能通过竞争来取得资源优先占有地位，即优势度较大的种。群落的不同层次可以有各自的优势种，例如，森林群落中，乔木层、灌木层、草本层和地被层分别存在各自的优势种，在观测中需要分别记录不同群落层次的优势种及其生态学特征。

3）生物多样性

生物多样性是定量描述生态系统完整性的重要指标，物种多样性和群落结构变化将直接影响生态系统的稳定性。线性建设工程不仅会对施工作业范围内的植被和生态系统产生直接的影响，也会改变区域小环境而造成沿线生态系统的变化。为了考察这种变化，重点选择以下指标分析线性建设工程对生物多样性的影响：均匀度、物种多样性指数和丰富度3个指标。其具体计算方法如下：

均匀度描述景观中不同生态系统的分配均匀程度，其计算公式为

$$E=(H/H_{\max})\times 100\% \tag{3-7}$$

式中，E是相对均匀度指数（百分数）；H是修正了的Simpson指数；$H_{\max}$是在给定丰富度T条件下景观最大可能的均匀度。

H和$H_{\max}$的计算公式为

$$H=-\lg\left[\sum_{i=1}^{T}(P_i)^2\right] \tag{3-8}$$

$$H_{\max}=\ln(T) \tag{3-9}$$

式中，P_i是生态系统类型i在景观中的面积比例；T是景观中生态系统的类型总数。

多样性指数一般使用Shannon多样性指数（SHDI）来表示，$SHDI_{\max}$是SHDI的最

大可能取值。SHDI 与 $SHDI_{max}$ 的计算公式为

$$SHDI = -\sum_{i=1}^{T} P_i \lg(P_i) \tag{3-10}$$

$$SHDI_{max}=\lg(T) \tag{3-11}$$

式中，P_i 是区域内某一物种数量和总的物种个数的比值。

丰富度指数（D）表征区域内物种丰富程度，一般使用 Margalef 丰富度指数来计算丰富度，其公式为

$$D=(S-1)/\ln N \tag{3-12}$$

式中，S 是区域内所有的物种类型数量；N 是总的物种个数。

4）相似度

相似度指数可以反映线性建设工程运行前后样方之间的相似程度（可用对照样方代替项目修建前样方），从而判断线性建设工程的影响。其具体计算方法如下：

$$S = 2S_{ab} / (S_a+S_b) \tag{3-13}$$

式中，S 表示两个样方的相似程度，其值在［0，1］之间变化，1 表示两个样方完全相同，0 表示两个样方完全不同；S_{ab} 表示两个样方中共有的物种个数；S_a 表示样方 a 中的物种种数；S_b 表示样方 b 中的物种个数。

3.2 敏感目标调查及其敏感因子筛选原则与方法

3.2.1 敏感目标的确定

在环境影响评价中，敏感保护目标常作为评价的重点，也是衡量评价工作是否深入或是否完成任务的标志。然而，敏感保护目标又是一个比较笼统的概念。按照约定俗成的含义，敏感保护目标概括一切重要的、值得保护或需要保护的目标，其中最主要的是法规已明确其保护地位的目标。因此，生态环境影响评价中的敏感目标一般指验收调查需要关注的建设项目影响区域内的环境敏感保护对象，即在环境影响评价文件中规定的保护目标和批复中要求的保护目标，以及由于建设项目实际工程情况发生变更或环境影响评价文件未能全面反映出的建设项目实际或新增的环境敏感保护对象。

生态环境影响评价中，敏感保护目标可按下述依据判别。

（1）需特殊保护地区：指国家或地方法律法规确定的、县以上人民政府划定的需保护的特殊地区，如水源保护区、风景名胜区、自然保护区、森林公园、国家重点保护文物、历史文化保护地（区）、水土流失重点预防保护区、基本农田保护区。

（2）生态敏感与脆弱区：指水土流失重点治理及重点监督区、天然湿地、珍稀动植物栖息地或特殊生境、天然林、热带雨林、红树林、珊瑚礁、鱼虾产卵场、天然渔场、重要湿地等。

（3）社会关注区：人口密集区、文教区、疗养地、医院等区域，以及具有历史、科学、民族、文化意义的保护地。

此外，环境质量已不能达到环境功能区划要求的地区也应视为环境敏感区。

3.2.2 敏感因子筛选原则

评价是通过一些归类的指标按照一定规则与方法，对评判对象的某一方面或综合状况做出优劣的评定。合理的评价结果应该是客观、全面和科学的。基于线性建设工程项目环境影响评价内容的广泛性和系统的复杂性，为了使所建立的评价指标体系能够综合反映线性建设工程生态环境评价的各个方面，在构建建设工程项目环境评价指标体系的过程中应遵循以下原则。

3.2.2.1 系统性原则

生态环境影响评价指标应全面真实地反映各地区社会、经济、资源、环境等各个方面的基本特征。每部分分别由一组指标构成，各指标之间相互独立，又相互联系。同时，指标体系应该具有一定的层次，逐层深入，最终形成评价体系，从而对不同地区从综合到分类的可持续发展水平和能力进行反映。

3.2.2.2 定量性原则

所选指标含义要简单明确，具有一定的外在表达形式，是能够计算或观察感受到的，这样才能在实际工作中应用。这里要强调的是指标的可取性（具有一定的现实统计基础）、可比性（各具特征的不同城市应该有一个基本统一的指标体系来统一衡量、对比、评价）、可测性（所选的指标变量必须在现实生活中是可以测量得到的或可通过科学方法聚合生成的）、可控性（研究评价线性建设工程项目环境影响指标体系的最终目的是调控线性建设工程对环境的影响，故其指标必须是人类能根据环境特点、工程建设的需要来理性调控的）等。当然，定量性原则并非是盲目追求指标的定量描述，对于在技术手段上难以完全实现定量化的指标或者评价内容，应该采用定量和定性相结合的手段，统筹这两类方法或者指标，形成优势互补，既可以更好地反映评价内容，达到科学评价目的，取得可信结果，又可节省资源。

3.2.2.3 代表性原则

评价指标要准确反映生态环境的现状及变化特征。在具体操作中，应选取代表性较强的典型指标，尽可能以最少的指标包含最多的信息，避免指标之间的信息重复利用、相互包含及大同小异现象，去除那些意义相近、重复关联性过强或者具有推导关系的指标，力求使选择的指标简洁易用。由于线性建设工程生态环境评价所涉及领域非常广泛，在进行研究分析的过程中，为了全面评价生态系统的各个方面，往往会导致指标数量的增加，指标体系规模的急剧膨胀。大量信息重复引入，不仅使得主题不够鲜明，也给信息收集和实际操作带来一定的困难。为此，在指标的选择过程中，要尽量兼顾二者，并达到一定的平衡。

3.2.2.4 可操作性原则

要求指标必须适用于不同的研究区域，各项指标的含义、统计口径和适用范围对于不同的区域必须一致，具有可比性；所有选择的指标都能够根据其度量方法进行度量，同时也便于比较相关的研究项目。

指标是研究理论与实践操作的结合点。构建生态环境评价指标体系既要以研究理论为基础，同时又必须考虑实践操作的可行性和现实数据资料支持的可行性。由于大多数生态环境指标难以进行实验来确定数量，在指标确定时要尽可能利用现有的能反映生态环境问题的统计数据，即指标数据易于通过统计资料、抽样调查，以及直接从有关部门获得，并有一定的实施可操作性。

3.2.2.5　适用性原则

不同地区所处的自然环境和社会环境不同，线性建设工程沿线所处地理位置、经济状况、气象水文等条件不同，线性建设工程对环境影响的环境因子也不同，因此应按照因地制宜的原则，针对所研究地区及其主要环境问题选择评价指标。另外，选择的指标体系必须能够反映评价区域的历史、现状、潜力及演变趋势，揭示内在发展规律。每一个具体的指标应该反映待评价领域的经济、社会、资源与环境协调发展的状况，体现静态与动态的统一，具有时间和空间变化的敏感性，从而指导可持续发展政策的制定、调整和实施。

3.2.3　敏感因子的筛选方法

3.2.3.1　专家咨询法

专家咨询法是一种经典的指标体系建立方法，应用极为广泛。它又被称为德尔菲法（Delphi），是对某一项目进行评估及预测的重要工具。该方法依靠多个专家，充分发挥专家的集体智慧，消除个别专家的局限性和片面性，在定性分析的基础上，以评分的方式做出定量评估，其评估结果具有数理统计特点。然后根据对专家意见概率分布的研究发现专家的一致性意见。

在建设工程项目生态环境评价指标选取和体系建立的过程中，一般先列出具体的各大类影响类型（1 级指标），然后根据每个大类的影响，细化出反映该影响的具体指标（2 级指标），如果有需要，还可以列出 3 级指标。再由相关行业的专家组成专家团，对列出的各大类下的具体指标进行独立评分，可以根据具体的情况设置评分标准，由专家根据专业判断各指标的重要性，如果有多个评分方面（如社会影响、环境承载力等），每个指标也可设置不同方面的打分，最后进行加权，算得各指标的权重排序，从而排除部分不重要的指标，建立最终的评价指标体系。

3.2.3.2　类比分析

类比分析是一种比较常用的定性和半定量评价方法，可分为整体类比和单项类比。整体类比是根据已建成的工程项目对植物、动物或生态系统产生的影响来预测拟建项目的影响。该方法需要被选中的类比项目，在工程特点、地理环境、气候因素、动物和植物背景等方面都要与拟建项目相似，并且项目建成已达一定的年限，其影响已经基本趋于稳定。该方法的主要重点在于需要找到与评价环境相类似的区域进行类比，不仅能够反映出受影响区域的影响状况，同时也具有其主要的生态环境特征，从而达到类比条件，筛选出主要的生态环境因子作为敏感因子进入评价流程。

对于线性建设工程的环境影响评价，类比分析是一种易于实现的评价方法。而且由于某些线性建设工程项目建设时间较为久远，受影响区域往往缺乏建设前的调查数据，因此，在这种情况下采用类比分析，通常是其主要的评价方法和手段，能够实现对部分缺少基础和原始数据的建设工程项目的评价工作。

3.2.3.3 Meta 分析

Meta 分析是对具备特定条件的、同课题的诸多研究结果进行综合的一类统计方法。Meta 分析的前身源于 Fisher 1920 年“合并 P 值”的思想，1955 年由 Beecher 首次提出初步的概念。广义上的 Meta 分析指的是一个科学的临床研究活动，指全面收集所有相关研究并逐个进行严格评价和分析，再用定量合成的方法对资料进行统计学处理得出综合结论的整个过程；狭义上的 Meta 分析指的是一种单纯的定量合成的统计学方法。它的优点包括：能对同一课题的多项研究结果的一致性进行评价；对同一课题的多项研究结果作系统性评价和总结；提出一些新的研究问题，为进一步研究指明方向；当受制于某些条件时，如时间或研究对象的限制，Meta 分析不失为一种选择；从方法学的角度，对现阶段某课题的研究设计进行评价；发现某些单个研究未阐明的问题；对小样本的实验研究，Meta 分析可以统计效能和效应值估计的精确度。因此，与传统的描述性的综述相比，设计合理、严密的 Meta 分析能对证据进行更客观的评价，对效应指标进行更准确、客观地评估，并能解释不同研究结果之间的异质性。Meta 分析符合人们对客观规律的认识过程，能够较好地应用在敏感因子的筛选过程中。

3.2.3.4 列表法

列表法是 Little 等于 1971 年提出的利用开列清单进行影响评价的方法。他将研究中所选择的环境参数及开发方案列在一张表格里，可以鉴别出开发行为可能会对哪一种环境因子产生影响，并表示出其影响的好坏及相对大小，他当时采用这种方法进行交通运输建设方案的影响评价，把建设方案分成规划设计、施工及运行 3 个阶段，把开发行为可能造成的影响分成噪声、空气质量、水质、土壤侵蚀、生态、经济、社会政治及美学等不同类型，将方案的阶段与各种影响类型列成一张表格，从中鉴别出各种不同阶段方案可能会产生的有利或不利影响，最后制定出一个 0～10 的评价等级，以说明影响大小并表示出最大的可能影响。但该方法对环境参数不能进行定量计算，制约了其发展和应用。

其他方法还包括图形叠置法、列表清单法、模糊判断法等，这些方法各有优劣，曾普遍应用在各类生态环境影响评价中。但是这些方法都是定性的筛选方法，已逐渐不能满足建设项目生态环境影响评价对定量性的要求，当前已较少地使用在具体的评价工作中，因此不再作具体介绍。

4 线性建设工程生态环境影响定量评价技术与方法

线性建设工程空间跨度大，穿越多种敏感生态类型区，工程建设通过占用土地、破坏植被、水土流失、外来物种入侵和环境污染等方式直接影响生态系统的健康。工程建设改变土地利用类型，扩大人类的活动范围，导致景观破碎化，从而间接强化了对生态系统的影响。而在同一区域，多项工程的建设可能对生态环境产生累积影响，严重影响生态系统的稳定性。通过识别线性建设工程对生态环境的直接影响、间接影响和累积影响，确定工程的影响范围，建立线性建设工程生态环境影响的定量评价方法，为我国生态环境影响评价、环保验收和环评后评估等提供技术支持。

4.1 生态环境影响类型

4.1.1 线性建设工程对生态环境的直接影响

4.1.1.1 植被破坏

工程建设对植被生态系统的直接影响包括永久性和暂时性的影响。永久性的影响主要来自永久性用地，如路基、桥梁、场站、隧道等占地，以及部分临时用地导致不可逆的影响。暂时性影响主要来自临时性用地，如施工便道、材料场、施工场地临时占地等。永久性占地的影响一般是不可逆的，临时性用地对植被的影响可以通过生态恢复措施和有效的环境管理措施使其降低到最小，甚至恢复至原来的植被状况。

青藏公路和青藏铁路穿越高寒脆弱区，西宁至拉萨段并行设计。青藏公路和铁路的建设直接破坏了沿线地区的植被生态系统，工程永久性占地 288.83km^2，导致植被年损失的总净初级生产量为 30 504.62t，损失的总生物量为 432 919.25～143 6104.3t/a（陈辉等，2003）。西气东输Ⅱ线穿越新疆脆弱生态敏感区，沿线生态系统多为荒漠草原、荒漠戈壁，管道施工、伴行路、场站建设对地表植被的扰动和破坏严重。管线施工期临时占地 5772.80hm^2，运营期永久占地 40.53hm^2，管线建设对柽柳、膜果麻黄、白刺、梭梭等干旱荒漠区植被系统破坏严重（中国石油规划总院，2008）。

4.1.1.2 土壤扰动

土壤是植物生长的基础、农业生产的基本生产资料。土壤质量作为土壤肥力、环境和健康质量的综合量度，维持着动植物生产，保持并提高环境质量，维持人类健康。土壤的形成是成土母质、气候、生物、地形和时间等因素长期互相作用的结果，同时人类活动正在显著地改变土壤肥力。土壤质量退化是公路最主要的生态影响之一。公路建设高挖低填，破坏原有的土壤结构和质地，同时大量人工土体无序入侵，以及机械和人为踩踏，破坏土壤原有的表土层和腐殖质层，导致土壤 pH 和容重较高。道路运行后，道路边坡形成了一种新的人为土——路域土壤。研究表明，路域土壤具有坡面结构混乱、无层次、无规律、结构差、外来物质多、养分匮乏等特性，导致土壤粉沙黏粒含量、有机质及养分元素含量下降，pH 升高，土壤呈现粗粒化的趋势（余海龙等，2006）。长输油气管道是填埋式的线性建设工程，管沟施工过程的挖方和填方不可避免地会破坏土壤结构，改变土体中物质和能量的流动。时鹏等（2012）采用 Meta 分析定量分析了管道建设对沿线土壤的扰动，结果表明管道建设降低土壤有机质、速效氮、速效磷、速效钾、总氮、总磷、总钾和含水量，增加土壤 pH，并且对土壤有机质、速效氮、总氮、总磷和 pH 的扰动达到显著水平（$P<0.05$）。管道施工过程中没有严格按要求进行分层开挖、分层堆放、分层回填，导致不同层次土壤混合，改变了土壤的养分状况，导致管道施工带上方土壤质量下降（Shi et al.，2015a）。

4.1.1.3 环境污染

公路、铁路等交通运输产生了严重的土壤重金属污染。美国国家环境保护局调查发现公路对周边环境排放了大量的 Pb、Cu 和 Zn 等有毒重金属污染物（USEPA，2001）。公路交通排放重金属的水平惊人，荷兰公布的机动车重金属排放数据表明，汽车尾气燃烧排放的 Pb 的含量高达 240t/a，散热器排放的 Cu 达到 50.91t/a，机动车排放的 Zn 含量达到 179.075t/a，并且机动车排放的 Cd 总含量达到 1.932t/a（表 4-1）。含铅汽油中通常含有四乙基铅或四甲基铅等抗爆剂，经燃烧后，Pb 转化为可挥发的化合物，随尾气排出，导致公路周边土壤铅污染严重；刹车里衬的磨损会导致 Cd 和 Cu 的污染；汽车轮胎和润滑油中添加含锌抗氧化剂及防腐镀锌汽车板的使用是公路 Zn 污染的主要来源。铁路运营也会导致周边土壤重金属的含量增加，Cu、Zn、Pb 和 Cd 是铁路沿线土壤主要的重金属污染物，污染主要归因于火车润滑油和冷凝胶的使用、火车部件的磨损、牵引机车的废气排放及客运旅客产生的垃圾。

表 4-1 荷兰机动车重金属年排放量 （单位：t/a）

污染物	废气	燃料渗漏	轮胎磨损	刹车磨损	散热器	总量
As	0.17	0.015	0.013	0.004	—	0.199
Cd	1.2	0.002	0.73	—	—	1.932
Cr	1.7	0.014	2.6	0.518	—	4.832
Cu	0.25	0.061	3.65	9.072	50.91	63.943
Pb	240	1.96	/	0.022	0.072	242.054
Ni	1.7	0.007	2.48	0.285	0.192	4.664
Zn	2.3	1.49	175	0.117	0.168	179.075

注：数据引自 Bohemen 和 Laak（2003）

4.1.1.4 外来物种入侵

生物入侵已经引起全球生态学家的广泛关注，被认为是导致全球生物多样性减少的主要原因之一。道路、管道等线性建设工程作为外来植物繁殖体的扩散廊道，促进了外来植物入侵。植物入侵的程度受到公路等级的影响，高等级公路更能促进外来植物入侵。这主要是因为高等级公路由于频繁的交通运输和路面养护活动，更易引入外来植物的种子，另外高等级公路由于路面填充物的增加，其边缘的土壤深度增加，肥力更高。光照水平是影响线性建设工程周边生物入侵的主要环境因素。研究结果表明，高光照水平的草地生境、森林边缘等地，外来植被都比较容易入侵，而光照水平较低的林地则不易入侵（Hansen and Clevenger，2005）。坡向也是影响植物入侵的重要因素，阳坡太阳辐射多、温度高、土壤湿度低，而阴坡太阳辐射少、温度低、土壤湿度高，影响植物种子萌发，进而影响植物群落组成（Witkowski and Wilson，2001）。线性建设工程建设破坏地表植被，创造高光照的生境环境，改变地形地貌，增加外来物种入侵的频率。

4.1.1.5 生物迁徙障碍

随着社会、经济的发展，公路、铁路等线性建设工程明显增加了人类的活动范围。线性建设工程穿越敏感保护区时，因为工程的切割、阻碍作用，会干扰动物的迁徙。青藏公路穿越可可西里国家级自然保护区和三江源自然保护区的交界处，而此处为藏羚羊的栖息地，藏羚羊越冬地在青藏公路东侧的果洛盆地，而产羔地在青藏公路西侧的乌兰乌拉湖、可可西里湖、卓乃湖等地。因此，藏羚羊必须跨过青藏公路完成一年中的长途迁徙。将青藏公路 800m 作为观测范围，调查沿线藏羚羊的种群数量，多年的野外观测表明，人类活动已经对藏羚羊的迁徙产生了一定的影响，表现为藏羚羊迁徙时间延长，在公路附近徘徊，不敢轻易穿越公路（裘丽和冯祚建，2004）。公路几乎对所有的动物都产生障碍作用，小型动物通过 6～15m 道路的概率仅为适宜生境移动概率的 10%（Forman and Alexander，1998），鸟类不愿意通过 10～30m 宽的森林道路（Develey and Stouffer，2001）。另外，公路、铁路对动物最直接的影响还有车辆导致的动物致死。公路致死的动物数量较大，统计表明，仅荷兰每年就有 15.9 万只哺乳动物和 65.3 万只鸟类因道路致死，其中两栖类因为经常在湿地与高地之间迁徙，行动缓慢，致死率最高（Forman and Alexander，1998）。

4.1.1.6 水文影响

公路、铁路等工程建设穿越山地地区会修建大量的隧道等地下工程，这些工程修建于地下水最为活跃的地壳表层，岩土开凿的隧洞可能成为地表和地下水的汇集场所或新的排泄通道，改变了工程周围的水文地质环境，进而影响地区的生态环境。隧道长期大量涌水或排放地下水，造成工程地区含水层被疏干，地表水和泉眼、井水枯竭。京通铁路桃山隧道施工中导致大量涌水，造成周边所有泉水干枯，截断了下游发电用水源和农业用水（王石春和陈光宗，1998）。

地下水是西北干旱半干旱地区的主要用水来源，在沙漠地区，更是工农业生产和动植物生存的重要水源。塔里木沙漠公路横穿塔克拉玛干沙漠，“塔里木沙漠公路防护林生态工程”对沙漠地区地下水形成了“线状”的开采。范敬龙等（2008）在沙漠公路沿线布设地下水观测断面，共设置 45 个地下水监测井。监测结果表明，与 2003 年沙漠公路防护林工程未建成时比较，防护林工程建成后 1～3 年的监测数据都显示出监测井地下水位呈下降趋势，最大降幅达到 39cm。树木蒸发对地下水位的变化影响明显。

油气输送管道是填埋式的施工建设工程，工程施工过程需要挖掘深 3m 左右的管沟，用于放置输油/气管道（图 4-1）。管道穿越地下水位低的地区时，会阻碍地下水流动，影响区域水文环境。西气东输Ⅱ线经过安西极旱荒漠国家级自然保护区，管线路由直接穿越大泉、小泉湿地，距离湿地露头泉不足 1km。尽管施工方在路由涉及的大泉、小泉湿地管道上方增设透水层，确保水源正常流动和补给，但是由于线性建设工程的阻挡，可能仍会影响湿地泉水的水量。

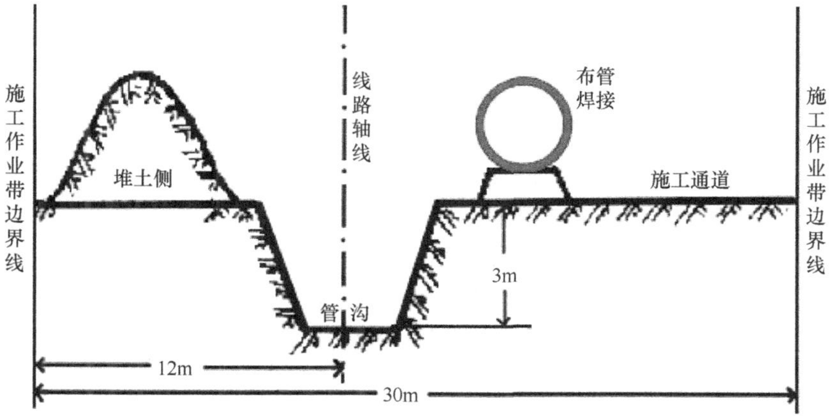

图 4-1 油气管线施工作业图

4.1.1.7 改变地形地貌

地形地貌是环境的基本要素之一。地形地貌是指地势高低起伏的变化，即地表的形态，可分为高原、山地、平原、丘陵、裂谷和盆地等六大基本地形。地形地貌是地质构造、气候、水文、生物等内外营力综合作用的结果。地形地貌引起大气热量、水分的区域垂直变化，并直接影响岩石和地表沉积物的性质，以及地表和地下水的分布与运动。在特定地质基础与新构造运动等内力因素，以及复杂多变的气候、水文、生物等外力因素的作用下，我国地形地貌特点呈现地势西高东低，呈三级阶梯状下降，地形多种多样，山区面积广大，山脉纵横，呈定向排列并交织成网格状。工程经过山地丘陵地区，施工过程中开挖山体，填筑路基，导致原地形地貌被破坏，产生大量的陡峭边坡，增加水土流失。而取土场、弃土场和弃渣场等占地工程的建设改变了区域微地形，导致水流通道被堵塞，容易引发山洪。另外，在一些敏感地区，地质稳定性较差，大量的开挖山体边坡、采石取土容易引发崩塌、滑坡、泥石流等地质灾害，威胁人民群众的生命财产安全，并且造成严重的生态破坏。

4.1.1.8 土地利用格局变化

线性建设工程对土地利用的影响通过“点-轴”或者“网络”的形式表现（刘世梁等，2006a）。工程影响的土地利用可以看作点、轴、域 3 个要素的空间镶嵌：点表示“节点”，如道路所经过的中心城镇；轴是“工程本身”，工程施工占地对建设区土地利用方式的改变；域是“道路影响域”，工程提供了人类进入和干扰未开发区的途径，大范围地改变区域土地利用。青藏公路沿线土地利用的变化呈现出“点”型的辐射效应，1995～2000 年，青藏公路沿线格尔木、曲麻莱、治多 3 个地区建设用地净增加 323.8%，建设用地主要来源是草地、未利用土地和耕地（张镱锂等，2002）。管道建设也引起邻近区域土地利用的改变，陈利顶等（2010）分析了西气东输豫南支线建设前后沿线土地利用的变化，发现管线300m的缓冲区内林地、水土和建设用地增加幅度较大，而草地和耕地面积在减小。

4.1.2 线性建设工程生态环境的间接影响

4.1.2.1 景观破碎化

景观格局一般指景观的空间格局，是大小、形状、属性不一的景观空间单元（斑块）在空间上的分布与组合规律，可以看作人类干扰过程中的情景反映，而破碎化、斑块化、优势度等变化是景观格局变化的体现。青藏铁路和青藏公路并行穿越，对沿线生态系统具有强烈的切割作用，加剧了生态系统的破碎化，草甸生态系统、草原生态系统和荒漠生态系统破碎程度最大，这3种生态系统的斑块数量增多，斑块边缘密度变大（陈辉，2003）。Saunders等（2002）研究道路对美国五大湖区景观的影响发现，道路建设增加道路密度，增加了斑块数量和密度，减少了斑块平均面积。李月辉等（2003）通过构造域外影响（off zone effect）来表示道路导致区域生境破碎化和丧失，改变了景观格局，扩大了影响范围。道路密度越大，等级越高，交通密度越大，导致生境破碎化加剧，生境的环境容量和稳定性下降，难以维持物种合适的种群数量，导致部分物种种群数量下降甚至消失。研究人员对美国明尼苏达州狼群变化研究发现动物种群数量与栖息地分布的道路密度呈显著的负相关关系，当研究区内道路密度超过0.45km/km^{2}时，狼群很难找到适当的领地（Mladenoff et al.，1999）。长输油气管道通过多种复杂多变的地质地貌单元，穿越森林、草地、湿地、农田、荒漠等众多景观类型，管线工程建设深刻影响区域景观格局的变化，表现为管线周边斑块类型、比例、结构的变化，进一步改变区域生态系统结构和过程（陈利顶等，2010）。

4.1.2.2 边缘效应

两个或多个不同性质的生态系统（或其他系统）在交互作用的地区，由于某些生态因子如物质、能量、信息等或系统属性的差异和协同作用而引起系统部分组分及行为（如种群密度、生产力和多样性等）不同于系统内部的变化，这种现象称为边缘效应（马世骏和王如松，1985）。线性建设工程是典型的干扰廊道，工程带上方不同于两侧的基质，构成特定的景观类型，伴随工程的路由也产生边缘效应带。线性建设工程干扰后的一段时间内，在边缘效应带内，各种生物激烈竞争，植物群落结构相对复杂，某些物种生产力相对较高，随后发展到一个稳定和谐的阶段。道路路域和管道两侧植被从破坏后的次生裸地开始进行演替，自然状态下的陆生植物演替过程是从耐贫瘠的一年生草本植物开始的，其实是多年生的草本植物，发展到以灌木和乔木为主的群落。边缘地带是物种最为丰富的地区，因为光照、温度、湿度等环境因子的改变，加速了物种的入侵，影响了植被的演替。因此，受到线性建设工程建设的干扰，工程两侧出现边缘效应，工程两侧的边缘带内呈现出特定的景观类型。

4.1.2.3 生态系统退化

生态系统是动态变化的系统，生态系统的结构和功能永远处于不断运动和变化之中。生态系统的变化是定向的，在无外力干扰的情况下，生态系统的演替是单一方向的，即结构由简单到复杂，最终形成功能相对稳定的生态系统。但是在外界的干扰下，则会抑制生态系统正方向的演替过程。而当干扰强度超过生态系统的抵抗力并发生不可逆的变化时，生态系统将发生退化。生态系统的退化是逆向的演替。退化的程度既取决于生态系统的内在因素即系统的自我维持能力和抵抗能力，又取决于外在的干扰驱动力，干扰的类型、强度、频率等因素决定了生态系统的退化过程。

生态系统是生物因子和环境因子组成的复合体。线性建设工程干扰下的生态系统中生物因子和非生物因子都将发生改变，工程对环境因子的干扰变化主要体现在因子的组成、分布和对生物的支持能力等方面。工程建设对个体、种群和群落的不同生物因子的干扰结果也不一样：个体是单个的生命体，工程对单个生物体的干扰主要表现为生物生理机能上的改变；种群是栖息于同一地域的同种个体组成的复合体，工程对种群的干扰主要体现在种群的分布、规模及密度效应等方面；群落是栖息于同一地域中互相联系的所有种群构成的复合体，工程对群落的干扰表现为群落的稳定性、演替方向等方面。工程建设导致生态系统的变化表现为结构（生境和生物）和功能（物质循环、能量流动和信息传递）的变化，进而影响生态系统的演替方向。线性建设工程建设导致植被破坏、水土流失、地形地貌改变等生态环境问题，改变生态系统的演变方向，严重的会导致生态系统退化。我国西南公路建设干扰下植被发生负方向的演替，退化严重的地区生态系统由森林演替为荒漠（图 4-2）。因此，线性建设工程建设需要采取积极的生态恢复措施，控制生态系统的逆行演替，改善生态系统的退化状况。

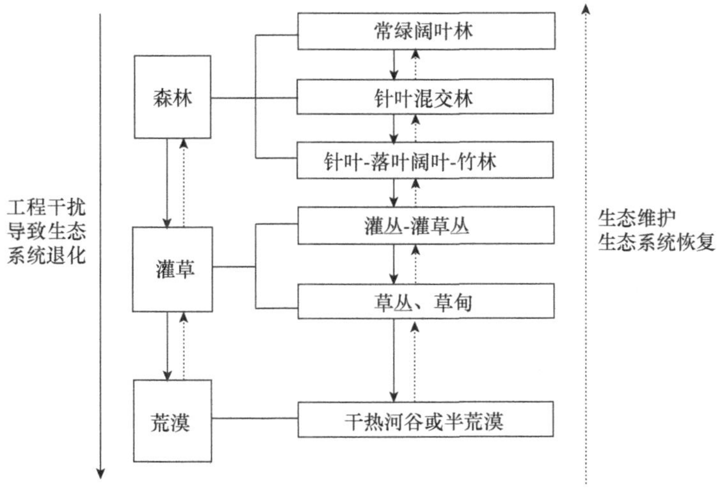

图 4-2 公路工程建设干扰下云南山区生态系统的演替（刘杰等，2006a）

4.1.3 线性建设工程生态环境的累积影响

生态环境累积效应是指当一项活动与过去、现在及可合理预见的未来的活动结合在一起时，所产生的对环境的累加影响。工程建设累积影响通常在以下两种情况下发生，一是受工程干扰的生态系统被同一地点的因素以足够的频率重复干扰以至于没有时间进行恢复，造成干扰在时间上的聚集；二是生态系统受到几个相近工程的干扰，以至于在一定的干扰区域内无法消除这些影响，造成干扰在空间上的聚集。因此，工程建设产生的累积影响表现出时间和空间两个方面的累积特征。时间累积影响是指当两个工程干扰之间的间隔小于生态系统从每个干扰中恢复过来所需的时间，工程建设就会产生时间上的累积现象。空间累积影响是指当两个工程干扰之间的空间距离小于疏散每个干扰所需的距离时，工程建设就会产生空间上的累积现象。

最早提出开展累积影响评价的国家是美国，1978 年美国环境质量委员会提出必须在国家环境政策法下考虑累积影响。1992 年加拿大环境评价法开始考虑累积环境影响评价，并在 1995 年规定环境影响评价过程中要全面考虑累积影响。我国目前的环境影响评价大多是针对单个项目或工程进行的，很少涉及多个项目所引起的累积生态环境效应。因为单独某个工程的生态环境影响可能较小，但是多个工程叠加的影响可能会非常大（表 4-2）。因此，研究工程建设生态环境累积影响的定量评价方法，既是对现有的环境影响评价制度的完善，也是解决现实环境问题的有效手段。

表 4-2 单个项目环境影响评价和累积影响评价的对比

项目	项目环境影响评价	累积影响评价
影响源	单个工程建设项目	多个工程建设项目
影响识别	关注单个建设项目的生态环境影响	揭示多个活动的影响；可能单一项目的影响不显著，但是多个项目的累积影响明显
时间范围	一般是短期至中期的监测；一般只关注现有的工程生态环境影响	长期的监测；将过去、现在甚至未来的工程项目的生态环境影响进行综合评价
空间范围	范围小，侧重单一工程对生态系统的直接影响的评价	范围扩大，包括了多个项目之间的相互作用
环境管理	单一建设项目直接影响的监测和管理	多个建设项目综合影响的监测和管理

4.2 生态环境影响范围

4.2.1 线性建设工程生态环境的直接影响范围

4.2.1.1 公路、铁路生态环境的直接影响范围

公路、铁路等交通线建设打破了土壤-植物系统的平衡，改变了生态系统的自然特征。工程建设对不同的生态系统影响范围存在差异。赵慧等（2007）通过研究纵向岭谷区高速公路带来的综合生态效应发现，高速公路对林地和农田的影响多集中于距离公路 10m 以内的区域，而对灌草丛的影响范围扩大至 30m 左右的区域。刘杰等（2006b）研究发现高速公路沿线乔木林的生物量随距离公路的远近呈“J”形变化，生物量随着距离公路的增大而增加；灌木和草本生物量的变化呈“单峰”型，生物量最大值出现在距离公路 20～50m 处，远离公路的灌草木生物量小于公路边缘灌草木的生物量，公路建设对乔木产生负面的影响，而对灌木和草本植物具有促进作用。道路改变局地光照、水文、小气

候等生态环境特征，对不同植物物种的影响产生正负效应。汽车、火车等交通工具排出的重金属和有机污染物大部分干湿沉降在公路或铁路的两侧，呈条带状分布，土壤中污染物的含量与交通线的距离呈负相关关系，距离交通线越近，污染越严重。成昆铁路对沿线土壤重金属的污染主要分布在周边20m的范围，重金属元素Cu、Cd、Pb、Zn、Mn在铁轨边缘至20m的阈值范围内污染严重，而20m距离外污染较轻（Liu et al.，2009）。Ma（2009）对运营百年的陇海铁路周边重金属污染分析也发现，铁路沿线土壤Pb、Zn、Cd、Ni、Cr和Cu污染主要出现在距离铁路30m的区域。公路附近土壤重金属分布呈现倒“J”形，距离公路10m内土壤Pb、Zn和Cd的含量最大，而公路外30m土壤重金属含量接近背景值水平（Nabulo et al.，2006）。另外，不同的交通车辆通行量也会影响重金属的污染水平。研究表明，交通强度越大，排出的Cu、Cr、Pb、Zn污染物越多，加剧了重金属的扩散能力（Van Bohemen and Van De Laak，2003）。

4.2.1.2 油气管道工程生态环境的直接影响范围

长输油气管道对生态环境的直接影响一般发生在施工作业带上方，一般可分为3个施工区域：管沟、堆土区和机械作业区。其中管沟宽2m，深2m，管沟一侧为机械作业区，宽15m左右，管沟的另一侧为堆土区，宽10m左右。研究表明，在不同的施工区域，管道对生态系统的干扰强度存在差异：管道对土壤和作物产量的干扰强度表现为管沟＞作业区＞堆土区。管道铺设对环境的影响可分为暂时性和永久性两种，施工期开挖管沟等同于高强度的暂时性干扰，对生态系统影响较大。管道建设期间，需要移除地表植被，剥离表层土壤，清理出宽30m左右的施工作业带，降低了土壤养分，加剧了水土流失。管道运营期间，管沟上方土壤温度高于相邻地段，导致土壤水分蒸发量加大，农作物提前1～2周成熟，冬季地表积雪提前融化。

4.2.1.3 输水管道工程生态环境的直接影响范围

大型调水工程是跨流域、打破水源平衡的工程，不可避免地影响生态环境。调水工程对生态环境的影响侧重于调水区和受水区的生态系统的改变。大通河是“引大入秦”、“引大济西”等工程的源头，规划2020年前调水规模14.43亿m^3，调水工程的主要影响范围集中在河流中、下游，因断流月份增加，调水区下游河道水量不能满足生态环境需水要求，威胁到水生生物种群安全（刘进琪，2006）。受水区是调水工程的受益地区，南水北调有利于改善北方地区水资源短缺的现状，恢复部分河流生态功能，提高灌溉保证率，增加城市绿地，改善农牧生产条件（高丽和王继涛，2008）。南水北调东线一期工程受水区影响范围包括江苏、安徽、山东3省21个市89个县（区）。

4.2.2 线性建设工程生态环境的间接影响范围

4.2.2.1 公路、铁路生态环境的间接影响范围

公路和铁路是陆地生境破碎化的主要驱动力之一，作为线状廊道，公路和铁路将造成生境切割，导致植被退化和生境破碎。交通线沿线边缘效应明显，工程建设导致区域内景观破碎化，斑块核心面积和平均斑块面积减少，边缘密度和斑块密度增加，产生更

多的边缘生境。交通线附近土地快速向建设用地转移，是城镇的扩展轴。张镱锂等（2002）系统研究了青藏公路沿线内外的景观破碎变化，发现青藏公路对景观破碎的影响范围可以达到3km。

公路、铁路建设导致野生动植物生境丧失，生物多样性降低。交通线产生很多的生态干扰因子，如视觉干扰、噪声干扰、污染物排放等，其中视觉干扰和噪声干扰显著影响动物的生境选择。道路的干扰使得大型哺乳动物发生巢穴的转移，道路两侧100～200m的动物密度较低，而美国科罗拉多州的多麇鹿和骡鹿的冬季生殖地远离道路200m以上（Farman and Alexander，1998）。鸟类栖息地选择受交通线影响更为敏感，鸟类群落受到交通噪声影响的距离可达上千米。

4.2.2.2 油气管道工程生态环境的间接影响范围

油气管道施工过程中存在大量的人工干扰，人类活动范围的扩大对生态环境产生了间接的影响。西气东输豫南支线管道建设后，油气管线的附近区域土地利用发生转移，间接影响的范围可以达到3000m（陈利顶等，2010）。3条油气管道并行穿越新疆乌鲁木齐南部的荒漠草原，该区域在管道修建前很少受到人为干扰，因此植被的变化可以认为是管道施工的直接影响及其带来的人为干扰。采用遥感影像解译和实地调查发现，油气管道对植被覆盖度的间接影响可以达到200～300m（肖峻等，2013）。油气管道建成后，会在施工便道的基础上铺设一条伴行路，用于管道的维护和监管。但是伴行路的出现扩大了人们的活动范围，在绿洲荒漠地区，伴行路沿线放牧、砍柴等人为活动明显，导致周边荒漠化加剧，油气管道建设后对土地荒漠化的间接影响范围可以达到2000m（Shi et al.，2015b）。

4.2.2.3 输水管道工程生态环境的间接影响范围

大型跨流域调水工程具有重要的战略意义，调水工程保证了区域用水安全。目前，我国“南水北调”建成了中线和东线2条调水线路，输水管道工程穿越了森林、草地、农田、湿地等多种生态敏感地区，生态环境脆弱，工程建设对区域生态安全产生影响。输水管道建设使沿线生境破碎化，生物栖息地破坏，导致生物物种种群数量减少，降低生物多样性，间接影响范围因穿越不同的生态敏感区而不同。输水线路多以隧洞形式穿越分水岭，隧洞开凿改变地形地貌和地质状况，影响小流域的水文分布。输水工程对调水区景观变化影响明显。南水北调西线一期调水区位于青藏高原东部边缘地带生态脆弱地区，此区域生态系统结构简单，对工程建设扰动响应敏感，调水枢纽区对调水区的景观影响范围为：以坝址为基点，向上游10～12km，向下游22～30km（沙占江等，2008）。

4.2.3 线性建设工程生态环境影响范围的确定

目前线性建设工程蓬勃发展，对生态环境产生巨大的影响，如何确定线性建设工程生态影响评价的范围，一直是困扰国内外环境管理部门的突出问题。

4.2.3.1 国内线性建设工程生态影响评价范围的相关规定

经过二十几年的发展，我国已经基本建立了生态环境影响评价的技术规范和评价体系。环境保护部和交通部等部门也出台了多个相关规定，指导不同的线性建设工程的生态环境影响评价（表 4-3）。这些导则、规范对于科学确定铁路、公路、油气输送管道、输变电等线性建设工程生态影响的评价范围具有一定的指导意义，但是尚未针对不同的生态系统规定详细的评价范围。

表 4-3 线性建设工程生态环境影响评价范围的相关规定

环境影响评价技术导则	基本原则	相关规定
《环境影响评价技术导则——生态影响》	立足于项目的生态影响和生态因子间的作用过程确定评价范围，强调维持生态系统的完整性	生态影响评价应能够体现生态完整性，涵盖评价项目全部活动的直接影响区域和间接影响区域。评价工作范围应依据评价项目对生态因子的影响方式、影响程度和生态因子之间的相互影响和相互依存关系确定。可综合考虑评价项目与项目区的水文过程、生物过程等生物地球化学循环过程的关系，以评价项目影响区域所涉及的完整气候单元、水文单元、生态单元、地理单元为参照边界
《建设项目竣工环境保护验收技术规范石油天然气开采》	评价范围和评价等级挂钩	以油气管线两侧外扩原则确定评价范围：一级评价范围为油气管线两侧各 0.5km 带状区域；二级、三级评价范围为油气管线两侧 0.2km 带状区域
《公路建设项目环境影响评价规范》	评价范围和评价等级挂钩	一级评价范围为公路用地界不小于 300m；二级评价范围为公路用地界外不小于 200m；三级评价范围为公路用地界外不小于 100m。省级及以上自然保护区的实验区，划定边界距公路中心线不足 5km 者，宜将其纳入生态环境现状调查范围，并根据调查结果确定具体评价范围。对于受工程建设直接影响的原生、次生林地，应以其植物群落的完整性为基准确定评价范围
《环境影响评价技术导则——铁路》	加大脆弱敏感区的评价范围，以生态单元或地理单元为参照边界	外侧轨道中心线外 300m 以内区域，沙漠、荒漠地区可按实际情况扩大至 500m 评价范围。特殊保护区划定距工程 1km 以内纳入调查范围，根据调查结果确定评价范围。受工程建设直接影响的原生林地或珍稀野生动物栖息地，应以动植物群落的交错区及边界特征为基准确定评价范围。项目建设区域有高山陡坡、峭壁、河流形成的天然隔离地貌，评价范围可取隔离地物为界
《环境影响评价技术导则——输变电工程》	划分敏感区和非敏感区	工程经过敏感区时，生态评价范围的原则是能够说明敏感区的生态整体性特点；在非敏感区，生态评价范围为电力线路两侧各 100m 带状区域

4.2.3.2 线性建设工程生态影响评价范围确定的难点

国外工程建设生态环境影响评价也很少明确规定空间尺度评价范围。João（2007）查阅了英国的 42 个环境评价报告，证实这些环评报告中未提及评价范围的确定方法，因为环评工作的预算和时间安排限制评价范围的判定。Canadian Environmental Assessment Agency（1996）对环境影响评价范围的选取未做出明确的规定，只是模糊地说明了工程建设范围的变化对环评工作的影响：选择较大的评价边界范围，会导致评价精确度降低，增加评价的不确定性，同时加大了工作量；而缩小评价边界范围，能够得到更多的细节，但是容易忽略工程建设对整个生态系统的影响，同时公众会误解狭窄的评价范围没有全面包含工程建设对环境的影响，降低环评工作的公信度。针对油气输送管道建设对生态环境影响的评价，国外有关环境管理部门建议结合评价项目区的水文、生态等过程，采用不同类型生态系统的边界划定评价范围，如小流域边界。综合考虑不同的生态因子和生态过程，可以科学合理地确定工程建设生态影响的范围，比较成功的案例是马萨诸塞州 2 号公路的生态影响评价，该评价体系分别确定了 9 种生态因子和过程的影响域，其中道路铺撒防冰盐的影响范围在 1km 左右，鸟类群落受噪声的影响范围超过 1km，野生动物的阻碍作用范围也达到几百米，而湿地排水、河流、外来植物入侵和两栖动物的生态影响范围均超过 100m（Forman and Deblinger，2000）。

确定合适的评价范围对工程建设环境影响评价工作至关重要。油气管道建设工程生态影响评价主要根据工程类型大小，结合环评导则等级划分，确定评价范围（表 4-3）。这种方法应用于具体的环评工作中，很难科学、定量地确定评价范围，存在一些难点和问题。

1）合适的评价范围难以确定

生态影响评价范围选取过小，可能会漏掉敏感生态因子，忽略间接生态影响；而评价范围过大，小尺度的生态影响可能会忽略不计，工程建设的直接生态影响也会减弱，同时增加了工作量。工程建设穿越特殊生态敏感区和重要生态敏感区，生态评价范围应适当扩大，而对非敏感区域，生态评价范围可以相应缩小。间接生态影响是指经济社会活动及其直接生态影响所诱发的，与该活动不在同一地点或不在同一时间发生的生态影响。由于间接生态影响的时空延滞，导致间接生态影响范围难以界定。同时，工程建设的间接生态影响一般具有潜在性和持续性，工程建设与生态因子之间的相互作用关系复杂，增加了间接影响范围确定的难度。

2）生态影响评价范围难以定量标准化

由于线性建设工程种类多样，经过的生态系统类型复杂，工程建设生态影响的范围多变，影响生态评价范围的标准化。现有的导则通过规定评价级别，定量工程影响范围，可能会引起导则的生搬硬套，以致评价范围的选取不合理。但是没有量化的范围标准，则会导致评价范围选取随意，降低环评工作的可信度。

3）考虑因素单一

在评价建设项目的生态影响范围时，如果只考虑单一影响因素，会造成评价范围过小。另外，以往的生态评价只考虑直接影响，很少涉及间接影响，也会缩小评价的范围。

4）评价范围缺乏针对性

线性建设工程地理跨度大，工程建设对不同的地形地貌扰动差异较大。同时，工程经过不同生态系统类型的生态脆弱性和敏感性差异较大。现行的工程建设生态影响评价中，对于自然保护区、风景名胜区、珍稀濒危野生动物天然集中分布区等敏感区域扩大了评价范围，但是在一般评价区域执行的是统一的评价范围标准，导致评价范围与实际不符。

4.2.3.3 线性建设工程生态影响范围的评价方法

线性建设工程生态影响评价范围的划定依据多样化，可以根据工程类型、地形地貌单元、生态系统类型、施工类型等影响因素，按区域和评价因子分别确定生态评价范围。加强实地调查，对地形复杂、生态系统脆弱、物种敏感、施工干扰强度大的区域，在生态环境要素调查与监测时，适当扩大评价范围，在非敏感区域可合理缩小范围。重点评价与全面评价相结合，突出工程建设对典型区域、敏感目标的生态影响，结合敏感目标对工程扰动的响应特征，定量识别工程建设对敏感地区生态系统结构和功能的影响空间尺度特征。同时，生态影响评价体现生态完整性，评价范围涵盖工程建设的直接影响区域和间接影响区域。

结合多种方法定量确定工程生态影响范围，应用整合分析和类比分析建立工程生态影响范围的理论范式，指导生态环境要素监测布点和调查，通过样带布设和采样分析，结合缓冲区分析等方法分区域、分敏感因子综合确定工程建设生态影响的空间范围特征。

1）类比分析

类比分析是一种常用的半定量的生态环境影响评价方法。该方法基于已知工程对生态系统的影响范围，分析即将开发建设工程的影响范围。选择合适的类比对象是进行类比分析的关键，类比对象的选择条件是工程类型和规模基本相当，生态因子相似。选择需要类比的生态环境要素，并展开影响范围调查与评价，分析拟建工程与类比对象的异同，根据比较结果，做出工程建设生态影响范围的类比分析结论。

2）整合分析

整合分析也称为 Meta 分析，是一种定量综合研究结果的方法。该方法定量合并分析一些拥有共同研究目的且有统计学数量的结果，比较其出现的频率、效应的显著性和程度。整合分析可以初步确定工程建设对生态环境要素的影响范围，通过整合分析 49 个线性建设工程对动物群落的影响，发现工程建设对鸟类的影响超过 1km，对哺乳动物的影响范围超过了 5km（Benítez-López et al.，2010）。

总结国内外研究案例，结合整合分析和类比分析研究线性建设工程对土壤、植被、动物、景观、水文等生态要素影响的空间尺度效应，可建立线性建设工程生态影响范围的理论范式。

3）样线法

样线法是在工程两侧进行采样断面设置，通过定点采集土壤样品、调查生物群落特征，结合室内化验结果，统计分析工程建设对生态环境影响的范围和程度。样线法已经普遍应用于公路、铁路工程建设对生态环境的影响，通过高分辨率遥感影像数据解译，可以在室内预设样线；综合考虑地貌差异、样地典型性、观测可行性等条件，在野外采用定点和随机选取典型样线（曾雅娟等，2012），垂直于工程布设；样线布设间距大小要反映工程影响的拐点，同时考虑工作量；在地形复杂的山区地段要考虑到地形的影响（上边坡、下边坡）；在远离工程的地方布设参照点或平行样线，坡度、坡向、土壤类型及植被类型与测定点相似。刘杰（2006b）在距离公路 5m、20m、40m、80m 和 200m 布设样线，选择公路外 1500m 为参照点，研究公路对植物生物量的影响范围。刘世梁等（2008）综合考虑土地利用类型、植被特点在距离公路不同距离布设 10 条垂直样带，选取 300m 作为对照样点，研究路域土壤重金属污染的空间变异。也有研究人员在青藏铁路两侧选设 3 条样带，每条样带在铁路路基处、距铁路 500m 和 1000m 处设置 3 个调查样区，研究铁路对啮齿动物群落数量和群落结构的影响范围和强度（杨生妹等，

2006）。样线法能够准确、科学地确定工程建设对土壤、植被、动物等具体生态环境要素的影响范围。

4）缓冲区分析

缓冲区实质上是一类图斑类型的拓扑数据，是由离开某一地理目标一定距离的多边形构成的面状对象。基于线要素的缓冲区，通常是以线为中心，距中心轴线一定距离的平行条带多边形。缓冲区分析是指在ArcGIS支持下对工程直接影响区和潜在影响区进行缓冲处理，对选中的一组或一类地图要素（如线）按设定的距离条件，围绕其要素而形成一定的缓冲区多边形实体，使数据在二维空间得以扩展。该方法可以在不清楚工程影响范围的前提下，选取一定的缓冲区宽度进行累积分析，研究工程建设影响生态环境的空间尺度特征。

4.2.3.4 油气管道生态影响评价的空间范围确定流程

油气输送管道建设工程生态影响评价范围的划定依据多样化：可以根据工程类型、地形地貌单元、生态系统类型、施工类型等影响因素，按区域和评价因子分别确定生态评价范围。加强实地调查，对地形复杂、生态系统脆弱、物种敏感、施工干扰强度大的区域，在生态环境要素调查监测时，适当扩大评价范围，在非敏感区域可合理缩小范围。重点评价与全面评价相结合，突出工程建设对典型区域、敏感目标的生态影响，结合敏感目标对工程扰动的响应特征，定量识别工程建设对敏感地区生态系统结构和功能的影响空间尺度特征。同时，生态影响评价体现生态完整性，评价范围涵盖工程建设的直接影响区域和间接影响区域。

结合多种方法定量确定工程生态影响范围，具体的流程见图4-3。应用整合分析和类

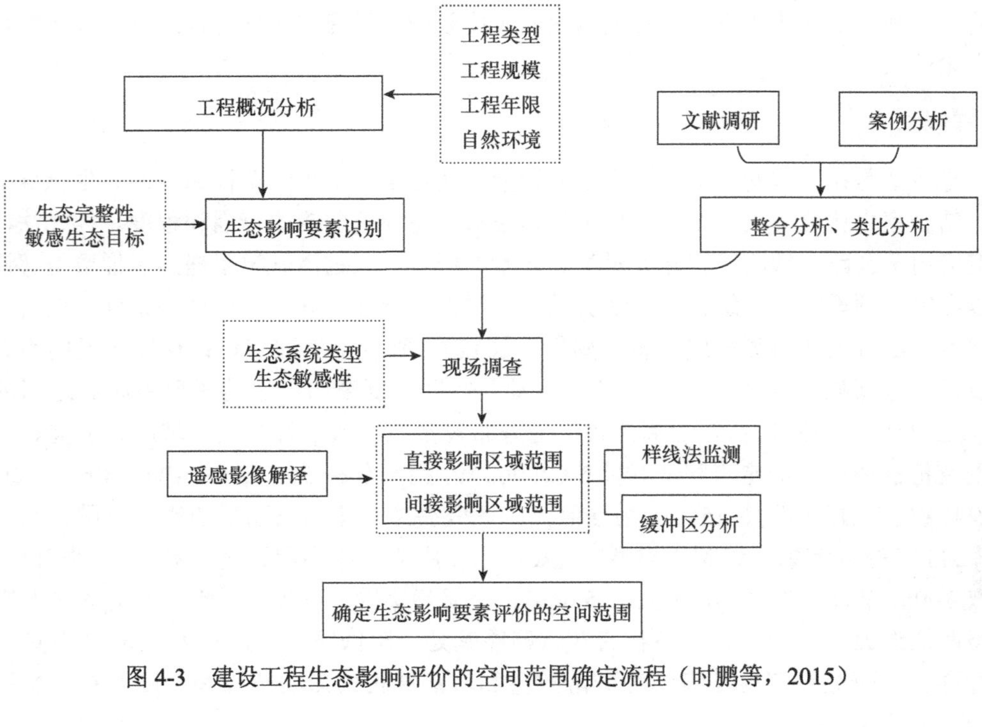

图4-3 建设工程生态影响评价的空间范围确定流程（时鹏等，2015）

比分析初步确定工程建设的影响范围；通过样带布设和采样分析，结合缓冲区分析等方法分区域、分敏感因子综合确定工程建设生态影响的空间范围特征。

4.3 生态环境影响的定量评价方法

4.3.1 GIS 相关评价方法

4.3.1.1 缓冲区分析

缓冲区实质上是一类图版类型的拓扑数据，是由离开某一地理目标一定距离的多边形构成的面对象。基于线要素的缓冲区，通常是以线为中心，距中心轴线一定距离的平行条带多边形。缓冲区分析是指在 ArcGIS 支持下，对工程直接影响区和潜在影响区进行缓冲处理，对选中的一组或一类地图要素（如公路、铁路等线状矢量数据）按设定的距离条件，围绕其要素形成一定缓冲区多边形实体，使数据在二维空间得以扩展。该方法可以在不清楚工程影响范围的前提下，选取一定的缓冲区宽度进行累计分析，研究工程建设对生态环境间接影响的空间尺度特征。

曾辉等（2001）通过设计 10 条 200m 宽的缓冲区，分析了道路对缓冲区内景观结构的影响，确定卧龙国家级自然保护区内道路的影响范围能达到 1000m。陈利顶等（2010）设定 300m、3000m、9000m 和 15 000m 4 个缓冲区，比较了天然气管道施工前后景观格局指数的变化，发现管道建设对沿线景观格局产生了影响。为了研究油气管道建设对荒漠草原生态系统影响的范围。肖峻等（2013）在管道施工带、管道两侧 0～50m、50～100m、100～200m 和 200～300m 划分 9 个缓冲区，研究管道建设对植被覆盖和土地利用类型的影响，结果表明管道建设对荒漠草原生态系统的间接影响范围可达管道两侧 200m，在这个范围内的植被覆盖度大幅下降。

4.3.1.2 图形叠置法

图形叠置法是在环境影响分析中常用的方法，适合于大规模分布的线性建设工程的生态环境影响评价。基于 GIS 支持，图形叠置法是把两个及以上的生态因子信息叠加到一张图上，构成复合图，直观、形象地表示生态要素变化的方向和程度（图 4-4）。首先根据工程路径，收集沿线地形图或遥感影像作为工作底图，底图的边界大于评价范围，可用流域边界、行政边界或自然保护区边界作为底图的范围参考依据。采集主要生态因子信息，如植被覆盖、野生动植物分布、河流水系、土地利用等，在底图上描绘这些因子。根据工程规模、性质及生态环境现状，识别敏感生态因子，确定评价指标。运用 3S 技术（遥感技术、地理信息系统和全球定位系统），分析工程建设对敏感因子的影响范围和程度。将影响因子图和底图叠加，得到生态影响综合评价图。

基于 3S 技术的图形叠置法在交通线噪声评价、工程穿越自然保护区生态环境影响等方面得到广泛的应用。在交通线噪声环境影响评价中，采用图形叠置法首先制作噪声分布图和噪声敏感图，用噪声分布图反映交通线噪声在线路两侧的分布特点，用噪声敏感图反映交通线沿线地区自然保护区、居民区分布等状况；叠加噪声分布图和噪声敏感图，采用 GIS 软件对重叠部分进行空间分析，得到线性建设工程对周围环境的噪声综合影响范围和程度。图形叠置法能够直观体现生态环境现状和生态环境影响，但是没有考虑潜在生态环境影响机制，可以结合景观生态学等方法，综合评价线性建设工程建设的间接生态环境影响。

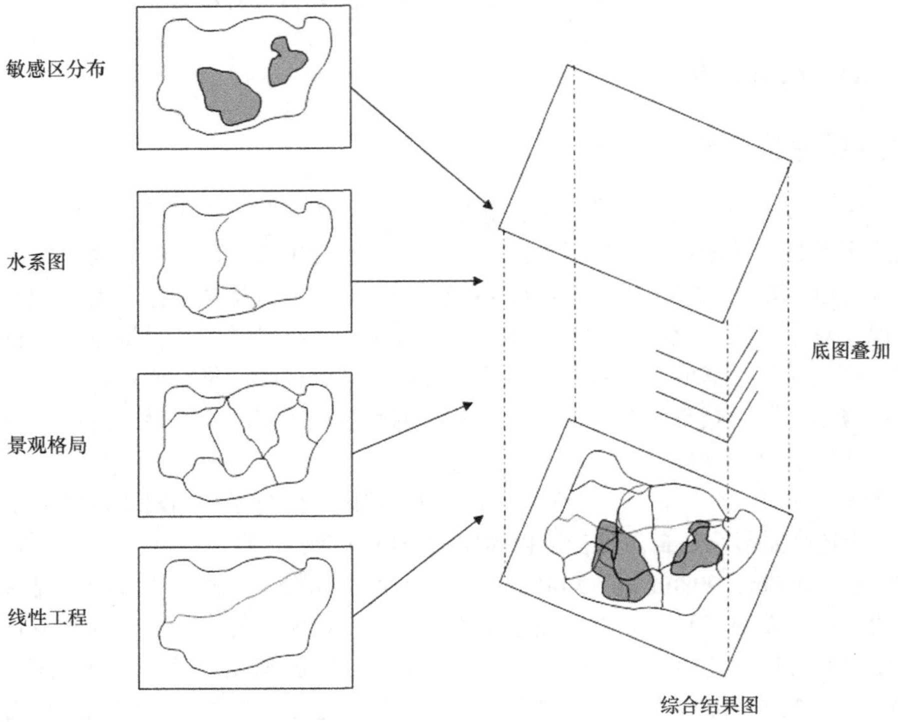

图 4-4　图形叠置法示意图

4.3.2　景观生态学评价方法

景观生态学通过分析景观的结构、功能和变化来研究景观空间格局对生态过程的影响。景观格局是指景观组成单元的类型、数目及空间分布与配置。景观格局决定着各种生态过程，而过程作用于格局，两者之间产生互相作用的关系。线性建设工程建设改变了景观格局，同时受制于区域的景观格局。景观格局指数可以定量反映景观格局的变化，分析各类生态过程。根据线性建设工程的特点，结合各指数的生态学意义，常用的景观格局指标有：斑块数量（NP），景观形状指数（LSI），最大斑块面积指数（LPI），斑块密度（PD），景观类型百分比（PLAND），聚合度（AI），周长面积分维数（PAFRAC），连接度（CONNECT）和辛普森（Simpson）多样性指数（SIDI）。各个指数计算方法和生态学意义见表 4-4。

景观格局动态变化是自然和人为等多种因素互相作用所产生的区域生态体系的综合反映。刘世梁等（2006c）基于景观格局，建立了生态安全指数，探讨道路建设对黄土高原脆弱生态区的土地安全的影响，选择受到工程建设干扰明显的景观格局指数包括景观破碎度（C_i）、景观分离度（A_i）和优势度（D_i），通过指数加权叠加建立生态安全指数：$E_i=aC_i+bA_i+cD_i$。其中 a、b、c 为权重。在新疆绿洲-荒漠过渡带，通过解译高清遥感影像，利用 ArcGIS 软件建立缓冲区，研究油气管道建设对草地、灌木林地和建设用地 3

种土地利用类型和景观格局的影响。结果表明：管道工程建设后草地面积逐渐减少，灌木林地和建设用地面积逐渐增加；景观整体破碎化程度加剧，异质性增加，内部连通性下降，各景观类型比重更加均匀（肖峻等，2014）。

表 4-4 景观格局指数的计算方法及其生态学意义

景观指数	计算公式	生态学意义
破碎度	$F=N/A$	反映单位景观面积上斑块的个数，表示景观结构的复杂性，F 值越大，则说明破碎程度越高；范围：$F\geqslant0$
斑块数量（NP）	$NP=n_i$	NP 是对景观异质性和破碎度的简单描述；范围：NP≥1
景观形状指数（LSI）	$\text{LSI}=\dfrac{e_i}{\min e_i}$	LSI 是通过斑块类型的边缘长度来测算类型的离散程度；范围：LSI≥1
最大斑块面积指数（LPI）	$\text{LPI}=\dfrac{\max(a_i)}{A}\times100\ \%$	LPI 是对斑块优势度的度量；范围：0＜LPI≤100
斑块密度（PD）	$W_i=\text{Component Capacity}_i/\sum_{i=1}^{n}(\text{Component Capacity}_i)$	PD 是景观中斑块类型 i 所包含的斑块数量，反映了斑块类型的异质性和破碎度；范围：PD＞0
景观类型百分比（PLAND）	$\text{Component Capacity}_i$	PLAND 是度量某一斑块类型在景观中丰度比的指标
聚合度（AI）	$\text{SQI}=\sum_{i=1}^{n}W_i\times F(x_i)$	AI 是反映斑块聚集程度的指标；范围：0≤AI≤100
周长面积分维数（PAFRAC）	W_i	PAFRAC 是反映斑块和景观形态自相似性和复杂程度的指标；范围：1≤PAFRAC≤2
连接度（CONNECT）	$F(x_i)$	CONNECT 用于反映斑块或景观连通性的指标；范围：0≤CONNECT≤100
辛普森多样性指数（SIDI）	$\text{SIDI}=1-\sum_{i=1}^{m}b_i^2$	SIDI 是表示景观或斑块内多样性的指标；范围：0≤SIDI＜1

注：N 为景观斑块数；A 为景观总面积；n_i 为景观中斑块类型 i 所包含的所有斑块数量；e_i 为类型 i 的边缘总长度；$\min e_i$ 为 e_i 的最小可能值；max［$W_i=\text{Component Capacity}_i\Big/\sum_{i=1}^{n}(\text{Component Capacity}_i)$］为类型 i 中面积最大的斑块的面积；A 为整个景观的面积；a_{ij} 为斑块 ij 的面积；g_{ij} 为斑块类型 i 象元间的结点数，max g_{ij} 为斑块类型 i 象元间的最大结点数；p_{ij} 为斑块 ij 的周长；C_ijk 为斑块类型 i 与 k 的连接状况；b_i 为斑块类型 i 的面积比重

4.3.3 生物多样性评价方法

生物多样性不仅是人类生存和发展的物质基础，它为人类提供了丰富的食物、药材等资源，而且具有保持水土、调节气候等重要的生态服务功能。生物多样性包括生命形式的多样化，还涉及生物群落、生态系统和生态过程的复杂性，通常包含 3 个层次：基因多样性、物种多样性和景观多样性。生物多样性评价常用的方法是综合评分法，通过指标值量化、数值标准化、权重设置，获得综合评分，根据生物多样性等级划分，评价生物多样性的状况。万本太等（2007）筛选物种丰富度、生态系统类型多样性、植被垂直层谱的完整性、物种特有性和外来物种入侵度 5 个评价指标，评价指标的权重采用专家咨询法确定，分别为 0.5、0.15、0.1、0.15、0.1。评价指标归一化方法：归一化后的评

价指标=归一化前的评价指标×归一化系数，其中归一化系数=100/$A_{最大值}$，$A_{最大值}$为指标归一化处理前的最大值。生物多样性指数（BI）=归一化后的物种丰富度×0.5+归一化后的生态系统类型多样性×0.15+归一化后的植被垂直层谱完整性×0.1+归一化后的物种特有性×0.15+（100–归一化后的外来物种入侵度×0.1）。然后根据生物多样性分级（表 4-5）进行评价。

表 4-5　生物多样性状态的分级

生物多样性等级	生物多样性指数	生物多样性状况
优	BI≥65	物种高度丰富，特有属、种繁多，生态系统丰富多样
良	40≤BI＜65	物种较丰富，特有属、种较多，生态系统类型较多，局部地区生物多样性高度丰富
一般	30≤BI＜40	物种较少，特有属、种不多，局部地区生物多样性较丰富，但生物多样性总体水平一般
差	BI＜30	物种贫乏，生态系统类型单一、脆弱，生物多样性极低

另外，生物多样性可采用香农-维纳指数（Shannon-Wiener index）进行评价：

$$H = -\sum_{i=1}^{S} P_i \ln(P_i) \tag{4-1}$$

式中，H 为群落的多样性指数；S 为种数；P_i 为样品中属于第 i 种的个体比例，如样品总个体数为 N，第 i 种个体数为 n_i，则 $P_i=n_i/N$。

4.3.4　累积影响评价方法

西气东输天然气管道在新疆、甘肃大部分地区并行穿越（如西气东输Ⅰ、Ⅱ、Ⅲ线），管道平行间距一般为 10～20m，提出第一个假设：忽略管道工程的间距，累积效应的影响是简单干扰强度（工程量叠加）的影响。由于干扰强度随着远离工程而下降，提出第二个假设：干扰随着距离呈现线性下降趋势，干扰在远离工程的某一距离接近 0，判断该距离为干扰范围的阈值。具体计算流程如下。

1）对照区土地荒漠化增长率

$$r = \frac{A'_{t+1} - A'_t}{A'_t} \tag{4-2}$$

式中，r 为对照区土地荒漠化增长率；A'_t 为管道修建前一年对照区荒漠化土地面积；A'_{t+1} 为管道修建后对照区荒漠化土地面积。

2）缓冲区土地荒漠化增长率

$$k = \frac{A_{t+1} - (1+r)A_t}{A_t} \tag{4-3}$$

式中，k 为缓冲区土地荒漠化增长率；A_t 为管道修建前一年缓冲区荒漠化土地面积；A_{t+1} 为管道修建后缓冲区荒漠化土地面积。

3）数据标准化

为使数据有一个统一的量纲比较，进行数据标准化，使数据分布在［0～1］之间。

$$k_I = \frac{k - k_{\min}}{k_{\max} - k_{\min}} \tag{4-4}$$

式中，k_I 为标准化后缓冲区土地荒漠化增长率；$k_{\min}$ 为缓冲区最小土地荒漠化增长率；$k_{\max}$ 为缓冲区最大土地荒漠化增长率。

4）空间累积效应识别

模拟工程建设的空间累积效应，识别累积效应的拐点。采用线性内插法模拟空间累积效应函数式，分段函数表现为

$$\begin{cases} k = f(d)(x < D_i) \\ f(d) = 0(x \geqslant D_i) \end{cases} \tag{4-5}$$

式中，k 为缓冲区土地荒漠化增长率；d 为工程的距离。不同管道土地荒漠化变化率见图 4-5。第一条管道土地荒漠化增长率的拐点在 D_1 距离（管道影响土地荒漠化增长率为 0），第二条管道土地荒漠化增长率的拐点在 D_2 距离，D_2 到 D_1 的距离则为工程建设空间上累积效应的体现。

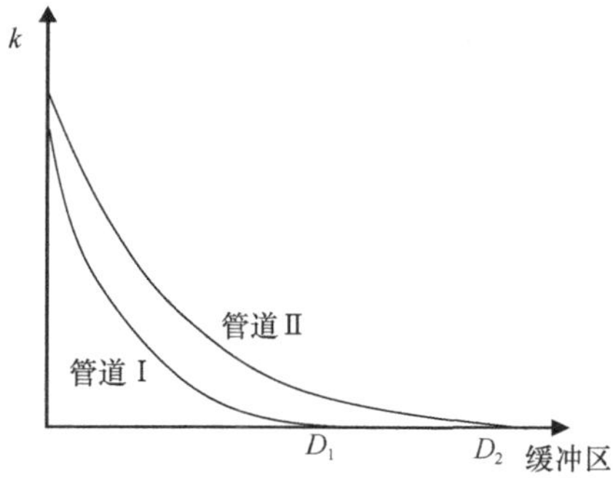

图 4-5　并行工程建设土地荒漠化空间累积效应模拟

5）并行工程时间累积效应评价

在 D_1 范围内，不同工程建设会产生时间上的累积效应。

（1）第一条管道，D_1 范围内土地荒漠化增长率。

$$k_1 = \frac{A_{t+1} - (1+r)A_t}{A_t} \tag{4-6}$$

式中，k_1 为管道建设后土地荒漠化增长率；A_t 为管道建设前荒漠化土地面积；A_{t+1} 为管道建设后荒漠化土地面积；r 为对照区土地荒漠化增长率。

（2）第二条管道，D_1 范围内土地荒漠化增长率。

$$k_2 = \frac{A_{t+2} - (1+r)A_{t+1}}{A_{t+1}} \tag{4-7}$$

式中，k_2 为管道建设后土地荒漠化增长率；A_{t+1} 为第一条管道建设前荒漠化土地面积；A_{t+2} 为第二条管道建设后荒漠化土地面积；r 为对照区土地荒漠化增长率。

（3）工程建设时间累积效应。

$$f = k_2/k_1 \tag{4-8}$$

式中，f 为不同工程干扰强度比率。如果 $f>1$，则证实工程的时间累积效应存在。

4.3.5　其他评价方法

4.3.5.1　列表清单法

列表清单法由 Little 于 1971 年提出，该方法的主要特点是简单明了，具有很强的针对性。采用列表清单法可以方便直观地了解油气管道建设对农田生态系统的影响，简单评价不同的施工方式对各个生态要素的干扰程度（表 4-6）。

表 4-6　油气输送管道建设农田生态环境影响因素识别

施工干扰环境资源		施工方式						
		施工带清理	管沟开挖	管道穿越	场站建设	管道试压	施工便道	车辆运输
生态要素	土壤侵蚀	●	■	▲	▲		▲	
	作物	■	■		●		●	
	空气质量	▲	▲	▲	▲	▲	●	▲
	地表水			●				
	地下水			▲		▲		
	土壤质量	●	■	▲	■		▲	●
	景观格局	▲	▲	▲	▲		▲	

注：负面影响为明显■；一般●；较小▲

4.3.5.2　类比法

类比分析是一种常用的定量、半定量的生态评价方法，该方法基于已知的工程来预测未来建设的工程对生态系统的影响。类比分析法是将过去研究清楚的参考项目与当前研究项目作对比分析，从过去的项目中寻找能帮助分析当前项目的有用的信息。选择好类比对象（类比项目），是类比分析的基础，也是关键所在。类比对象的选择应当具备以下条件：工程性质、工艺和规模与拟建项目基本相当，生态因子（地形地貌、气候、生物等）相似，项目建成已有一段时间，所产生的影响已基本全部显现。类比分析可应用于敏感生态因子筛选、生态因子影响评价和预测生态问题等。

目前，类比分析法在工程建设土壤流失预测中广泛应用。预测模型分为扰动地表和堆土两种情景，计算公式如下。

（1）扰动地表土壤流失量。

$$W_1 = \sum_{i=1}^{n} F_i M_i A_i T_i \tag{4-9}$$

（2）堆土场土壤流失量。

$$W_2 = \sum_{i=1}^{n} S_i a T_i \tag{4-10}$$

（3）新增土壤流失量。

$$W = W_1 + W_2 \tag{4-11}$$

式中，W_1为扰动地表土壤流失量（t）；W_2为堆土场土壤流失量（t）；F_i为各区原生土壤侵蚀模数［t/（$km^2 \cdot a$）］；M_i为各区扰动和损坏原地表的面积（km^2）；A_i为加速侵蚀系数（某区土壤流失模数与原生土壤侵蚀模数的比值）；S_i为堆土场的堆积量；a为堆土体流失量占堆土体量的比例；T_i为预测时段（a）。

线性建设工程建设土壤流失预测步骤首先是根据已建或在建的类似工程的特性、施工工艺、项目区的气候条件、地形地貌、土壤、植被、水土保持状况等与预测工程的比较情况，确定类比的工程。然后根据选定的类比工程的实际情况，分析类比工程建设过程中的土壤侵蚀模数，利用类比工程原生的及建设过程中的土壤侵蚀模数来确定其加速侵蚀系数A_i及a的取值范围。在分析预测工程资料的基础上，结合项目区降水、地形地貌、植被、土壤、土壤流失现状及施工等特点，对照类比工程，拟定本工程A_i及a值，然后进行土壤流失量预测计算。

4.3.5.3　指数法与综合指数法

指数法是利用同度量因素的相对值来表示因素变化的状况。单因子指数法可进行生态因子现状评价。例如，以同类型立地条件的植被覆盖度为标准，可评价工程项目建设区的植被覆盖现状情况。单因子指数法也可进行生态因子的预测评价，如以工程建设区的现状植被覆盖率为评价标准，评价工程建成后植被覆盖度的变化率。

综合指数法可以直观地评价生态环境的整体水平，便于同类评价对象之间作质量优劣的比较，还可以对工程干扰后的生态恢复情况作比较。首先分析工程影响区生态因子的敏感程度，建立敏感生态因子特性的指标体系；将生态因子的现状值（工程建设前）和预测值（工程建设后）进行归一化处理，转换为无量纲的环境质量指标，0～1表示环境质量优劣，0表示极度破坏，1表示未受干扰；根据各因子的相对重要性进行权重赋值，计算综合影响评价值：

$$E = \sum (E_{bi} - E_{ai}) W_i \tag{4-12}$$

式中，E为工程建设前后生态质量的综合变化；E_{bi}为工程建设前第i个生态因子的质量指标；E_{ai}为工程建设后第i个生态因子的质量指标；W_i为因子的权重。

“国道216线”穿越卡拉麦里山有蹄类野生动物保护区，影响保护区内濒危的国家一级保护动物蒙古野驴和二级保护动物鹅喉羚。刘建军（1991）建立了公路工程对生态环境影响的综合评价指标体系，采用层次分析法划分自然生态环境和社会环境两个系统的环境因素，构建树状递阶分层结构，选择专家打分法确定影响因子的权重，采用权重累积模型评价公路建设对自然保护区生态系统的综合影响程度，进而判断工程建设对保护区内珍稀野生动物产生的不利影响，并筛选出敏感因素。

5　线性建设工程生态环境影响阈值识别原则与方法

阈值是指系统或者物质的状态发生剧烈改变的一点或区间。生态阈值是指生态系统从一种状态快速转变为另一种状态的某个点或某个区间。生态阈值的主要特点是当对生态环境的扰动达到一定水平时，生态系统的功能、结构或者过程会发生跃变。推动生态系统质变的动力可能是多个生态环境因子的改变，如斑块中某个关键物种的消失，导致生物多样性的急剧下降。生态阈值是环境影响评价中的重要参数，通过建立建设工程生态环境阈值识别的原则和方法可为判断建设工程是否可行提供科学依据。

5.1　生态阈值特征

5.1.1　生态系统特征

生态系统是指在自然界的一定空间内，生物与环境构成的统一整体，在这个统一整体中，生物与环境之间互相影响、互相制约，并在一定时期内处于相对稳定的动态平衡状态。作为一个独立运转的开放系统，生态系统具有一定的稳定性，内在原因是生态系统的自我调节。生态系统具有反馈机制、弹性恢复和非线性等特征，系统具有维持其组织，并保持自我运转的能力。

5.1.1.1　反馈机制

生态系统的反馈机制有正负反馈之分，不同的反馈机制都具有重要的生态意义。正反馈主要表现在随着生境的改善，各个生态因子足够满足物种的生长，种群数量不断上升。负反馈主要指在受到外界的干扰后，生态系统通过一系列的自我调节功能，减轻外来干扰带来的影响，并逐渐恢复到平衡或干扰前的稳定状态。由于生态系统具有反馈的自我调节机制，在一般情况下，生态系统自身会保持一种动态平衡。

5.1.1.2　弹性恢复

生态系统弹性恢复是指生态系统受到外界扰动受损后，在一段时间内能够恢复到原来的稳定状态。但是如果外来干扰超过了一定阈值，生态系统的转变达到了不可逆的状态，将无法恢复到受干扰前的状态。生态系统的弹性恢复能力可以用生态恢复力来度量。生态恢复力越大，生态系统在干扰之后恢复到稳定状态的时间越短。生态恢复力受生物多样性、生境条件、人类活动干扰等多种因素影响（闫海明等，2012）。生物多样性能够扩散生态风险，在生态系统恢复稳定状态的过程中起着重要的作用，生物多样性的增加与生态恢复力的增长呈正相关关系。生境背景条件强烈影响着生态演替过程，如果扰动区空间异质性高，则受干扰后恢复能力强。人类干扰对生态系统恢复力的影响主要受干扰频度和范围决定，如果干扰频度小于恢复时间，并且干扰发生在小范围内，则生态系统比较容易恢复。

5.1.1.3 非线性特征

生态系统的非线性是对生态过程的描述，当外界干扰较小时，生态系统就会维持在高生产力的状态，当干扰加剧，生态系统将转变为低生产力的状态，这期间的变化曲线可能是突跃、非线性的过程。Carpenter 建立了生态系统过程速率和生物多样性的非线性关系假说（图 5-1），当物种多样性保持相对较高水平时，生态系统变化过程的变化速率随生物多样性的变化比较平缓，而当生物多样性降低到一定水平时，生态系统过程的变化速率会出现一个显著的跳跃，之后又达到一定的稳定状态，生态系统跳跃式的变化表现出来的正是非线性的变化。

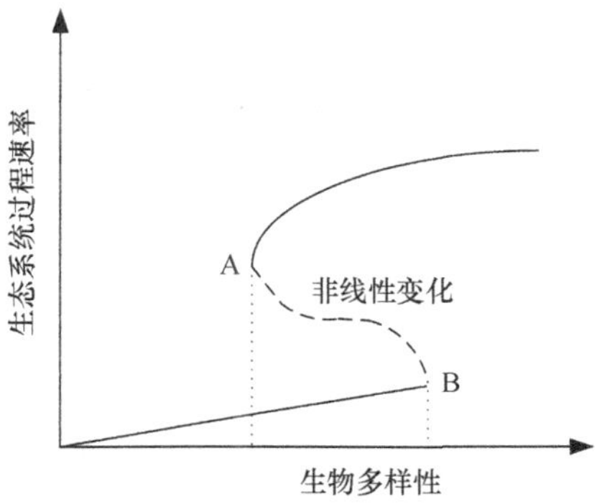

图 5-1 生态系统非线性变化曲线（Carpenter et al.，1996）

5.1.2 生态阈值原理

生态阈值是目前生态环境研究的热点和前沿问题。生态阈值的研究有助于人们认识生物对生境破碎化、基因多样性遗失等环境胁迫的敏感性，同时能够帮助人们权衡生态保护和生产建设。因此，了解生态阈值的条件及阈值的表现机制十分重要。

5.1.2.1 生态幅

经过长期的自然选择和生物的进化，每个物种都会适应一定的生态环境，并对环境因子具有一定的适应范围。耐受定律指出生态幅为生物受到生态因子最低量和生态因子最高量的限制，也就是说生物对每一种生态因子都有其耐受的上限和下限，生态因子的耐受范围称为生态幅。生物的生态幅可以用耐受曲线表示（图 5-2）。

不同的物种对同一环境因子的生态幅不一样，即物种对生态因子限制的耐受程度不同。武高林等（2008）研究了青藏高原 4 种风毛菊属植物对光照和营养条件的响应模式，其中大耳叶风毛菊（*Saussurea macrota*）具有最大的根冠比，主要分布在阴生的环境下，其生态幅受光照影响较小；风毛菊（*S. japonica*）对养分耐受能力强，分布也最广泛。

同一物种对不同的环境因子的生态幅也会不一致，物种对某一环境因子的适应范围

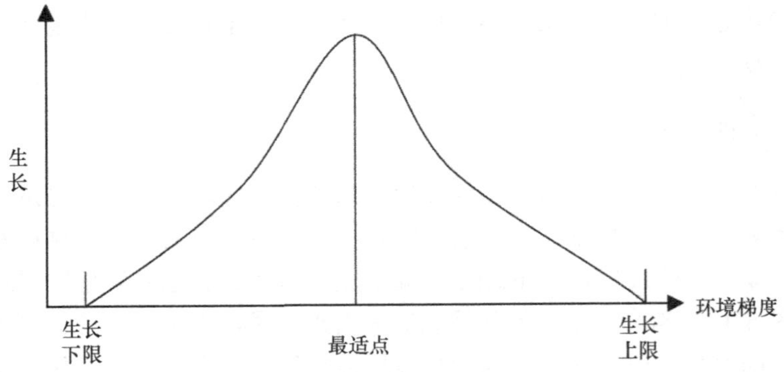

图 5-2　生物对生态因子的耐受曲线（May，1977）

较宽，而对另一环境因子的适应范围很窄，因此该生物的生态幅通常为后一环境因子所限制。根据最小因子定律，植物生长受到存在量最低的物质所限制，此时该物质成为其生长的限制因子。例如，在河流、湖泊等水体中限制藻类生长的环境因子通常是水中的 N 和 P 营养元素，当水体中的 N、P 输入增加时，藻类生长不再受限，导致藻类过量生长，引发水体富营养化。

5.1.2.2　临界负荷量

生态阈值通常用来分析生态系统的急剧变化。生态系统随环境变化呈现出非线性的反应，如果外界变化超过阈值，生态系统将会发生巨大的变化。生态系统在发生生态功能变化前具有抵抗干扰或吸收污染物的能力。生态系统对外界干扰的临界负荷量是指生态系统在结构或功能被永久改变之前所能承受的最大干扰量。由于不同的生态系统结构组成存在很大差异，其生态负荷程度因为环境因子或生物因素的差异而有很大的差别。例如，生态系统酸沉降临界负荷反映了生态系统对酸沉降的缓冲能力，而岩石类型、土壤类型、植被类型、土地利用及土壤水分等环境因子影响临界负荷范围的大小（陶福禄和冯宗炜，1999）。含有硅质或风化速率低的岩石，如花岗岩对酸沉降的缓冲能力低，而石灰岩等风化速率高的岩石，缓冲能力高，临界负荷范围宽。土壤 pH、盐基饱和度和阳离子交换总量影响环境的临界负荷，钙质土壤对污染物的缓冲能力较强。不同的植被类型对酸沉降的反应情况不同，针叶林对酸雨反应最为敏感，临界负荷较窄，而农耕地对酸雨的反应敏感性较低。

5.1.2.3　生态承载力

生态阈值在区域尺度与生态系统的关系中主要体现在生态承载力理论上。承载力的概念出现于环境限制因子对人类社会物质增长过程有重要的影响时，随着土地退化、环境污染、资源匮乏、人口膨胀等问题的出现，承载力的研究得到快速发展，相继演变出种群承载力、土地承载力、环境承载力及生态承载力等概念（表 5-1）。生态承载力可以定义为“在一定的时间和空间范围内，生态系统具有自我调节，并能够支持资源消耗和环境纳污的能力”，主要体现了生态系统的自我调节，对生态环境消耗和破坏的承受能力。

表 5-1　生态承载力概念的发展

概念	出现背景	承载力意义
种群承载力	生态学发展	生态系统对其中的种群的可承载数量
土地承载力	人口膨胀、土地资源紧缺	在一定条件下区域土地资源的生产能力及可承载的人口数量
环境承载力	环境污染	环境对污染物的容纳能力及对人类开发强度的支持能力
资源承载力	资源短缺	资源数量和质量对该空间人口的基本生存和发展的支撑能力
生态承载力	生态恶化	生态系统的自我维持、自我调节能力，资源与环境对社会经济活动强度的支撑能力及可承载的具有一定生活水平的人口数量

5.1.3　生态阈值类型

5.1.3.1　生态阈值点

生态系统的状态随着环境的变化呈现出非线性的变化，如果改变超越阈值，生态系统的特征功能或生态过程将会发生巨大的变化。生态阈值主要有两种类型：生态阈值点和生态阈值带。生态阈值点表征生态系统发生迅速改变的某一点，可用于评价栖息地破碎化对生物多样性的影响。栖息地斑块具有一定的环境承载能力从而满足物种的生存，可以认为是生态阈值点，在栖息地破碎化过程中，如果超过这一阈值点，种群的灭绝概率将迅速升高。Fahrig（2001）用概念化的模型形象地描述了生态阈值点在生物多样性保护中的应用（图 5-3）。

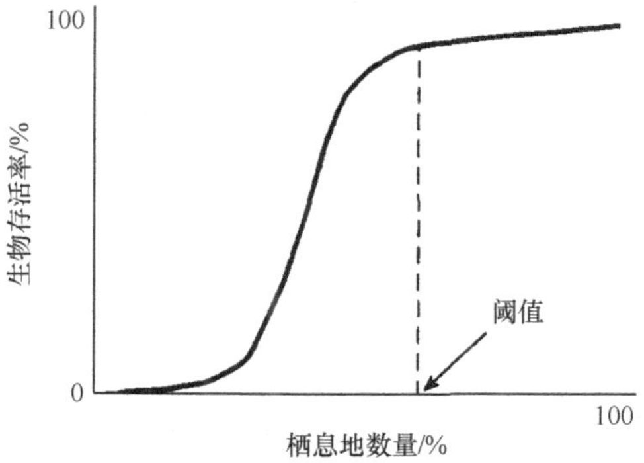

图 5-3　生态阈值点

5.1.3.2　生态阈值带

生态阈值带表征了生态系统从一种稳定状态转变到另一种相对稳定状态的过程，生态阈值带是一种渐变的过程，而不像阈值点急剧的转变。生态阈值带在自然界中广泛存在，这可能与生态系统的抗干扰能力和弹性恢复有关。生态系统的弹性越大，抗外界干扰的能力越大，生态阈值带的范围也会越宽。Muradian（2001）建立了生态阈值带的概念模型（图 5-4），描绘了生态系统功能在受到干扰后，两种状态之间的转变存在阈值带。人类对生态系统的干扰，降低了生态系统的稳定性，当干扰超过生态阈值带时，生态系统可能会发生不可逆转的变化。

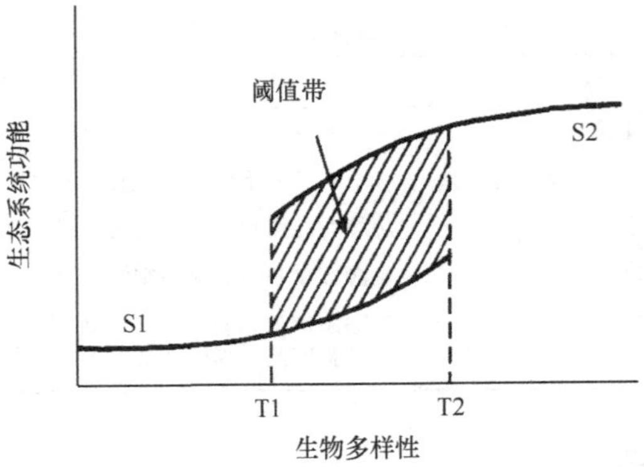

图 5-4 生态阈值带（Muradian，2001）

5.2 生态阈值识别原则

5.2.1 针对敏感保护目标

生态阈值可以理解为生物和生态系统与环境之间相对应的一系列质变点或质变轨迹（李和平等，2005）。不同的敏感物种对阈值的响应有很大的差异。红点水螈在森林覆盖率小于 50%时消失；林蛙和蝾螈会在森林覆盖率小于 30%的破碎景观中消失；当原始森林的比例缩减至 20%以下时，斑点猫头鹰的种群将趋于灭绝（Gibbs，1998）。而以森林为主要栖息地的鸟类对森林破坏有强烈的阈值反应，当栖息地减少到 10%以下时，鸟类的多样性就会急速下降（Radford et al.，2005）。因此，在识别生态阈值前需要确定敏感保护目标，可以参考工程穿越自然保护区的珍稀濒危野生动植物物种，来识别工程建设可能影响到的敏感目标物种。

5.2.2 反映区域性特征

线性建设工程属于廊道式建设项目，工程线路长，沿途穿越多种生态系统，对不同区域生态环境的干扰表现出地域性的特点，如对森林生态系统的破碎化影响、干旱地区的土地荒漠化影响、农业生产区的生产力下降影响等（表 5-2）。因此在识别生态阈值之前，需要调查清楚工程扰动的生态系统类型，分区域、分敏感生态系统进行工程生态环境影响评价。

表 5-2 线性建设工程对不同生态系统类型的干扰

生态系统类型	主要影响途径	主要影响因子
森林生态系统	景观破碎化、边缘效应	植被破坏、生物多样性下降
湿地生态系统	生态需水量	水质变差、水生生物多样性降低、地下水位降低
农田生态系统	污染、土壤性质改变	土壤重金属、土壤养分
草地生态系统	草地退化	植被破坏、覆盖度下降
荒漠生态系统	土地荒漠化	植被覆盖度、沙丘活化

5.2.3 体现工程特点

近年来，我国加大对基础设施建设的投入，西气东输、青藏铁路、西电东送、南水北调等一大批国家级重点工程相继投入使用。这些线性建设工程的建设为当地经济社会发展做出重要贡献的同时，也对区域生态环境产生强烈的干扰，引发一系列的生态环境问题。由于工程类型、施工方式、影响特征等方面存在显著的差异，作用于不同的生态系统也会产生不同的影响。因此，需要根据工程的类型、规模等具体特征，有针对性地识别工程建设生态环境影响的阈值。

5.2.3.1 调水工程输水区生态需水量

根据我国水资源的时空分布特点，为解决黄河、淮海流域缺水的问题，经过多年勘测，分别在长江上游、中游和下游规划了 3 条调水路线，形成了南水北调西线、中线和东线的总体布局。调水工程受水区是调水的主要受益方，工程的建设投产有利于改善黄淮海地区和黄河上游水资源短缺的状态，恢复部分河流的生态功能。大规模的调水会对输水区生态环境产生影响。调水工程导致输水区水量减少，水质变差，水生生物多样性降低。生态需水又称为生态环境用水，是维持生态功能的正常实现所需的水量。调水工程实施后，调水河流下游水量将会减少，为了保护调水区的生态环境和最大限度地发挥工程效益，需要将输水区生态需水量作为输水工程建设生态影响的关键阈值。

5.2.3.2 道路网络生态效应

近几十年来，中国公路建设迅速发展，道路网密度不断加大，对区域土地利用变化的驱动作用十分明显。道路对生态系统的影响效应是通过“点-轴”或“网络”的影响来体现的，其空间结构包括节点、道路本身和道路影响域 3 个方面（刘世梁等，2006a）。其中，节点是指道路所经过的中心城镇；道路本身是道路修建前后改变建设区的土地利用方式；道路影响域是指道路所影响的生态系统范围。而道路网络的发展加强了道路影响域的广度和深度。在生物多样性保护方面，道路网络密度的增加深刻影响着区域土壤、水文、景观类型等生态要素，同时也会阻断动物之间的交流，使得区域物种迁移和遗传多样性受损。道路网络密度可以作为阈值，判断工程建设对物种生存的影响，研究表明道路密度超过 $0.45km/km^2$ 时，该处区域不能成为狼群的栖息地（Mladenoff et al.，1999）。

5.2.3.3 线性建设工程导致栖息地破碎化

油气管道、道路等线性建设工程会穿越生态敏感区和生态保护区，工程建设导致栖息地丧失和破碎化是野生动物濒危的重要影响因素。工程建设增大了生境的破碎化程度，直接威胁到生物的生存（Eigenbrod et al.，2008）。在栖息地结构破碎化方面，由于景观中破碎化生境斑块的增加，适宜于生物生存的核心生境面积急剧减少，随着斑块形状的复杂化，增强了生境斑块的边缘效应，由此导致自然栖息地核心区面积急剧下降。同时，破碎化导致适宜生境被分割成不连续的斑块，影响物种散布和迁移的速率。通过识别工程建设影响最大核心生境斑块的承载能力，建立目标物种生存阈值，判断工程对动植物栖息地破碎化的影响。

5.3 生态阈值识别流程

5.3.1 工程影响分析

线性建设工程是以线状、条带状布局建设的工程，根据工程的不同功能可分为交通线（公路、铁路）、长输管道（输油/输气管道）和河流廊道（南水北调工程）等。线性建设工程施工具有破坏植被、改变土地利用、引起景观破碎化等普遍的生态问题（表 5-3）。同时，由于工程的施工和影响特征具有一定的差异性，不同的线性建设工程建设对生态系统的影响方式和影响因子之间存在特殊性。油气输送管道作为下埋式工程，扰动了土层，可能阻碍地下水的流动，管道运营期间会产生土壤温湿度异常的问题；公路、铁路等交通线导致动物致死现象明显，噪声的干扰也会降低栖息地的适宜性；调水工程打破了水源平衡，过量的调水可能导致输水区河流水量不能满足生态需水要求，威胁水生生物的安全。线性建设工程空间距离长，跨越了多种生态系统类型，而产生的生态问题也会有所不同，如森林生态系统的栖息地破碎化、湿地的生态需水量变化等。工程分析的内容主要包括工程类型、施工方式、项目的路由、占地规模、沿线生态系统的特征等。工程影响分析是生态阈值识别的基础，通过分析工程特点、穿越生态敏感点（区）及对生态环境产生的影响，为下一步关键生态环境问题的识别和敏感生态因子的筛选提供科学依据。

表 5-3 线性建设工程对生态环境的普遍影响（时鹏等，2015）

影响类型		影响途径	影响结果
直接影响	工程占地	永久占地、施工道路、取土场、弃渣场	破坏地表植被
	植被破坏	施工现场、施工道路、土石方、弃渣场	降低生物多样性，影响生态系统稳定
	水土流失	取土、弃渣、路边坡、高挖低填	土壤流失，肥力降低，影响植物生长
	障碍影响	工程切割生态系统、阻隔作用	影响物种迁移
	物种入侵	物种迁移的廊道	提供生物迁移通道，促进物种传播
	环境污染	废气、废液、废渣排放，生活垃圾丢弃	危害动植物生长繁殖
间接影响		土地利用和景观格局变化	景观破碎化，边缘效应，扩大影响范围和强度

5.3.2 识别关键生态问题

生态现状调查是识别生态环境问题的基础，调查的内容和指标不仅反映了评价区域的生态背景特征，也突出了现存的主要生态环境问题。其中生态环境背景调查是根据工程生态环境影响的范围，调查工程沿线涉及的生态系统的类型、结构、功能和过程，非生物因子包括气候、土壤、地形地貌、水文特征等环境因素。同时要重点调查敏感保护目标和敏感生态区，分析珍稀濒危物种、特有种、国家保护物种的分布和保护状况，对所涉及的重要生态敏感区调查其分布、保护对象和功能区划等内容。关键生态环境问题的识别是生态阈值计算的前提。通过工程分析和生态环境现状调查确定区域内已存在或者工程建设会引起的关键生态问题，如水土流失、土地荒漠化、土壤退化、栖息地破碎化等，明确关键生态环境问题的类型、特点、空间分布等特征。

5.3.2.1 水土流失

根据遥感调查，2011 年全国土壤侵蚀总面积为 294.91 万 km^2（中华人民共和国水利部，2013）。水土流失最严重的区域主要分布在黄土高原。黄土高原气候干旱，降水集中且多暴雨，土质疏松，垂直节理发育，植被覆盖率低，导致黄土高原水土流失严重。黄土高原地区土壤类型以黄绵土为主，疏松多孔，富含碳酸钙质，土块遇水后，迅速崩解。线性建设工程一般呈线形分布，其水土流失区也呈连续或不连续的线形区域。线性建设工程水土流失主要发生在施工期，由于工程施工及两侧作业车辆通行，施工作业区的植被将完全被破坏，在施工区形成一个裸露的地表带，工程施工弃土、弃渣量大，而生态恢复需要一定的时间，因此加剧了地表水土流失，影响区域生态安全。运营期间，由于治理措施发挥效益，地表植被逐渐得到恢复，水土流失减轻。

5.3.2.2 土地荒漠化

我国荒漠化形势十分严峻，根据全国沙漠、戈壁和沙化土地普查及荒漠化调研结果表明，截至 2009 年年底，全国共有荒漠化面积 262.2 万 km^2，占国土面积的 27.4%（国家林业局，2011）。工程建设破坏地表植被，破坏了生态系统的稳定性，尤其是在干旱半干旱地区，生态环境脆弱，线性建设工程建设加剧土地荒漠化，导致工程沿线形成荒漠带。在绿洲荒漠区，工程项目扩大了人类的活动范围，工程沿线土地开垦、放牧、树木砍伐等现象明显增多，导致绿洲面积减少，影响绿洲生态安全。

5.3.2.3 土壤退化和污染

土壤是地球表层系统自然地理环境的重要组成部分，是植物生长的基础，土壤肥力是土壤的基本属性，是土壤从营养条件方面供应和协调植物生长的能力（黄昌勇和徐建明，2010）。工程建设对土壤进行开挖、回填，破坏土壤结构，扰乱土壤耕作层。大型机械的碾压对施工作业带内的土壤势必产生压实效应。工程建设会降低土壤养分含量，例如，油气管道施工带上方土壤有机质、全氮、速效氮的含量显著低于未干扰地区（Shi et al.，2014）。农田生态系统是一个具有一定结构、功能和自然调节机制的动态开放系统，系统内部土壤、作物、大气之间不断进行着能量、物质和信息的循环，相对稳定的农田生态系统是实现农业可持续发展的重要保证。工程建设直接扰动作物生长的土壤环境，降低了土壤肥力，导致农田生态系统的稳定性下降，影响作物高效生产。

线性建设工程在穿越农田保护区，尤其是特色农作物种植区时，土壤污染是重点关注的生态问题。因为工程导致的农田土壤污染会威胁人类的健康。线性建设工程中造成土壤污染的主要来源包括：公路汽车尾气排放、施工残留物、油气管道老化破损引起的介质泄漏等。公路重金属污染，由于范围广、持续时间长、污染物不易降解、有潜在风险等特点，成为目前公路建设生态干扰作用的研究热点。尽管现在含铅汽油已被停止使用，但是公路旁锌、钴、铜等元素的污染对土壤仍有强烈的影响。

5.3.2.4 土壤盐渍化

盐渍化是危害我国耕地的重要生态环境问题，主要分布在干旱半干旱地区及地下水位较高的地区。土壤盐渍化破坏了土地资源，给农业生产造成巨大的损失。另外，土壤盐渍化过程与土地荒漠化过程相伴生，两者同步发展，甚至互相促进。南水北调工程中线穿越黄河以北的易盐碱化地区，部分渠段可能发生输水渗漏的情况，导致周边地下水位上升，可能在沿渠两侧 1km 的范围内发生土壤次生盐渍化的现象。工程受水区、蓄水的水库、塘坝等周边侧渗使周围地下水位抬高，华北平原建库后，由于蓄水位高、蓄水时间长，在水库周围形成 100～150m 的积水带，库外 350～550m 外地下水位埋深在 0～1m，导致耕层土壤盐分达 0.25%～1.52%，土壤盐渍化问题严重（涂敏和邹家祥，2000）。

5.3.2.5 景观破碎化

景观破碎化是在人为活动干扰和自然变化等因素下，大块连续分布的自然生境被其他非适宜生境分割成多个小面积生境斑块的过程。景观破碎化导致生态系统退化严重，是生物多样性降低的主要原因之一。研究表明，因生境丧失和破碎化而受到灭绝威胁的哺乳动物约占 48%，鸟类约占 49%，而两栖动物则高达 64%（Reid and Kenton，1989）。在我国，大规模的公路、铁路、油气管道等大型工程的建设逐渐延伸到生物多样性丰富、生态脆弱的地区，增加了沿线人类的活动范围和强度，导致大规模的森林砍伐、生境破碎化，影响物种的扩散和迁移。因此，景观破碎化的研究对生物多样性保护具有重要的意义。

5.3.3 筛选敏感因子

生态系统是结构复杂的系统，构成生态系统的生物因子和环境因子相互作用、相互影响。工程建设对生态环境的影响具有多时段、多因子的特点，而现有的生态环境影响评价中没有一个统一的指标体系，导致评价重点不突出，结论不明确。因此需要针对关键生态问题，筛选敏感生态因子，建立简便、实用、可操作性强的指标体系，增加评价结果的科学性，同时也大大减少了工作量。敏感生态因子的筛选可以采用 Meta 分析建立工程影响的理论范式，也可以针对景观破碎化等关键生态问题，选择景观连接度等作为敏感因子。

5.3.3.1 Meta 分析筛选工程建设生态环境影响敏感因子

Meta 分析（Meta-analysis）是一种对拥有共同研究目的的多个独立实验结果进行定量、合并分析，综合评价研究结果的统计方法。Meta 分析起源于“合并 P 值”的思想，1976 年 Glass 进一步按照其思想发展为“合并统计量”，称为 Meta-analysis。国内对 Meta-analysis 的翻译多种多样，如“综合分析”、“整合分析”、“荟萃分析”、“二次分析”、“超分析”等。20 世纪 90 年代，赵宁和俞顺章（1995）首次把它介绍进了中国医学界，目前这一方法已在我国医学领域得到广泛应用。Meta 分析在我国生态学领域的应用还处于起始阶段，但是已经引起了生态学界的高度重视。彭少麟和唐小焱（1998）首次介绍了该方法在生态学研究上的应用；郑凤英和彭少麟（1999）应用 Meta 分析对捕食关系进行了实例研究；Lü 等（2008）采用该方法探讨不同的土地利用方式对红壤退化的影响。应用 Meta 分析探讨了油气输送管道工程对土壤生态环境的影响，旨在建立油气输送管道对土壤生态环境影响的理论范式，为油气输送管道土壤生态环境评价指标的选取提供理论依据。

Meta 分析是对多个同类研究结果进行合并汇总的分析方法，能从统计学的角度达到增大样本含量、提高检验效能的目的。尤其当多个研究结果不一致或都没有统计学意义时，采用 Meta 分析可得到更加接近真实情况的综合分析结果（刘鸣，2010）。

5.3.3.2 景观连接度

景观连接度反映了景观生态过程和生态功能，被用来描述景观促进或阻碍生物体或生态过程在不同斑块之间运动的程度。景观连接度作为敏感指标，可以反映栖息地破碎化、生物多样性威胁程度。景观连接度可分为结构连接度和功能连接度两种类型。只考虑景观要素在空间结构上的连续性，忽略景观的生态学功能的景观连接度称为结构连接度；而从种群、物种等生物角度出发，考虑到某一特定的生态过程的景观连接度称为功能连接度。景观连接度的计算方法可以归纳为最邻近距离法、空间格局指数法、尺度-面积比法、图论法、缓冲半径和关联函数模型法及扩散率法（表 5-4）。最邻近距离法和空间格局指数法需要的数据信息量较少，但是由于没有结合物种扩散数据，仅仅是对景观结构连接度的度量。缓冲半径和关联函数模型法可以在单个斑块水平上提供比较详细的功能连接度。通过标记-释放-回捕技术观察物种的扩散率可以得到景观的真实连接度，但是此工作需要消耗人力、物力，实验周期长，适合于小尺度调查。而在自然保护区尺度上，图论法通过 GIS 空间解析生境数据可以很好地预测景观的功能连接度。

表 5-4 景观连接度计算方法（Calabrese and Fagan，2004）

计算方法	连接度类型	生态数据	物种数据	研究方法
最邻近距离法	结构连接度	最邻近距离	斑块占据性	特定斑块的野外调查
空间格局指数法	结构连接度	空间直观	无	地理信息系统/遥感
尺度-面积比法	结构连接度	无	基于点或栅格	事件数据采集
图论法	功能连接度	空间直观	扩散能力	地理信息系统/遥感
缓冲半径和关联函数模型法	功能连接度	斑块面积	斑块占据性和扩散能力	结合扩散研究对特定斑块进行多年的野外调查或对斑块单年的占据性研究
扩散率法	真实连接度	根据研究方法采集数据	物种扩散能力	跟踪物种运动路径或者利用标记-释放-回捕技术

5.3.4 确定阈值的判定方法

5.3.4.1 高斯模型预测生态因子阈值

植物物种和环境间的关系一般都符合高斯模型，表现为单峰值的变化趋势（图 5-5）。高斯模型方程为

$$y = ce^{\left[-\frac{1}{2}(x-u)^2/t^2\right]} \tag{5-1}$$

式中，y 为代表物种生态特征的指标，如多度、盖度、生物量等；c 为生态特征指标的最大值；x 为环境因子，可以是光、热、水、土等自然环境因素；u 为植物种对环境因子的最适值，即生物指标达到最大值时所对应的环境因子；t 为该植物种的耐度，是反映生态幅度的一个指标。物种的生态阈值区间为［$u-2t$，$u+2t$］，最适生态阈值区间为［$u-t$，$u+t$］。生态阈值求解的关键在于最适度 u 和耐度 t 的计算。

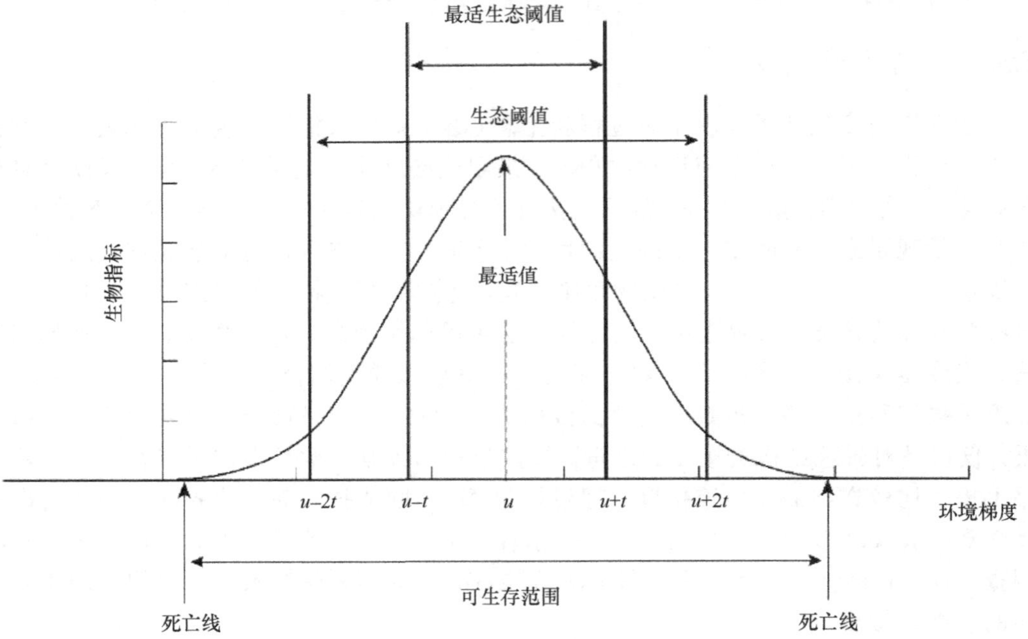

图 5-5　高斯模型预测生态阈值

河口湿地对植物影响的主要环境因子是水深、土壤水分和盐分，这也是河口湿地的主要环境梯度。崔保山等（2008）利用高斯模型定量求解了黄河三角洲翅碱蓬种群沿水深和土壤盐分的生态阈值，筛选了物种限制因子的条件。首先将指示物种（翅碱蓬）的生物量取自然对数与限制环境因子（水深和土壤盐分）进行一元二次曲线拟合，然后进行拟合的一元二次方程与高斯模型转换，计算出最适度和耐度，最后求解生态阈值区间和最适生态阈值区间，具体计算过程如下。

1）翅碱蓬的水深环境因子的生态阈值

水深与生物量的一元二次方程拟合：

$$y=-7.85x^2-6.63x+4.73 \tag{5-2}$$

拟合曲线的相关系数 R^2=0.72，P＜0.01，相关系数达到了极显著的水平，表明翅碱蓬与水深之间存在高斯关系，即水深过高或过低都会成为翅碱蓬生长的限制因子。

将拟合的一元二次方程与高斯模型进行转换，得到高斯回归方程：

$$y=460.45\mathrm{e}^{\left[-\frac{1}{2}(x+0.42)^2/0.25^2\right]} \tag{5-3}$$

式中，翅碱蓬对水深的最适度 u 为–0.42m，耐度 t 为 0.25m，则水深的生态阈值区间为［–0.92m，0.08m］，最适生态阈值区间为［–0.67m，–0.17m］。

2）翅碱蓬的土壤盐分环境因子的生态阈值

土壤盐分与生物量的一元二次方程拟合：

$$y=-0.04x^2+0.89x+1.32 \tag{5-4}$$

拟合曲线的相关系数 R^2=0.75，P<0.01，相关系数达到了极显著的水平，表明翅碱蓬与土壤盐分之间存在高斯关系，盐分过高和过低都会成为翅碱蓬生长的限制因子。

将拟合的一元二次方程与高斯模型进行转换，得到高斯回归方程：

$$y=1087.59\mathrm{e}^{\left[-\frac{1}{2}(x-12.71)^2/3.77^2\right]} \tag{5-5}$$

式中，翅碱蓬对土壤盐分的最适值为 12.71g/kg，耐度 t 为 3.77g/kg，土壤盐分生态阈值区间为［5.17g/kg，20.25g/kg］，土壤盐分最适生态阈值区间为［8.94g/kg，16.48g/kg］。采用高斯模型很好地解释了植被对环境梯度因子的响应规律，进而判断生态因子的阈值区间。

5.3.4.2 栖息地破碎化的生物灭绝阈值

景观破碎化对生境格局产生剧烈影响，主要表现为：生境总数减少；斑块数量增加；斑块面积减少；斑块直线距离增加；边缘效应明显（杨芳和贺达汉，2006）。栖息地的破碎化改变了生境内部的环境条件，导致物种缺乏足够大的栖息空间，如果生境的斑块面积小于维持种群的最小物种数量所需面积，物种可能会灭绝。灭绝阈值是特定物种种群在栖息地中存活所需要的最小生境面积。灭绝阈值可以采用随机模型计算，是当种群的长期繁殖率与死亡率之差为 0 时的最小生境面积或者种群存活概率=1 时的最小生境面积（Fahrig，2002；Schoener and Spiller，1987）。

世界自然保护联盟（IUCN）将物种灭绝风险划分为脆弱、濒危、极度濒危 3 种等级（IUCN，2001）。Rodríguez 等（2007）从土地覆盖、土地破碎化和生境斑块等方面提出物种威胁的类别，制订评价物种灭绝的阈值。土地覆盖减少程度、生境破碎化、生态系统斑块数量与物种受威胁的风险各划分为 3 级。物种数量会随着土地覆盖面积的减少而下降，因此原生态系统土地覆盖量减少越多，物种受到威胁的风险也越高，土地覆盖量的减少阈值被划分为 30%、70%和 90%（表 5-5）。

表 5-5 土地覆盖的减少阈值划定物种威胁度

威胁等级	阈值
脆弱	原生态系统土地覆盖量减少大于 30%
濒危	原生态系统土地覆盖量减少大于 70%
极度濒危	原生态系统土地覆盖量减少大于 90%

根据斑块破碎化程度的阈值 90%、70%和 30%，结合斑块连通性的状况划分物种威胁度等级，可分为脆弱、濒危和极度濒危（表 5-6）。

假设在 10km^2 范围内生态系统仅由 1～10 个斑块构成，则认为该生态系统是受到威胁的。根据原生态系统斑块数量阈值［4，10］、［2，3］、［0，1］，划定物种的威胁等级分别为极度濒危、濒危和脆弱（表 5-7）。

表 5-6 栖息地破碎化阈值划定物种威胁度

$10km^2$ 内破碎化程度	斑块连通性		
＞90%	90%斑块连通性大于1km 范围，极度濒危	70%斑块连通性大于1km 范围，濒危	30%斑块连通性大于 1km 范围，脆弱
＞70%	90%斑块连通性大于1km 范围，濒危	70%斑块连通性大于1km 范围，脆弱	
＞30%	90%斑块连通性大于1km 范围，脆弱		

表 5-7 生态系统斑块数量阈值划定物种威胁度

威胁等级	阈值
脆弱	原生态系统由不超过 10 个斑块构成
濒危	原生态系统由不超过 3 个斑块构成
极度濒危	原生态系统由 1 个斑块构成

5.3.4.3 生态需水量阈值

生态需水量是指保证恢复和维持生态系统健康发展所需要的水量。国内外生态需水量的计算方法一般可分为水文学法、水力学法、栖息地额定法、整体分析法等（表 5-8）。下面介绍几种常用的生态需水计算方法。

表 5-8 生态需水量计算方法

方法分类	计算方法
水文学法	蒙大拿法、7Q10 法、Texas 法、NGPRP 法、流量历时曲线法、多年最小月平均流量法
水力学法	湿周法、R2CROSS 法、生态水力模拟法、径流与河床形态分析法、水力半径模拟法
栖息地额定法	有效宽度法、河道内流量增加法
整体分析法	南非建筑堆块法、澳大利亚整体分析法

1）蒙大拿法

蒙大拿法（Tennant 法）是最常用的历史流量法。将年平均流量的百分比作为基流，更适宜于以季节性为基础的需求。蒙大拿法是依据观测资料而建立起来的流量和栖息地质量之间的经验关系。它仅使用历史流量资料就可以确定生态需水，使用简单、方便，易将计算结果和水资源规划相结合，具有宏观的指导意义，可以在资料缺乏的地区使用。但由于对河流的实际情况作了过分简化的处理，没有直接考虑生物的需求和生物间的相互影响，只能在优先度不高的河段使用，或者作为其他方法的一种粗略检验。因此，它是一种相对粗略的方法。

蒙大拿法作为经验公式，具有地区限制。因此，在其他地区使用时，需要对公式在本地区的适用性进行分析和检验。在使用该方法前，应弄清该方法中各个参数的含义。在流量百分比和栖息地关系表中的年平均流量是天然状况下的多年平均流量，其中某百分比的流量是瞬时流量。《河湖生态需水评估导则》中给出的标准见表 5-9。

表 5-9 蒙大拿法推荐值

栖息地等定性描述	推荐的流量标准（年平均流量百分数）/%	
	一般用水期（10 月～次年 3 月）	鱼类产卵育幼期（4～9 月）
最大	200	200
最佳流量	60～100	60～100
极好	40	60
非常好	30	50
好	20	40
开始退化的	10	30
差或最小	10	10
极差	<10	<10

2）流量历时曲线法

流量历时曲线法利用历史流量资料构建各月流量历时曲线，以某个保证率相应的流量作为河道内流量的需求。该方法将某个累积频率相应的流量（Q_p）作为生态流量。Q_p的频率 P 可取 90%或 95%，也可根据需要作适当调整。Q_{90} 为通常使用的枯水流量指数，是水生栖息地的最小流量，为警告水管理者的危险流量条件的临界值。Q_{95} 为通常使用的低流量指数或者极端低流量条件指标，为保护河流的最小流量。

这种方法是建立在至少 20 年的日流量记录数据的基础之上，并且对每个月作一个推荐流量。流量历时曲线法保留了仅采用水文资料的简单性，但它更好地反映了径流年际、年内分布的不均匀性，因此，它比这个分类中的其他方法更精确，然而还不能代表流域的全部情况。

3）7Q10 法

以水文参数为基础，采用 90%保证率最枯月连续 7d 的平均水量作为河流最小流量设计值。

4）Texas 法

Texas 法是在 Tennant 法的基础上进一步考虑了水文季节变化因素，通过对各月的流量频率曲线进行计算后，取 50%保证率下的月流量的特定百分率作为最小流量。其特定百分率的设定以研究区典型植物及鱼类的水量需求为依据。该方法具有地域性，对流量变化主要受融雪影响的河流较适用。

5）NGPRP 法

NGPRP（Northern Great Plains Resource Program）法是将水文年按枯水年、平水年和丰水年分组，取平水年组 90%保证率流量作为最小流量。其优点是考虑了枯水年、平水年和丰水年的差别，综合了气候状况及可接受频率因素，但缺乏生物学依据。

6）基本流量法

基本流量法是选取平均年的 1，2，3，…，100d 的最小流量系列，计算 1 和 2、2 和 3、

3 和 4，…，99 和 100 点之间的流量变化情况，将相对流量变化最大处点的流量设定为河流所需基本流量。该法是根据河流流量变化状况确定所需流量，能反映出年平均流量相同的季节性河流和非季节性河流在生态环境需水量上的差别，计算简单，但缺乏生物学资料证明。

7）湿周法

湿周法的假设是：保护好临界区域的水生生物栖息地的湿周，也将为非临界区域的栖息地提供足够的保护。通过在临界的栖息地区域（通常大部分是浅滩）现场搜集河道的几何尺寸和流量数据，并以临界的栖息地类型作为河流其余部分的栖息地指标。该方法应用于宽浅型河流，河道的形状影响该方法的分析结果。

湿周法利用湿周作为栖息地质量指标，建立临界栖息地湿周与流量的关系曲线，根据湿周流量关系图中的拐点（图 5-6）确定河流生态流量。当拐点不明显时，以某个湿周率相应的流量作为生态流量。某个湿周率为某个流量相应的湿周占多年平均流量相应湿周的百分比。可采用 80%的湿周率。当有多个拐点时，可采用湿周率最接近 80%的拐点。

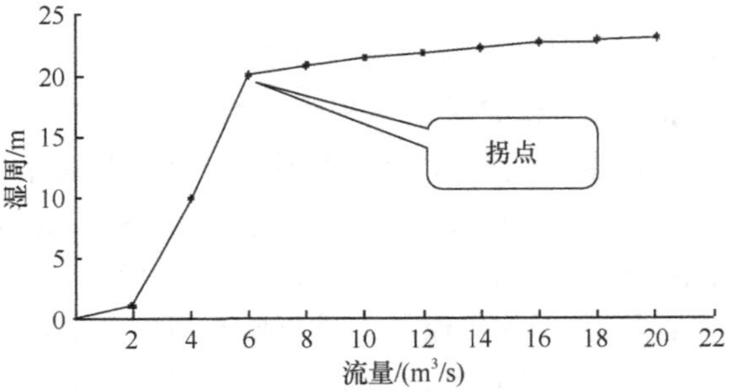

图 5-6　湿周法计算生态需水量

8）生态水力模拟法

生态水力模拟法是在河道水生生境描述和河道水力学模拟的基础上，建立水生生境与河道水力学参数之间的关系，进而通过水生生物适应的水力生境确定合适的流量。该法假设水深、流速、湿周、水面宽度、过水断面面积、水面面积、水温等河道水力学物理量是流量变化对物种数量和分布造成影响的主要水力生境参数；急流、缓流、浅滩及深潭是流量变化对物种变化造成影响的主要水力形态。生态水力模拟法计算过程主要分为四部分。

（1）河道水生生境描述，即调查分析水生生物对水深、流速等水力生境参数的最基本生存要求；分析水温变化对水生生物的影响；分析水生生物对急流等水力形态的基本生存要求。

（2）河道水力模拟，即利用水力模型对研究河段进行一维、二维、三维水力模拟，计算不同流量时研究河段内水力生境参数的变化情况。

（3）水生生物水力生境的指标形式，即枯水季节指标表现形式、汛期指标的表现形式、年内变化指标表现形式。

（4）河道水生生态基流量的决策，由水文与水资源、水力学、环境评价、水生生态工作者依据水力生境指标的表现形式，结合河道的来水过程、当地社会的经济发展状况及政策等综合确定河道生态基流量。

下　篇

案例研究

6 道路建设工程生态环境影响定量评价

6.1 工 程 概 况

6.1.1 道路工程规模和性质

6.1.1.1 道路建设工程概况

临河至策克铁路位于我国内蒙古自治区西部的巴彦淖尔市、阿拉善盟境内，项目东起京兰通道的包兰铁路的临河车站，向西北方向依次经巴彦淖尔市的杭锦后旗、阿拉善盟的图克木、苏红图和额济纳旗，然后向北利用在建的嘉策铁路至策克口岸，线路全长755.159km。

临策线是规划临河至哈密线的重要组成部分，是国务院批准的《中、长期铁路规划》中的路网干线。本项目的实施，是维护国家资源全球战略，提高我国矿产资源保障能力，保证国民经济可持续性发展的需要；是进一步密切中蒙双边关系，扩展中蒙两国全方位经贸合作的需要；是加快我国对外开放步伐，促进西部地区国土资源开发和边贸发展，全面建设小康社会的需要；是加强民族团结、保卫边疆和巩固国防的需要；是增加西部地区铁路网密度、完善路网结构、优化路网布局，提升区域综合交通运输服务功能的需要。

本项目施工总工期两年，2006年开工，2008年完工。全线主要工程数量及投资总额见表6-1，技术经济指标571.57万元/正线公里。

表6-1 临河至策克线主要工程数量表

项目		单位	数量
长度		km	755.159
用地	永久	hm^2	2 313.6
	偿还	hm^2	993.2
路基	填方	10^4m^3	4 310.02
	挖方	10^4m^3	806.76
车站	区段站	处	1
	口岸站	处	1
	中间站	处	5
	会让站	处	近期开站20
桥涵	特大桥	座，延长米	15，15 661.4
	大桥	座，延长米	53，10 537.8
	中桥	座，延长米	64，5 920
	小桥	座，延长米	46，1 208
	涵洞	座，横长米	1 635，33 779.5
隧道	1 000m$<L<$3 000m	座，延长米	1，2 630
	$L\geqslant$1 000m	座，延长米	1，640
轨道	正线铺轨	铺轨公里	755.159
	站线铺轨	铺轨公里	88.089
房屋	生产	m^2	52 414
	生活	hm^2	7 760
投资估算		万元	431 625.4

路基、场站工程主要通过压占土地资源进而对沿线植被、土壤等产生影响。全线用地总数 3266.5hm^2，其中耕地 313.1hm^2，林地 66.6hm^2，未利用地 2345.7hm^2，其余地类相对较少，全段平均每公里用地 3.0637hm^2。按用地性质分，永久用地 2313.6hm^2，临时用地 993.2hm^2，临时用地多为戈壁荒地。全线用地数量见表 6-2。工程征地将使得征地范围内的植被破坏殆尽，土壤结构、土壤肥力受到扰动，对沿线土地资源、植物资源及土地生产力造成一定影响，进而影响到生态系统的完整性；工程临时设施占用土地也会导致植被破坏，但由于沙石料场及材料场等多选择在植被稀少的地段，其影响范围及程度相对有限。

表 6-2　全线用地数量汇总表

类型	土地利用类型	工程占用面积	
		面积/hm^2	百分比/%
耕地	水浇地	262.2	8.0
	旱地	50.9	1.6
	小计	313.1	9.6
林地	有林地	2.8	0.1
	灌木林地	63.8	2.0
	小计	66.6	2.0
草地	高覆盖草地	6.8	0.2
	中覆盖草地	42.1	1.3
	低覆盖草地	425.2	13.0
	小计	474.1	14.5
水域	河渠	0	0.0
	湖泊	1.0	0.0
	滩地	0	0.0
	小计	1.0	0.0
居民用地	城镇	21.8	0.7
	农村居民点用地	44.2	1.4
	小计	66	2.0
未利用地	沙地	59.3	1.8
	戈壁	1410.1	43.2
	盐碱地	69.1	2.1
	沼泽地	0.8	0.0
	裸土地	190.2	5.8
	裸岩、石砾地	616.2	18.9
	小计	2345.7	71.8
总计	合计	3266.5	100

本线土石方工程将对沿线生态环境产生较大的影响，取土场及隧道弃渣场将破坏地表植被和扰动地表稳定状况，降低地表抗蚀能力，进而加剧风沙活动，尤其是沿线风沙活动剧烈的地段，将产生较为严重的水土流失（表 6-3）。

6.1.1.2　环境保护目标

通过对沿线环境状况的初步调查，结合工程特点，确定本次评价范围内主要环境保护目标。

表 6-3 全线土石方数量表 （单位：10^4m^3）

项目	填方	挖方	合计
路基	3953.0	699.44	4652.44
场站	357.02	69.02	426.04
隧道	—	38.30	38.30
合计	4310.02	806.76	5116.78

临策铁路自东向西经过 3 个自然保护区，分别是内蒙古哈腾套海国家级自然保护区、内蒙古东阿拉善自治区级自然保护区、内蒙古额济纳胡杨林国家级自然保护区。本专题重点对内蒙古东阿拉善自治区级自然保护区和内蒙古额济纳胡杨林国家级自然保护区路段进行评价分析（表 6-4）。

6.1.1.3 内蒙古东阿拉善自治区级自然保护区概况

1）地理位置和范围

内蒙古东阿拉善自治区级自然保护区位于阿拉善盟阿拉善左旗境内，行政区域包括：巴彦洪格日鄂楞苏木、巴彦诺日苏木、图克木苏木的图克木嘎查。地理坐标为东经 104°12′～106°16′，北纬 39°40′～40°57′，北界以阿拉善盟与巴彦淖尔市交界地带的阿左旗的巴彦诺日苏木、巴彦洪格日鄂楞苏木、图克木苏木的图克木嘎查为界；东界以阿左旗巴彦洪格日鄂楞苏木界为界，南以阿左旗的巴彦诺日苏木、巴彦洪格日鄂楞苏木界为界，西以左、右旗界为界。东西最大跨度 175km，南北长 123km，总面积 1 071 548.5hm^2。因历史上人类活动较少，且均为牧业活动，总体上未对保护区地貌、植被及生态系统造成大的影响。尤其在保护区的核心区，历来牧业活动较少。因此，现存地貌及野生动植物基本属于原始演替的结果，维持着原有的自然状态。

2）自然环境概况

（1）地形地貌。保护区主要地貌类型为沙丘地貌、石质土低山地貌和石质土缓丘陵剥蚀地貌。

沙丘地貌 沙丘地貌位于保护区西部的乌兰布和沙漠和北部的亚玛雷克沙漠。其中保护区内的沙地属乌兰布和沙漠腹地，沙丘沙地均属乌兰布和沙漠及余脉。沙丘呈半固定和流动状态，是风力堆积物。第四纪风沙土极为发育，随西北风的吹袭向东南方向移动。保护区内沙漠按形态特征可分为 3 种类型；第一种为迎风坡具有叠置沙丘的复合型沙山，第二种类型为巨大沙山，均为链状，而且相互连接；第三种为金字塔状沙山，呈角锥体状，孤立分布。在沙山周围的沙丘，相对高度一般为 15～25m，丘间地面积小。保护区沙丘及沙山上有稀疏植物生长。主要植物有梭梭、沙冬青、蒙古扁桃、阿拉善沙拐枣、裸果木、绵刺等。

石质土低山丘陵剥蚀地貌 石质土低山地貌分布于保护区中部，属阴山余脉。低山区为阿拉善台地的一部分，山体呈东北—西南走向，贯穿于保护区中部，海拔为 1500～1800m。

石质土缓丘陵剥蚀地貌 分布于低山地貌周围。低山剥蚀严重，地质为中元古界，主要岩性为片麻岩、变粒岩等，主要土壤类型为灰漠土及石质土。

表 6-4　环境保护目标一览表

环境要素	保护目标	概况	工程行为	影响要素
生态环境	哈腾套海国家级自然保护区	为自然生态系统类的荒漠生态系统类型自然保护区。保护对象主要为荒漠地带各种生态系统及其生物多样性，以国家重点保护的野生动植物种类为代表的珍稀动植物资源及其原生地或栖息地，各种自然景观和人文景观	工程占地、土石方工程、取弃土、施工便道等	自然保护区的资源、结构和功能
	东阿拉善自治区级自然保护区	为自治区级自然生态系统类的荒漠生态系统类型自然保护区。保护对象主要为荒漠生态系统及其珍稀野生动植物		
	额济纳胡杨林国家级自然保护区	是以胡杨林为主的温带干旱绿洲生态系统自然保护区，属于戈壁绿洲特殊野生植物类型自然保护区。保护对象主要为胡杨林植物群落、珍稀濒危动植物物种、古人类文化遗址、荒漠绿洲森林生态系统及其生物多样性		
	沿线土壤、植被	线路位于乌兰布和亚玛雷克及巴丹吉林三大沙漠南缘，沿线沙害严重，风沙流活动剧烈		植被破坏面积和生物量损失、土地沙漠化
	沿线基本农田	线路在临河至太阳庙间穿行于河套地区，线路两侧耕地密布，多为水浇地，并被规划为基本农田		基本农田
水环境	总干渠、额济纳河	沿线地表水不发育，主要有额济纳河及一些间歇性河流和总干渠	施工期，桥梁施工及总干渠、河流周边施工营地临时排水可能对受纳水体水质产生影响。 运营期，临河站污水排入总干渠，其余各站用于绿化或就近排入戈壁滩	影响受纳水体水质，主要因子为 SS、COD、石油类
固体废物	沿线城镇、乡村	铁路沿线两侧固体废弃物；站、段、所生产和生活垃圾　环境卫生	施工活动，列车运行，生产、生活设施	固体废弃物
大气环境	沿线城镇、乡村	《锅炉大气污染物排放标准》“二类”　大气环境	施工活动，锅炉燃煤	废气

环境要素	敏感点名称	里程	距铁路最近距离/m		高差/m	相对位置	线路型式	敏感点规模	影响要素
			新建线	既有线					
噪声	房建段家属区	CK0＋700～CK1＋320	26	42	–1	左侧	路堤	180 户	噪声 振动
	十八户	CK1＋900～CK2＋380	15	—	–5	右侧	路堤	30 户	
	赵家圪旦	CK4＋490～CK4＋820	20	—	–6	穿越	路堤	50 户	
	五四二队	CK10+000～CK10+300	20	—	–5	左侧	路堤	20 户	
	五四六队	CK12＋990～CK13＋300	18	—	–5	穿越	路堤	20 户	
	中胜一队	CK27＋210～CK27＋400 CK27＋800～CK27＋980	20	—	–6	两侧	路堤、桥	20 户	
	交通一队	CK33＋910～CK34＋120	50	—	–4	右侧	路堤、桥	20 户	噪声
	石家圪旦	CK35+190～CK35+380	18	—	–5	穿越	路堤	20 户	噪声 振动
	坚永三队	CK39＋610～CK39＋800	24	—	–4	右侧	路堤	20 户	
	顺利一队	CK43+000～CK43+400	32	—	–4	右侧	路堤	15 户	

（2）水文。保护区地处西北内陆腹地，属亚欧大陆腹地，中温带干旱荒漠区，远离海洋，降水稀少，水资源贫乏。水资源以地下水为主，基本无地表径流，但在荒漠区有许多湖泊和时令湖。低山丘陵地区以山地为单元发育沟谷河道，形成一些季节性沟谷溪流；浩瀚的沙漠区，由于沙漠接受降水性能好，渗流通畅，湖泊极为发育。地下水是保护区主要的水资源，由裂隙水、潜水和承压潜水 3 种类型组成。主要表现为第四系砂砾孔隙潜水、风成砂潜水、第三系白垩系砂岩潜水和承压水及基岩裂隙水。保护区内 100m 以上的深层潜水多分布于低山丘陵边缘地带，水量少、水质差，可供牧畜饮用。承压潜水以吉兰泰盆地为中心，呈北东—南西条带状分布于保护区的罕乌拉苏木境内。地下水的分布依地质构造、地貌和水文气候条件可分为低山丘陵区、巴彦乌拉山区、乌兰布和沙漠区。

（3）气候。保护区地处亚欧大陆腹地，位于东南季风界边缘。总的气候特点是干旱少雨、夏热冬寒、昼暖夜凉、日照充足、蒸发强烈、风大、无霜期短。

由于保护区内东西气候差异，西侧在保护区内有巴彦诺日苏木观测点，东侧无观测点，故气象数据取相邻近地区（吉兰泰）。气候特征如下。

保护区具有明显的春暖、夏热、秋凉、冬寒的四季特征。春季具有升温快、日较差大、雨雪少、风大沙多的特点。入春后，平均气温达 10℃以上，但由于受蒙古高压和大陆低压的影响，多是气旋和反气旋活动，气候变化不定，乍寒乍暖，气温可达零下，寒潮或冷空气活动会引起剧烈降温。夏季具有天气炎热、昼夜温差大、降水集中、蒸发强烈的特点。入夏后，蒙古干冷高气压西撤，印度低压向北扩张，太平洋副热带高压北进西伸，降水开始增多，通常在 8 月上旬开始，也可提前于 7 月中旬。夏季降水占全年的 80%左右。秋季短暂，风清气爽。保护区处于东南季风北界边缘，副热带高压北进西伸带来的暖湿气流影响东部和南部，仍有一个相对多雨的时段，多雨时段最迟可至 9 月上旬。秋季是农作物和牧草的生长后期、农牧业的黄金季节，也是环流转换期。蒙古高压和阿留申低压增强，高压迅速从下层替换印度低压，加之太阳辐射减弱，天气变冷，得到秋雨滋润的牧草来不及开花结实，就受到冷空气危害。冬季具有漫长、干燥、寒冷的特点。受蒙古冷高压影响，冬季多晴朗天气，雨雪稀少，气温偏低。最冷月气温出现过–30℃的记录；季节降水量仅占全年的 1%～4%。当北支西风急流中有西风槽及波动产生时，往往造成冷空气或寒潮活动，可出现降温和刮风下雪天气。

日照与辐射　保护区是荒漠干旱地区，经常晴朗无云。大气透明度好，日照时间长，日照百分率高（70%～73%），光能资源丰富，日照时数巴彦诺日苏木 3197.7h，吉兰泰 3293.3h。太阳辐射度强，辐射量高。夏季辐射量大，冬季辐射量小，春季辐射量多于秋季。太阳辐射年总量巴彦诺日苏木 154.1kcal①/cm^2，吉兰泰 158.1kcal/cm^2。

气温与无霜冻期　保护区平均气温为 7.5℃左右，常年最冷月为 1 月，平均最低气温为–11.6℃，常年最热月为 7 月，平均最高气温达 24℃。无霜期有无白霜期和无黑霜期。保护区空气干燥，近地层空气中水汽含量少，不易形成白霜。作物、牧草和果树等是否受到冻害，主要不在于有无白霜，而在于地面最低温度是否达到零度以下，即是否出现黑霜，黑霜称为霜冻。保护区初霜日在 9 月 25 日至 10 月 23 日，终霜日在 4 月 27 日至 5 月 15 日。无霜冻期 127～133d。

① 1cal=4.184J

降水　保护区地处内陆腹地，远离海洋，属中温带干旱区。因青藏高原的阻挡作用，印度洋暖湿气流难以进入；远离东南海洋，暖湿气流经长途跋涉，对区内降水作用不大；源自大西洋和北冰洋的西北水汽流，受天山和阿尔泰山阻挡，携带水汽量不多，降水作用不大，致使气候干旱、降水稀少。保护区内沙漠较多，对大气下界的强迫作用又加剧了干旱程度。巴彦诺日苏木年均降水 123mm 左右，吉兰泰年均降水 116.1mm 左右，其中罕乌拉山地有一个“湿舌”，降水量接近 130mm。降水期主要在 6～8 月，占全年降水量的 80%左右。

相对湿度与蒸发　保护区累年平均相对湿度为 40%～42%。罕乌拉山地降水“湿舌”区相对湿度较大，达 43%，比附近地区高 2%～3%。保护区累年平均蒸发量为 2943mm，蒸发量比降水量要大 24 倍左右。蒸发量主要集中在春夏季的 4～8 月，占全年蒸发量的 70%。全年 6 月蒸发量最大，1 月蒸发量最小，夏季气温升高，在下垫面的影响下，蒸发量最大，春季由于风速大、湿度小、气温上升快，蒸发量仅次于夏季；冬季由于风速小、湿度大、气压低，蒸发量小。

风向、风速与风能　保护区属风较多地区，偏西、偏北风常见。风向除受季风影响外，也受地形和天气系统的影响。地面最多的风向反映季风特征，累年最多风向是西风和西北风。风速受地形和地表粗糙度影响，保护区年平均风速为 2.9～3.2m/s，其中乌兰布和沙漠中极端年平均最大风速小于 2m/s。极端平均最大风速出现的时间与多风季节基本一致，一般在 3～5 月，风向多为西北风或西风，其次是东南风。保护区风能资源较为丰富。平均风速大于等于 3.0m/s 的日数全年为 240～270d 甚至以上。风能资源最好的月份是 3～5 月。

大风与沙暴　大风（风速大于17m/s）是保护区常见的天气现象，各月都有发生。春季地面受热增加，对流加强，高空强风动力下传，且冷空气活动频繁，大风日增多。3～6月为多风期，约占全年日数的60%，大风出现的次数也最多，占全年的67%。其中4月大风最多，占全年的16%，10月和1月大风最少，只占全年的3%。全年大风日数26d，其中罕乌拉山及附近近30d。大风常与沙暴相伴。保护区沙漠面积较大，植被盖度低，沙暴日数较多。乌兰布和沙漠最多达48d，其他地区为10～20d。

（4）土壤。根据保护区土壤发生演变及其理化性质、肥力等因素，可将保护区分为 8 个土类，其中灰漠土、灰棕漠土为地带性土壤；风沙土、石质土、粗骨土、潮土、盐土、漠境盐土均为非地带性土壤。

灰漠土　灰漠土是发育在温带、暖温带干旱地区漠境边缘上的土壤，是保护区内的一个主要地带性的土壤。主要分布在保护区中部的高平原和低山丘陵地带，地面风蚀、沙化现象严重。植被属荒漠植被类型。以灌木和半灌木为主，建群植物有琵琶柴、白刺、绵刺、沙冬青、假木贼和蒿属，还伴有针茅和一些短命类植物，植被覆盖度 10%～25%。土质以沙土为主，土壤剖面发育明显，有机质含量平均为 0.5%～1.0%，全氮 0.0283%，速效磷 2ppm（1×10^{-6}），速效钾 152ppm，酸碱度在 9.0 以上，呈强碱性反应。灰漠土一般在表层 5～20cm 及以上有斑块状石灰淀积层，其下部还有石膏淀积层，再下为可溶盐淀积层。该土壤在保护区内分为 2 个亚类，即钙质灰漠土和盐化灰漠土。

灰棕漠土　灰棕漠土分布于保护区的西北和低山丘陵区。灰棕漠土是荒漠戈壁上的主体土壤类型，是在温带干旱荒漠气候条件下粗质母质上发育的土壤类型，植被以旱生或超旱生、深根、肉汁、具有刺的灌木和小灌木为主，属典型的荒漠植被，覆盖度一般为5%～10%，多呈单个丛状分布。植被种类少，以梭梭、琵琶柴、假木贼、木本猪毛菜、膜果麻黄、泡泡刺等为主。在气候极端干旱而少雨的条件下，土壤中生物和淋溶作用极其微弱，碳酸钙在表层积累明显。土体层次发育不明显，地表普遍具有一层黑色漠境漆皮，土壤质地为砂质、砂壤或壤质砂土。在0～20cm土层中，有机质含量一般小于0.5%，全氮0.0185%，速效磷2ppm，速效钾169ppm，不显腐殖质层。酸碱度为9.00～10.51，呈极强碱性。

风沙土 风沙土是风沙地区风成沙性母质上发育的幼年土壤，主要分布在保护区东部乌兰布和沙漠及北部巴丹吉林沙漠和乌兰布和沙漠相交汇的亚玛雷克沙漠。风沙土是在干旱的大陆性气团、强大的风沙吹蚀搬运能力、物理风化作用、脆弱的生态条件下形成的。风沙土土壤剖面分化不明显，通常由弱的腐殖质层和母质层组成。风沙土可分为流动风沙土和固定、半固定风沙土。流动风沙土植被覆盖度小于1%，散生白沙蒿、沙生冰草、沙生针茅、梭梭等超旱沙生植物，土壤有机质含量不足2%，肥力低下。固定、半固定沙土分布于流动风沙土外缘和沙漠湖盆边缘地带，植被以白沙蒿、白刺、锦鸡儿、冬青、霸王、梭梭等沙生植物为主，覆盖度为10%～40%，0～20cm土层中，有机质含量平均为0.211%～0.22%。固定风沙土具有土壤初期形成过程，具有一定肥力，是阻止流动风沙土推进的天然障碍物。

石质土 石质土是发育在各种积岩或砂砾岩的残积、坡积物上的幼年土壤。石质土分布在保护区内的低山丘陵顶部和山坡的中部，山前冲洪积扇地带也有所分布。石质土风蚀较为严重，地表多被粗沙、碎砾石覆盖。石质土生物积累甚微，土层薄，肥力低，0～20cm土层内有机质0.52%，全氮0.0681%，速效磷3ppm，速效钾211ppm，酸碱度为8.9。土表有盐分的积累，植被覆盖度低，利用价值不大。保护区石质土亚类的划分，主要是依据母质成土条件对土壤形成发育的影响，将其划分为硅铝质石质土和硅镁质石质土。

粗骨土 粗骨土是发育在各类型基岩碎屑物上的幼年土壤。粗骨土广泛分布在保护区的低山丘陵顶部和山坡中下部地段。粗骨土有不足20cm厚的土层，但由于所处地形部位较高、坡度陡，加之干旱、多风的气候条件，风蚀、水蚀较严重，生物作用微弱，以物理风化占主导，腐殖质层厚度一般小于10cm，并多含砾石。土表有盐分积累，植被稀疏，类型单一，以耐旱、耐瘠薄的珍珠、红沙、戈壁针茅等植物为主，覆盖度极低，一般小于5%。0～20cm土壤养分含量为：有机质0.55%，全氮0.0225%，速效磷4ppm，速效钾179ppm，酸碱度为8.9。土壤肥力低，利用价值不大。保护区石质土亚类的划分，主要依据母质成土条件对土壤形成发育的影响，将其划分为硅铝质粗骨土和硅镁质粗骨土。

潮土 潮土是直接受地下水浸润，在草甸植被作用下发育而成的半水成土壤。由于潮土分布在保护区地形较低平地区，地下水位较浅，—般为1～3m，土壤水分条件好，自然植被生长旺盛，属草甸植被类型。潮土土层深厚，为质地轻粗且均一的壤质土，地面有盐霜，个别地段有季节性积水，通体有强烈的碳酸钙反应，酸碱度为9.02～9.58，呈碱性反应。0～20cm土层养分平均含量为：有机质1.33%，全氮0.0748%，速效磷1ppm，速效钾127ppm，属低肥力土壤。此土类有一个亚土类，即盐化潮土。

盐土 盐土是保护区境内隐域性土壤之一，主要分布在乌兰布和沙漠内封闭低洼地。盐土的形成主要受地下水的影响，地形低洼，地下水位高，一般为 1～3m，矿化度大，一般为 2～5g/L，排水不畅，加之极端干旱、蒸发强烈又促成了积盐。保护区内盐土只有草甸盐土一个亚类，积盐过程伴有草甸化过程，地表多盐结皮和盐分结晶。草甸盐土酸碱度为 8.5～9.5，呈碱性反应，只生长盐生和耐盐植物，覆盖度为 30%～50%。此种土壤由于重牧轻育，植被破坏严重，盐分有递增趋势。

漠境盐土 漠境盐土多分布于保护区封闭的低洼地，地下水位为 7～8m 或更深，土壤水分靠大气降水补给，盐分的积聚主要是在干旱条件下强烈蒸发盐化或由洪积而来。盐分表聚，同时常具灰色或浅灰棕色荒漠结皮和碳酸钙表聚，亚表皮含盐量也很高。土壤酸碱度为 8.68～9.15，呈强碱性。漠境盐土除生长有盐爪爪、白刺等盐生、耐盐植被外，还伴生有芨芨草等荒漠植被，盐分有递增的趋势。

3）社会经济概况

保护区位于内蒙古自治区阿拉善盟阿拉善左旗中北部，行政上隶属于巴彦诺日苏木、巴彦洪格日鄂楞苏木、图克木苏木的图克木嘎查，总面积为 1 071 548.5hm^2。保护区所涉及区域为纯牧业区，畜牧业是当地的支柱产业。另外还有一些小型的矿产资源开发，区内共有 1187 户，人口 4009 人，养殖山羊、绵羊、骆驼等牲畜 293 015 头（只），人均年收入 3140 元。蒙古族为主体民族，大多数为初中文化程度。保护区内有两条四级沙石路，即吉兰泰至巴彦洪格日鄂楞苏木，巴彦浩特至额肯呼都格镇和达来库布镇（达镇）。其他均为便道连接各嘎查和住户。保护区周边苏木经济状况与保护区相似，但人口密度稍大，达 1.66 人/km^2。保护区周边也主要为牧业，在南部有一盐场，总储量约 1.2 亿 t。道路均以保护区相连，也是本旗通往右旗、额旗及各苏木的主要交通干道。

保护区所在旗处于荒漠之中，经济文化都较落后。全旗南北长 495km，东西宽 214km，总面积 80 412km^2，占阿拉善盟总面积的 29.95%。总户数 47 303 户，总人口 134 223 人，其中非农业人口 79 500 人。其中蒙古族占 25%，汉族占 68.2%，回族占 6%，其他民族占 0.8%，人口密度 1.66 人/km^2，在总人口中牧业人口占总数的 40.8%。

全旗的主要收入除牧业外，其他收入主要是吉兰泰盐场，旗境内铁路有吉兰泰—乌达铁路，公路较发达。主要干线公路有银巴公路（银川—巴彦浩特）、乌五公路（乌力吉—五原）、乌巴公路（乌达区—巴彦浩特）、巴达公路（巴彦浩特—达来库布）、巴额公路（巴彦浩特—额肯呼都格）。

4）保护区主要保护对象

根据保护区的自然属性和保护价值，其主要保护对象为荒漠生态系统及其珍稀野生动植物。

（1）荒漠生态系统。从植物区划上，保护区处于阿拉善荒漠省东阿拉善荒漠州，从动物地理区划上，保护区处于蒙新区西部荒漠亚区阿拉善荒漠省，总体上保护区生态系统属于典型荒漠生态系统。该系统特点表现在年降水量少，一般不超过 150mm，湿润系数小于 0.13。地表径流稀少，土壤粗放瘠薄，风蚀强烈，热量丰富，光照充足。植被以超旱生灌木、半灌木或盐生-旱生的肉质化灌木为主，结构简单，覆盖度低。动物也多由一些耐旱种类组成，个体较小，掘洞而居，密度稀疏。

根据保护区植物和动物的优势种和建群种可将保护区划分为 4 个植被类型，即夏绿灌木荒漠、常绿灌木荒漠、半灌木荒漠、小半乔木荒漠。

（2）珍稀野生动植物。保护区内主要珍稀野生植物有梭梭、绵刺、沙冬青、蒙古扁桃、阿拉善沙拐枣和胡杨。梭梭、绵刺、沙冬青、霸王、蒙古扁桃、阿拉善沙拐枣、裸果木、红砂等保护植物，在保护区内分布较集中，如此大面积的分布是比较少见的，随着保护工作的加强，各种保护植物的面积和盖度会有明显增加。

保护区内主要珍稀野生动物有鹅喉羚、盘羊、荒漠猫、草原斑猫、小鸨、波斑鸨及各种猛禽。鹅喉羚为国家二级重点保护动物，列入《中国濒危动物红皮书》易危种类，在保护区分布于荒漠灌丛中，近几年种群数量较为稳定。波斑鸨为国家一级重点保护动物，世界濒危物种，在保护区数量也十分稀少。

6.1.1.4　内蒙古额济纳胡杨林国家级自然保护区概况

1）地理位置和范围

额济纳旗地处我国北部边疆，是内蒙古自治区阿拉善盟的最西端，东与阿拉善右旗接壤，南与甘肃省金塔县毗邻，西与肃北蒙古族自治县相连，北与蒙古国交界。额济纳胡杨林国家级自然保护区位于额济纳旗的中心位置——额济纳绿洲，西临额济纳旗政府驻地达来库布镇，北临居延海。地理坐标为北纬 41°30′～42°07′，东经 101°03′～101°17′，行政区域包括吉日格朗图苏木、巴彦陶来农场和苏泊淖尔苏木的一部分，总面积为 26 253hm^2。目前，保护区林业用地 4956hm^2，占保护区面积的 19.0%；非林业用地 21 034hm^2，占 81.0%。

2）自然环境概况

（1）地质地貌。额济纳地处阿拉善活化台块和北山块断带，两个单元之间的额济纳河断裂带上，地势由西南向东北逐渐倾斜，呈四周高、中间低的地势，海拔平均为 900～1600m。在漫长的地质年代里，由于受地质构造和内外营力的控制，特别是外营力长期的风水侵蚀作用和堆积作用，形成了额济纳复杂的地貌结构。东部是巴丹吉林沙漠的西北部，沙漠边缘分布着古日乃湖和拐子湖两大湖盆洼地；南部狼心山最高海拔为 1646m；西部马鬃山主峰海拔为 2580m，属于中高山区；绿洲北部是黑河最后的积水地——西居延海（嘎顺淖尔，1961 年干枯）和东居延海（苏泊淖尔，1992 年干枯）；中部是发源于祁连山黑河水系末端的冲击扇形三角绿洲。额济纳胡杨林国家级自然保护区就位于这个绿洲的核心地带，按其地貌形态和物质组成，主要为洪积平原及部分风力沉积的半固定、固定沙丘和戈壁。

（2）气候。额济纳旗地处亚洲大陆腹地，远离海洋，西南、西、北三面不同距离内都有山脉环绕。由于受高山、高原阻隔，加之距离大海遥远，太平洋、印度洋暖湿气流很难到达本地区，这里形成了极强大陆性气候下的干旱沙漠戈壁。保护区就处在这个浩瀚的戈壁沙漠绿洲上，冬半年受蒙古高压气流控制，夏半年受西风带影响，为大陆性气候，具有气候干燥、降水量少、冬季寒冷、夏季炎热、温差大、光照充足、多风沙的气候特点。年平均气温为 8.3℃，1 月平均气温为–12.5℃，7 月平均气温为 26.3℃，极端高温为42.2℃，极端低温为–37.6℃；无霜期为145d；年平均降水量为37.9～49.3mm，年蒸发量达3746～4213mm，是降水量的88～109倍。这里光热资源十分丰富，日照时数为3396h，>10℃的积温为3694℃，干燥度为11.0～13.7，太阳辐射总量最大达159.7kcal/cm^2，最少为154.7kcal/cm^2。另外，这里风多且大，易起沙暴。每年秋末至夏初，受蒙古高压气团的影响，盛行西北风，年均风速为4.4m/s，春季平均风速为4.8m/s，8级以上的大风日数52d，多风月平均扬沙日数为21d，且冬春大风常伴寒流的出现。

（3）土壤。根据对成土条件的综合分析，保护区内的土壤可分为 11 个土类，24 个亚类（表 6-5）。其中以林灌草甸土为主，这是一种非地带性土壤，且与固定、半固定风沙土和潮土等相间分布。林灌草甸土根据地形、水文条件及积盐程度对土壤发育的影响，可分为林灌草甸土和盐化草甸土两大类，此类土壤是额济纳旗比较肥沃的土壤，土体较深厚，有机质积累较多，养分含量较高。

表 6-5　内蒙古额济纳胡杨林国家级自然保护区土壤类型表

土类	亚类	土类	亚类
灰棕漠土	灰棕漠土	石质土	钙质石质土
	石膏灰棕漠土		砂砾质石质土
	盐化灰棕漠土		泥页质石质土
	碱化灰棕漠土	粗骨土	硅铝质粗骨土
潮土	盐化潮土		硅镁质粗骨土
草甸土	林灌草甸土		钙质粗骨土
	盐化林灌草甸土		砂砾质粗骨土
盐土	草甸盐土	风沙土	固定风沙土
漠盐土	漠境盐土		半固定风沙土
碱土	龟裂碱土		流动风沙土
石质土	硅铝质石质土	新积土	新积土
	硅镁质石质土	龟裂土	龟裂土

（4）水文。由于额济纳旗大气降水稀少，境内遍布戈壁沙漠，不产生地表径流，只有发源于祁连山北麓的季节性河（黑河）水注入旗内，是全旗林、耕、牧唯一的生命线。黑河进入额济纳旗后称额济纳河，额济纳河至狼心山分为东（河）西（河）两系，东河又称为鄂木纳河，额济纳胡杨林国家级自然保护区位于鄂木纳河下游的东岸。鄂木纳河的年平均径流量为 8 亿～9 亿 m^3。但近年来由于黑河中上游大量截留致使河水下泄量锐减，现鄂木纳河的年径流量仅为 3 亿 m^3 左右。

保护区的地下水在全国水文地质区分上属于内陆气候的沙漠与干旱水文地质，准格尔与塔里木盆地及阿拉善沙漠、石漠水文地质亚区的一部分。由于地形闭塞、气候极其干旱、降水稀少、保护区的地下水的主要补给来源为河水径流和地下径流，保护区的地下水位较高，距地表 2～5m，但表层地下水水质差，不适于人畜饮用。

（5）土地利用。目前，保护区土地利用状况为：林业用地 4956hm^2，占保护区面积的 19.0%；非林业用地 21 034hm^2，占 81.0%（表 6-6）。

表 6-6 内蒙古额济纳胡杨林国家级自然保护区土地利用状况表

地类	合计	林业用地		非林业用地			
		乔木林地	灌木林地	耕地	牧地	水域	不可利用土地
面积/hm^2	26 253	205	4 751	368	18 012	669	1 985
占保护区面积/%	100.0	0.8	18.2	1.4	69.4	2.6	7.6

3）社会经济概况

额济纳胡杨林国家级自然保护区全部土地位于额济纳旗境内，跨越 2 个苏木（乡镇）和一个农场，即苏泊淖尔苏木、古日格郎图苏木和巴彦陶来农场。

保护区地处额济纳绿洲中心地带，区内的居民主要为苏泊淖尔苏木和吉日格郎图苏木的牧民，区内现有农牧民 43 户，129 人，其中，蒙古族 109 人，占 84.5%，汉族 20 人，占 15.5%。

由于保护区地处荒漠地区，水源缺乏，牧民逐水定居，因此牧民居住比较分散，主要集中在保护区内水源比较充足的地区。荒漠深处地域偏僻，人烟稀少。牧民的教育、医疗卫生条件较差，娱乐项目单调，也没有通信设施和电力供应，牧民居住分散，牧区简易道路经常受到风沙破坏，交通十分不便。

4）保护区主要保护对象

额济纳胡杨林国家级自然保护区是以保护天然胡杨林为主体的绿洲生态系统、物种基因库和戈壁绿洲景观为主要目标，其主要保护对象如下。

胡杨林植物群落：在额济纳旗，荒漠、半荒漠河岸林主要是以胡杨为建群种的森林群落。额济纳胡杨林是世界上的三大胡杨林区之一。胡杨林是保护区内面积最大的森林群落，也是该自然保护区的主要保护对象。保护区内主要的植被类型都是以胡杨和柽柳为主形成的森林林分，其中胡杨林面积 7835hm^2，约占额济纳绿洲胡杨林的 26.7%。保护区内除胡杨和柽柳外还保存有以沙冬青、梭梭等为建群种的群落，在荒漠区域中具有其稀有性和珍贵性，是自然历史遗留在特定环境中的珍贵遗产。

珍稀濒危动植物物种：保护区有野生植物 20 科 54 属 71 种，其中包括大量国家重点保护植物，根据 1999 年公布的《国家重点保护野生植物名录（第一批）》，保护区有国家重点保护植物 5 种，为Ⅱ级重点保护野生植物，如四合木、绵刺、半日花、沙冬青和胡杨等。

保护区内大面积较集中分布的胡杨林成为野生动物的天堂，保护区有陆生野生动物约 118 种，隶属 21 目 43 科，占内蒙古陆生野生动物种类总数 566 种的 20.8%。保护区共有国家重点保护野生动物 45 种，主要分布于保护区的核心区及缓冲区，其中国家Ⅰ级重点保护野生动物 9 种，雪豹、蒙古野驴、野马、双峰驼（野骆驼）、黑鹳、北山羊、波斑鸨、遗鸥、小青脚鹬；Ⅱ级重点保护野生动物有 36 种，主要为荒漠猫、猞猁、水獭、鹅喉羚、盘羊、岩羊、白琵鹭、疣鼻天鹅、苍鹰、雀鹰、蜂鹰等。

古人类文化遗址：额济纳地区历史悠久，人杰地灵。早在新石器时期，人类就在这里生息繁衍，创造了绚丽多彩的远古文明。主要的古人类文化遗址包括 1988 年国务院公布的第三批全国重点文物保护单位汉代“居延遗址”和内蒙古自治区重点文物保护单位“黑城遗址”。

荒漠绿洲森林生态系统及其生物多样性：保护区处于沙漠与戈壁之间，右上为茫茫戈壁，左下为巴丹吉林大沙漠，属典型的荒漠森林生态系统，生态环境十分脆弱。

6.1.1.5 经内蒙古东阿拉善自然保护区选线方案

根据新建铁路临河至策克线的可行性研究，线路与东阿拉善自然保护区的位置关系有两种方案，即均衡坡方案和双机坡方案，各方案与自然保护区的相对关系详见图 6-1。

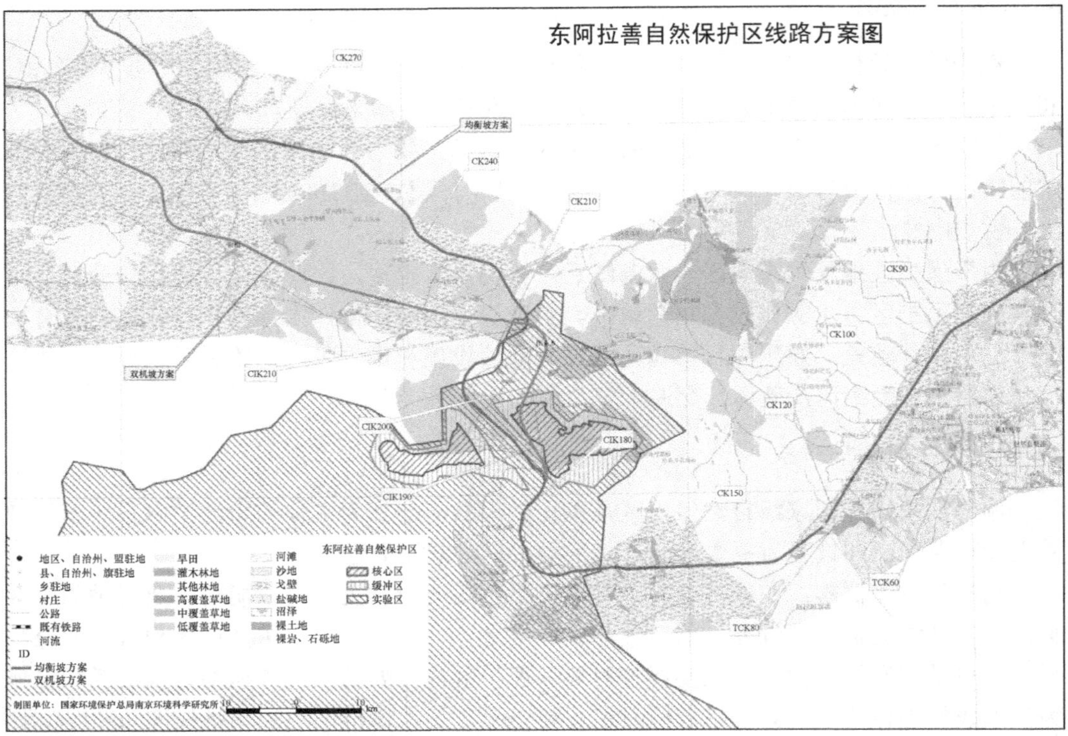

图 6-1 经东阿拉善保护区选线方案（另见图版彩图）

均衡坡方案（CK 方案）。本方案线路自巴音毛道站引出后，向西南方向行进，经敖伦布拉格镇后，线路折向西行，至磨古子沟口折向北，进入布日嘎斯太郭勒（沟），翻越狼山布日嘎斯太垭口后在狼山北麓展线至图克木庙，线路沿银根山间盆地边缘爬行北上，经呼勒斯呼都格、塔灵棍到达呼勒斯尚德，然后在特格山垭口边缘转向西行，沿沙拉扎山北漫坡到达查干扎德盖，进入沙拉扎山北麓冲沟发育、地形破碎地区，线路经那仁、格勒高勒、阿勒陶勒后，沿公路两侧迂回展线至苏红图，线路长度为 265.84km。共设特大桥 9 座、长大隧道 1 座。通过半固定沙地累计长度为 15.15km，半固定沙丘累计长度为 3.26km，新月形沙丘、沙垄累计长度为 3.8km，风沙流地段累计长度为 48.725km，风蚀路基累计长度约为 145km。线路穿越东阿拉善自然保护区起点 CK159+300，终点 CK220+570，通过保护区地段为 50.45km。

双机坡方案（CIK 方案）。线路自 CK 方案的多尔本毛道车站（CK183+600）附近引出，翻越狼山布日嘎斯太垭口至图克木庙，跨过 S312 公路后，折向西沿 S312 公路穿行银根湖相盆地，银根设站，线路从银根北部翻越沙拉扎山至苏红图，巴音毛道至苏红图线路长 250.5km，共设特大桥 5 座。通过半固定沙地累计长度为 3.405km，半固定沙丘累计长度为 9.755km，新月形沙丘、沙垄累计长度为 5.71km，风沙流地段累计长度为 7.09km，风蚀路基累计长度约为 140km。线路穿越东阿拉善自然保护区起点 CK159＋300，终点 CIK213＋650，通过自然保护区地段为 60km。

1）线路方案工程量比较

各方案主要工程数量及工程经济比较见表 6-7。

表 6-7 线路方案经济比较表

项目			单位	双机坡方案	均衡坡方案
建筑长度			km	255.28	268.647
永久用地			亩①	10 894	13 310
土石方	路基		10^4m^3	1 410.91	1 466.92
	场站		10^4m^3	170.34	197.64
路基	A、B 组填料		m^3	964 939	967 459
	浆砌片石		m^3	138 438	151 576
	卵砾石土包坡		m^2	1 925 924	4 439 420
	土工格栅		m^2	1 994 846	3 914 074
	浆砌块板		m^2	2 142 949	1 680 730
	防护栅栏		m	88 250	143 696
	阻沙障		m	91 330	157 136
桥涵	特大桥	单线	m/座	2 704/5	7 798/9
	大桥	单线	m/座	7 545/31	7 805/29
	中桥	单线	m/座	2 031/27	2 241/27
	小桥	单线	m/座	1 344/48	1 036/37
	涵洞	单线	m/座	13 800/552	12 480/480
隧道			m/座		2 630/1
			m/座		640/1
轨道及场站	正线铺轨（含铺碴）		km	264.407	279.02
	站线铺轨（含铺碴）		km	20.063	21.05
	道岔		组	39	39
主要工程费总额			万元	89 946.56	119 404.07
静态投资总额			万元	103 438.55	137 314.68
差额			万元	–33 876.13	
运营费			万元	17 592.97	15 844.88

双机坡方案线路较短，桥隧工程较少，投资也较少；均衡坡方案线路长度及投资均较多。从比较结果来看，线路翻越狼山双机坡方案较均衡坡方案短 13.367km。静态投资双机坡方案较均衡坡方案少 33 876.13 万元。

① 1 亩≈666.7m^2

2）方案综合评价

从运输组织角度分析，最大坡度双机坡方案工程投资规模较小，工程技术条件较好。但由于采用双机牵引，运输组织不够灵活，并需在苏红图设置机务折返所。且双机坡方案增加了机车购置费及后期的运营费用，其经济优势不明显。另外，根据本线人烟稀少、自然环境差的特点，减少设置铁路作业点，既可减少工程投资，又可改善铁路工作人员的生产、生活条件。

6.1.1.6 经内蒙古额济纳胡杨林国家级自然保护区选线方案

根据新建铁路临河至策克线的可行性研究，与额济纳胡杨林国家级自然保护区的位置关系有 4 种方案，这 4 种方案都经过额济纳自然保护区的实验区（图 6-2）。

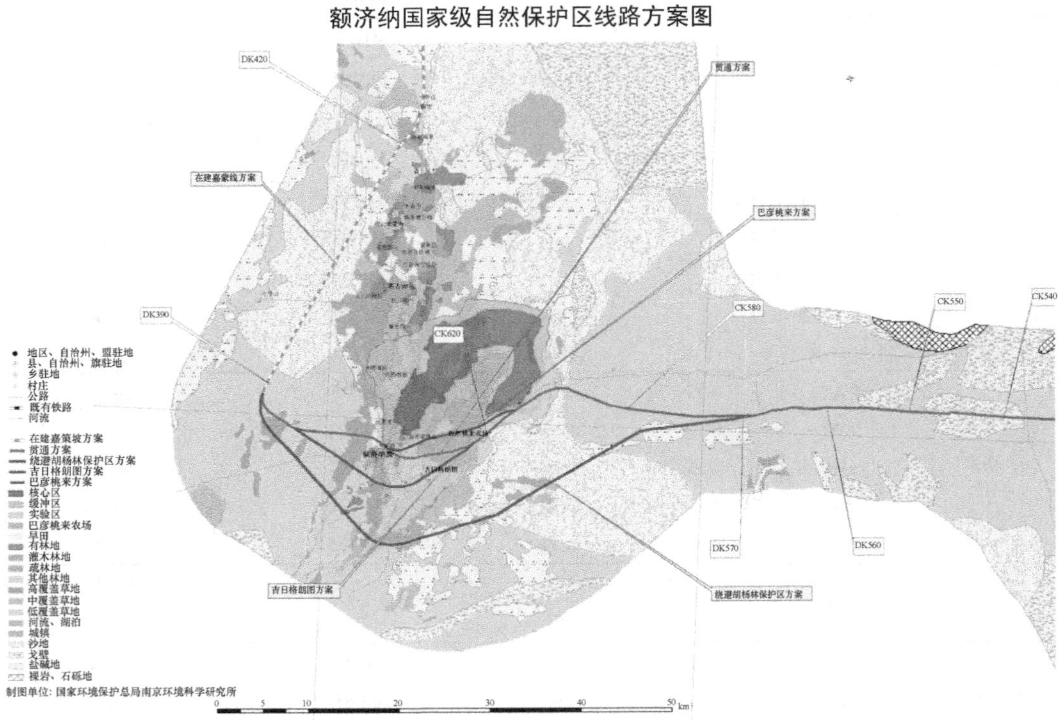

图 6-2 经额济纳保护区选线方案（另见图版彩图）

贯通方案（方案一）：线路自八道桥沿 S312 公路南侧折向西南，进入额济纳胡杨林保护区实验区范围。在七道桥处线路偏离公路向南至巴彦桃来农场二队，经其南侧折向西北，于王爷府南侧上跨 S312 公路并跨越额济纳河及黑河水利灌溉渠，之后线路西跨 S315 公路，至额济纳旗城北 2km 处设额济纳车站。线路出站后，向西北方向接入在建的嘉峪关至策克铁路额济纳西站。经过保护区长度约为 17.95km。

巴彦桃来方案（方案二）：线路自贯通方案的七道桥处继续并行公路至王爷府，并于其北侧上跨 S312 公路接入贯通方案。经过保护区长度约为 14.25km。

吉日格朗图方案（方案三）：线路自贯通方案的巴彦桃来农场二队处继续往西南前进，

行至吉日格朗图南侧跨越黑河等河流折向西北，于额济纳旗城南 2km 处设额济纳车站。线路出站后，向北接入在建的嘉峪关至策克铁路额济纳西站。经过保护区长度约为 18.80km。

绕避胡杨林保护区方案（方案四）：线路自天鹅湖后折向西南沿沙丘边缘前行，经进素图诺尔、敖木尕夏拉，沿保护区实验区南侧边缘继续向西南行，至苏亥尔杂格折向西北跨昂茨河、哈勒苏亥河、东河，经二号西南侧，跨纳林河后设额济纳车站，之后线路接入在建的嘉峪关至策铁路额济纳（西）站，不经过保护区。

4 个方案的主要工程数量及工程投资比较见表 6-8。

表 6-8 经内蒙古额济纳胡杨林国家级自然保护区线路方案比较

序号	项目		单位	贯通方案	巴彦桃来方案	吉日格朗图方案	绕避胡杨林保护区方案
1	运营长度		km	61.2	60.1	63.32	66.62
2	建筑长度		km	61.2	60.1	63.32	66.62
3	征用土地		亩	3 049	3 014	3 222	3 418
4	拆迁工程		路基公里				
5	路基	填方	$10^4 m^3$	298.2	328.1	362.8	481.4
		挖方	$10^4 m^3$	14.1	13.8	16.7	12.5
		渗水土	$10^4 m^3$	26.74	25.84	30.71	55.95
		圬工	$10^4 m^3$	1.2	1.08	2.24	5.88
		风沙防护	km	2.1		3.5	25
6	桥涵	特大桥	座/延米	3/4 127.4	3/4 427.4	3/3 800.5	2/3 500.6
		大桥	座/延米	1/182.1	1/182.1	4/728.4	2/364.2
		中桥	座/延米	8/470.9	7/438.2	9/493.6	5/258.2
		以上合计	座/延米	12/4 780.4	11/5 047.7	16/5 022.5	9/4 123.0
		小桥涵	路基公里	133/2 562.4	131/2 521.0	145/2 802.4	140/2 603.2
7	轨道	正线铺轨	km	60.733	59.65	63.148	66.148
		站线铺轨	km	20.7	20.7	20.7	20.7
		铺道岔	组	62	62	62	62
8	站后工程		正线公里	61.2	60.1	63.32	66.62
9	投资估算		万元	38 339.41	38 925.93	41 087.59	44 879.34
10	差额		万元		+586.52	+2 748.18	+6 539.93

1）线路工程比较

贯通方案：线路较短，桥梁工程较小，工程投资最小。

巴彦桃来方案：线路最短，桥梁工程最大，工程投资较小。

吉日格朗图方案：线路较长，桥梁工程较大，工程投资较大。

绕避胡杨林保护区方案：线路最长，桥梁工程最小，工程投资最大。

2）线路工程地质条件比较

贯通方案：线路经过戈壁平原至八道桥，以桥梁跨过风积沙丘链，进入额济纳冲积平原外边缘，局部经过冲积平原边缘堆积的风积粉细砂，防护工程相对较小。

巴彦桃来方案：线路经过戈壁平原至八道桥，以桥梁跨过风积沙丘链，进入额济纳冲积平原内侧，完全避开了风积沙的危害，防护工程相对简单。

吉日格朗图方案：该方案同贯通方案类似，线路经过戈壁平原至八道桥，以桥梁跨过风积沙丘链，进入额济纳冲积平原外边缘，局部经过冲积平原边缘堆积的风积粉细砂，防护工程相对较大。

绕避胡杨林保护区方案：线路以路基型式大范围穿越新月形沙丘链的相对宽缓地带，风沙防护工程巨大，工程地质条件最差。

3）线路技术条件

贯通方案：线路较为短直，在跨 S312 公路和 S315 公路时平面采用两个半径为 2000m 的曲线通过，以减少对胡杨树的砍伐，平面条件相对较差。

巴彦桃来方案：线路最短，为减少对胡杨树的砍伐，平面采用最小曲线半径为 1600m，平面条件相对最差。

吉日格朗图方案：线路较长，平面最小曲线半径为 3500m，平面条件较好。

绕避胡杨林保护区方案：线路最长，平面最小曲线半径为 3500m，平面条件较好。

4）与城市规划适应程度

贯通方案和巴彦桃来方案：线路沿达镇环城北路外设置，额济纳站位基本适应额尔纳旗城镇规划。但本线以运煤为主，车站设于城市主风向上风，易对城市产生煤尘污染。

吉日格朗图方案：额济纳站位设于达镇南侧，对城市煤尘污染少，符合达镇规划要求。但受达镇南侧二号山军事设施安全距离要求及高压走廊限制，线路及站位设置对达镇现有规划有一定影响。

绕避胡杨林保护区方案：额济纳站位设于二号山西南侧 2km，线路及站位设置对达镇现有规划不影响，对城市煤尘污染少，但站位距达镇稍远，距离约 5km。

为了使这些方案可比，评价起点选在这些方案的第一个分叉处（CK568+700），评价终点选在与在建的嘉峪关至策克铁路的交汇处。

6.1.2　道路工程生态环境影响分析

铁路工程正常运营期间对沿线生态环境的影响相对较小，而施工期的一次性干扰和破坏却是比较大的。铁路工程建设施工期对沿线生态系统的影响主要包括路基工程（路基线路及开挖填埋）、砂石料场设置、工程取土弃渣、临时施工便道、施工临时场地（含生活营地）、桥涵隧道工程、工程永久场站和工程施工人员活动对沿线植被、野生动植物、自然保护区及沙漠化的影响。

根据铁路工程特征，工程修建主要对线路两侧一定范围和场站周围地区产生影响。施工期对生态环境的影响主要表现在主体工程对土地的永久占用，引起土地原有使用功能的丧失、地表植被的破坏及路基工程对沿线生态系统和景观类型的线性切割，造成生境的破碎化；由于线路穿越的大部分地区是我国北方沙漠化强烈发展地区，因此铁路施工期的影响还表现在工程施工可能引起的沙漠化土地面积增加（表 6-9）。运营期间的影响主要表现在对线路穿越保护区地段野生动物的迁徙活动及铁路运营产生的噪声对野生动物的惊扰。

表 6-9 工程对沿线生态系统的影响及强度分析

建设期	工程项目	影响方式	影响强度	影响特征
施工期	路基工程	通过路基压占，地表植被和植物物种受到彻底破坏，植被盖度和植物物种多样性下降为零。路基工程对沿线生态系统和景观类型的线性切割，造成生境的破碎化。由于区域生态环境十分脆弱，一些地段植被一旦破坏，就难以恢复，因此在一定程度上加剧了水土流失及风沙活动	强度影响	线性切割
	场站工程	通过场站压占，地表植被和土壤结构受到彻底破坏，植物群落盖度和植物物种多样性下降	强度影响	斑块扩散
	取弃土场	通过开挖取土或弃土，地表植被和土壤结构受到彻底破坏，植物群落盖度和植物物种多样性下降，由于区域生态环境十分脆弱，一些地段的植被一旦破坏，就难以恢复，因此取弃土场在一定程度上加剧水土流失及风沙活动	强度影响	斑块扩散
	砂石料场	本线沙石料主要购自当地	轻度影响	斑块扩散
	施工便道	通过运输机械（车辆）碾压，破坏地表植被和土壤物理结构，植被盖度和物种多样性下降。由于区域生态环境十分脆弱，一些地段植被一旦破坏，就难以恢复，因此施工便道在一定程度上加剧了水土流失及风沙活动	中度影响	线性切割
	桥涵工程	可改变河道地形地貌、水文过程和破坏地表植被，影响生态系统结构和功能。在一定程度上加剧水土流失	弱度影响	斑块扩散
	隧道工程	地表土壤结构和植被受破坏的程度较小，仅在隧道进、出口处土壤结构和植被受到破坏，在一定程度上加剧了水土流失及风沙活动	弱度影响	斑块扩散
	施工营地	由于场地占用、机械碾压及人员活动等，地表植被和土壤结构受到一定程度的破坏，工程活动结束后地表植被和物种多样性自然恢复过程较快。由于区域生态环境十分脆弱，一些地段植被一旦破坏，就难以恢复，在一定程度上加剧了水土流失及风沙活动	中度影响	斑块扩散
运营期	路基工程	由于线路路基的切割，影响沿线野生动物的迁移、求偶、觅食等，以及铁路运营产生的噪声对野生动物的惊扰	中度影响	线性阻隔

6.2 生态环境影响评价指标选择

6.2.1 道路工程的主要生态环境问题

东阿拉善自治区级自然保护区的动植物区系是经沧海桑田的演变而形成的，其成分中容纳了古地中海的成分。更有一些古区系中的残遗种、孑遗种和现代区系中的稀有种，如绵刺、沙冬青、裸果木、阿拉善沙拐枣、梭梭、蒙古扁桃、霸王、波斑鸨、小鸨、鹅喉羚、荒漠猫及猛禽类分布于此地区。保护区记录到的脊椎动物种数达 93 种，高等植物 171 种，其中包括 4 个植被类型，9 个群系，15 个群系组，可以认为保护区是—个丰富的基因库、资源库和动植物的避难所。

保护区以梭梭、绵刺、沙冬青、蒙古扁桃、霸王荒漠生态系统和沙生针茅生态系统为主体，形成了一个较一般荒漠生态系统生产力更高、能量流动与动物循环更活跃、时间关系更适应、结构与功能较协调的中心生态系统。这个生态系统在乌兰布和沙漠西缘和乌兰布和余脉亚玛雷克沙漠北缘顽强地抵御着沙漠的扩展，防风固沙、调节气候。

额济纳绿洲是全旗 1.6 万人的生态屏障，胡杨林是额济纳绿洲的主体，它的兴衰关系着绿洲的存亡。兴则绿洲得以保存，衰则绿洲不复存在，绿洲消失，不仅当地居民无法生存，国防建设也会受到影响。额济纳胡杨林国家级自然保护区地处荒漠戈壁之间，各物种与环境之间的依存关系十分紧密和敏感，一个物种的兴衰会显著影响到另一物种的存亡，而环境因子的变化会直接影响到物种的发展变化。由于极端的干旱和常年的多风多沙，一旦植被遭到破坏，土地将很快沙化，此外，胡杨林对水资源十分依赖，一旦水资源减少，胡杨将迅速退化，导致生态系统失去平衡，环境恶化。

胡杨林国家级自然保护区紧邻额济纳旗政府所在地达来库布镇，该镇和保护区所在地的 1.3 万人都生活在这片绿洲的生态屏障之下。保护区所在地区是我国北方沙尘暴的主要沙源地之一，保护区植被的保护、恢复和发展，可有效地保持水土，阻止沙漠的东扩和南扩，防止周边地区的荒漠化，使耕地、牧场得到保护。同时，保护区通过减少空气中的沙尘等，使区域生态环境得到保护，有利于农牧业的高产稳产。保护区的建立有如筑了一道绿色生态屏障，对保护我国河西走廊和宁夏银川、内蒙古河套平原乃至华北地区，以及改善整个北方地区的生态环境具有重大意义。

线路经过地段主要为荒漠植被，太阳庙至策克段线路两侧多为戈壁荒漠，受气候条件控制，地表植被稀疏、低矮，风沙活动剧烈，仅在额济纳胡杨林自然保护区地段及达来库布镇附近植被较为茂密，分布有少量的林地、农田，树种多为耐旱的胡杨、沙枣、红柳、梭梭等。临河至太阳庙段多为农田，农业生产较为发达，粮食作物主要有小麦、玉米、豆类等，经济作物主要有棉花和少量的药材植物，瓜果蔬菜有打瓜、西瓜、甜瓜等。土壤风蚀和沙漠化是沿线最主要的生态问题。

6.2.2　道路工程生态环境影响评价指标的筛选

根据线路穿越区自然生态环境特点及工程建设可能对其产生的影响，生态环境影响评价将生态完整性影响、沙漠化影响和对自然保护区的影响作为评价重点。同时，根据新建铁路临河至策克线可行性研究，线路穿行情况有多个比选方案。因此，将线路方案的生态影响比选也作为重要评价内容。

生态完整性影响评价从工程建设对沿线植被的影响和对沿线土地资源的影响，以及工程建设可能导致的生物量损失预测等方面进行重点评价。

沙漠化影响评价重点对铁路沿线沙漠化现状、沙漠化敏感性和工程建设可能导致的土壤侵蚀进行预测与评价。

保护区影响评价重点对线路穿越或经过的内蒙古东阿拉善自治区级自然保护区和内蒙古额济纳胡杨林国家级自然保护区的影响进行评价。

线路方案生态影响比选主要对保护区地段线路方案生态影响分析比较。保护区地段线路生态影响比选要考虑线路穿越保护区总长度，穿越保护区核心区、缓冲区和实验区长度，工程建设可能导致的保护区植被破坏面积，以及植被地上部分生物量的损失、线路穿越地段沙漠化敏感性、工程建设对国家重点保护动植物的影响及对保护区结构和功能的影响等方面进行比选。

由于沿线野生动物主要集中于自然保护区地段，其余地段分布极少，且在工程建设对自然保护区的影响分析中已包含对珍稀野生动物影响分析，对野生动物不再单独进行评价（表 6-10）。

表 6-10 评价指标体系

评价方面	评价指标	单位	说明
沿线植物植被	植被类型	—	解译沿线植被类型
	植被面积	hm^2	植被原始面积
	受损面积	hm^2	因道路修建损失的面积
	损失生物量	t	因道路修建损失的生物量
沙漠敏感性	路段长度	km	通过不同沙漠敏感性等级的路段长度
	占比	%	相应路段长度占比
自然保护区安全性	各功能区内植被面积	hm^2	保护区内植被原始面积
	穿越保护区路段长度	km	道路穿越保护区的总长度
	穿越核心区路段长度	km	道路穿越保护区核心区的长度
	穿越缓冲区路段长度	km	道路穿越保护区缓冲区的长度
	穿越实验区路段长度	km	道路穿越保护区实验区的长度
	保护区内植被受损面积	hm^2	保护区内因道路修建损失的植被面积
	保护区内损失生物量	t	保护区内因道路修建损失的植被生物量
	对重点保护物种的影响	个数	保护区内受影响的重点保护物种数量
	结构和功能的影响	绕离/邻接/贯穿等	阐明路段同保护区的空间位置关系和影响程度

6.3 生态环境影响定量评价

6.3.1 道路工程生态环境影响的评价范围

新建铁路临河至策克线穿越我国西部干旱荒漠区，线路全长 750 多公里。线路穿越地区不仅是我国北方沙漠化强烈发展地区，而且线路穿越或经过内蒙古东阿拉善自治区级自然保护区和内蒙古额济纳胡杨林国家级自然保护区等生态环境敏感区。考虑到线路穿越或经过地区生态环境极为脆弱和敏感，根据中华人民共和国环境保护行业标准《环境影响评价技术导则 生态影响》（HJ/T 19—2011）中的评价工作等级原则，结合本工程特点，线路敏感区生态环境影响评价按一级评价开展，其他区域按二级和三级评价开展。

生态环境影响评价范围确定为线路两侧10km 以内的区域，重点评价工程建设对线路两侧200m 以内区域的生态影响。

6.3.2 道路工程生态环境影响的定量评价方法

6.3.2.1 土地资源现状及影响评价

采用遥感影像资料，经过几何纠正与投影转换，并参考铁路所经地区地形图、土地利用图及其他相关资料与图件，采用人机交互判读分析的方法，综合分析得出铁路沿线 10km 范围内土地利用类型图，作业比例尺为 1∶10 万。根据所编制的土地类型图，利用地理信息系统的分析工具，得出铁路沿线土地类型分布情况。将铁路工程和铁路沿线的土地利用现状图相叠加，可以得出铁路方案工程建设占用的土地资源类型和面积。

6.3.2.2 植被资源现状及影响评价

根据遥感影像数据，运用遥感图像处理软件 ERDAS，并参考土地利用图（1∶10 万）、中国植被图集（1∶100 万）、内蒙古东阿拉善自治区级自然保护区和额济纳胡杨林国家级自然保护区植被分布图，对所有斑块逐个勾绘，分别对每个斑块赋予属性，并对整个图层进行编辑，最后生成铁路沿线 10km 范围内的植被类型图。根据所编制的植被类型图，利用地理信息系统的分析工具，得出铁路沿线植被类型分布情况，根据《中国植被》中的每一种植被类型单位面积的生物量，取中值作为该植被的生物量，得出铁路沿线生物量分布情况。将铁路工程和铁路沿线的植被类型图相叠加，可以计算铁路工程建设破坏的植被类型、面积及所造成的生物量损失。

6.3.2.3 沙漠化土地现状与敏感性评价

根据遥感影像数据，运用遥感图像处理软件 ERDAS，采用人机交互判读分析的方法，即在微机屏幕上进行勾绘、制图。按照沙化土地类型解译标志，并参考内蒙古自治区地形图、土地利用图及植被类型图等资料与图件，综合分析判定铁路沿线 10km 范围内的沙漠化土地类型与方式，对所有斑块逐个勾绘，并分别对每个斑块赋予属性，对整个图层进行编辑，最后生成铁路沿线 10km 范围内的沙漠化现状图。根据所编制的沙漠化类型图，可以得出铁路沿线沙漠化类型分布情况。

沙漠化敏感性评价是为了识别容易形成沙漠的区域，评价沙漠化对人类活动的敏感程度。影响沙漠化侵蚀敏感性的因子较多，一般来说，沙漠化取决于下垫面因素和降雨、风力的侵蚀力。影响侵蚀发生的下垫面因素主要是土壤的抗蚀性、地貌形态、植被覆盖等。工程所在地区为干旱荒漠区，以风力侵蚀为主，因此，沙漠化敏感性评价指标主要考虑地貌形态、土壤的抗蚀性和植被覆盖，但它们对沙漠化的敏感性强弱有所差别，所以由要素组成的图层数据之间存在着权重关系，需要进行权重赋值，按照专家经验对这 3 个指标进行权重赋值。

每一图层数据中还存在若干分类级别：土壤、植被有多个类型，不同的地貌形态沙漠化敏感性也不同，所以每一要素的各分类级别对沙漠化敏感性也有各自不同的贡献率，评价中将最敏感的因素权重定为 10，最不敏感的因素权重定为 0，其他因素权重按敏感性程度赋予 0～10 的数值，需要对其进行专家打分。因此评价采用图层权重–级别打分叠加模型。

$$\overline{s}=\frac{\sum_i^n S_{ij}W_i}{\sum_i^n W_i} \tag{6-1}$$

式中，$\overline{s}$ 为区域内某一生态类型的计入权重影响因子的分数，即权重分数；W_i 是第 i 层输入数据层的权重值；S_{ij} 则是第 i 层数据层第 j 类级别数据的打分值。

可根据打分结果将沙漠化敏感性分为 5 个级别：不敏感、轻度敏感、中度敏感、高度敏感、极度敏感（表 6-11）。

表 6-11　沙漠化敏感性等级分类

敏感性等级	不敏感	轻度敏感	中度敏感	高度敏感	极度敏感
分级赋值	1	3	5	7	9
分级标准	<2.0	2.1～4.0	4.1～6.0	6.1～8.0	8.1～10.0

5 个等级定义为：不敏感，几乎不会发生沙漠化侵蚀，抗干扰能力很强；轻度敏感，现阶段沙漠化状况不明显，但在施工干扰下容易发生沙漠化现象；中度敏感，现在已经发生不同程度的沙漠化，并且存在进一步恶化的危险；高度敏感，沙漠化现象已经恶化，如不采取防治措施，后果严重；极度敏感，沙漠化极强甚至剧烈，扰动下极易加重水土流失，必须采取措施加以控制。

将铁路沿线地貌图、铁路沿线土壤图和铁路沿线植被类型图相叠加，最后生成铁路沿线 10km 范围内的沙漠化敏感性图。

6.3.3　道路工程生态环境影响的阈值判定

6.3.3.1　道路工程对内蒙古东阿拉善自治区级自然保护区生态环境影响阈值

1）工程沿线植被破坏面积和生物量损失

均衡坡方案和 CIK 方案铁路沿线主要植被类型都为红砂荒漠群落和西伯利亚白刺荒漠群落，其次为柠条、蒙古沙拐枣、霸王、矮禾草荒漠群落、合头草荒漠群落、沙蒿、禾草草原群落等（表 6-12～表 6-14）。

从铁路工程建设可能导致的植被破坏面积来看，均衡坡方案为 1176.9hm^2；双机坡方案为 1123.9hm^2，较均衡坡方案少 53.0hm^2。

表 6-12　均衡坡方案（CK）铁路沿线主要植被类型及面积

植被类型	铁路两侧植被面积/hm^2			
	0～30m	30～100m	100～200m	200～1000m
多枝柽柳灌丛	14.2	30.8	36.9	241.3
西伯利亚白刺荒漠	345.8	809.6	1 157.2	9 048.8
绵刺、矮禾草荒漠	12.3	28.8	41.1	328.6
红砂荒漠	490.4	1 145.7	1 640.1	13 055.5
松叶猪毛菜荒漠	292.1	685	980.6	8 157.9
珍珠猪毛菜荒漠	27.3	63.7	91.2	697
合头草荒漠	263.9	618.6	884.1	6 644.5
无叶假木贼荒漠	30.0	71.4	104.1	951.1
盐爪爪荒漠	5.2	12.2	16.5	93.5
沙蒿、禾草草原群落	93.7	218.3	309.0	3 009.6

表 6-13　双机坡方案（CIK）铁路沿线主要植被类型及面积

植被类型	铁路两侧植被面积/hm²			
	0～30m	30～100m	100～200m	200～1000m
多枝柽柳灌丛	14.2	30.8	36.9	271.1
西伯利亚白刺荒漠	328.7	770.1	1 102.3	8 610.0
绵刺、矮禾草荒漠	9.3	21.6	30.9	247.4
红砂荒漠	530.2	1 237.8	1 764.3	13 863.5
松叶猪毛菜荒漠	329.6	772.7	1 105.3	9 002.6
珍珠猪毛菜荒漠	65.6	153.9	222.4	1 853.8
合头草荒漠	8.9	21.1	30.9	524.0
无叶假木贼荒漠	9.6	23.6	39.1	631.8
盐爪爪荒漠	13.6	31.8	43.8	270.5
沙蒿、禾草草原群落	189.4	443.1	633.4	4 866.3
戈壁针茅草原	25.7	62.0	91.1	835.5
耕作植被	6.3	14.7	20.2	161.2
合计	1 531.1	3 583.2	5 120.6	41 137.7

表 6-14　铁路工程建设可能导致的植被破坏情况

植被类型	均衡坡方案		双机坡方案	
	植被破坏面积/hm²	生物量损失/t	植被破坏面积/hm²	生物量损失/t
多枝柽柳灌丛	10.2	35.7	10.2	35.7
西伯利亚白刺荒漠	253.9	190.4	241.4	181.0
绵刺、矮禾草荒漠	9.0	6.3	6.8	4.8
红砂荒漠	359.8	359.8	388.9	388.9
松叶猪毛菜荒漠	214.6	0.0	242.0	21.4
珍珠猪毛菜荒漠	20.0	7.0	48.2	16.9
合头草荒漠	193.8	38.8	6.5	1.3
无叶假木贼荒漠	22.1	4.4	7.2	1.4
盐爪爪荒漠	3.8	2.3	10.0	6.0
沙蒿、禾草草原群落	68.7	113.3	139	229.4
戈壁针茅草原	19.1	24.8	19.1	24.8
耕作植被	1.9	18.5	4.6	46.3
合计	1176.9	801.3	1123.9	957.9
线路长度/km		265.5		250.5
每公里生物量损失		3.0		3.8

从铁路工程建设可能导致植被地上部分生物量损失来看，均衡坡方案为 801.3t，双机坡方案为 957.9t，较均衡坡方案生物量损失总量多 156.6t。

从铁路工程建设每公里生物量损失量来看，均衡坡方案为 3.0t；双机坡方案为 3.8t，较均衡坡方案每公里生物量损失多 0.8t。

从铁路工程建设对植被破坏来看，均衡坡方案对植被的影响小于双机坡方案。

2）沙漠化和沙漠化敏感性地段评价

从通过沙漠化敏感性地段来看（表6-15），均衡坡方案通过极度敏感区的长度为

16.1km，双机坡方案为 11.5km，均衡坡方案较双机坡方案长 4.6km；均衡坡方案通过高度敏感区的长度为 177.5km，双机坡方案为 191.3km，均衡坡方案较双机坡方案短 13.8km；均衡坡方案通过极度、高度敏感区的长度为 193.6km，双机坡方案为 202.8km，均衡坡方案较双机坡方案短 9.2km。

表 6-15 铁路通过的沙漠化敏感性地段情况

敏感等级	均衡坡方案		双机坡方案	
	长度/km	占比/%	长度/km	占比/%
轻度敏感	0.0	0.0	1.0	0.4
中度敏感	71.9	27.1	46.7	18.7
高度敏感	177.5	66.9	191.3	76.4
极度敏感	16.1	6.1	11.5	4.6
合计	265.5	100.0	250.5	100.0

从通过高度和极度沙漠化敏感区的长度来看，两方案相差不大。

3）保护区植被破坏面积及生物量损失

根据保护区功能分区图和植被类型图叠加分析，两种方案穿越东阿拉善自治区级自然保护区植被类型比较相似，以绵刺、矮禾草荒漠、西伯利亚白刺荒漠、柠条、蒙古沙拐枣、霸王、矮禾草荒漠、红砂荒漠为主。另外，两种方案均穿越保护区国家重点保护植物绵刺群落，其中均衡坡方案穿越绵刺荒漠 11.4km，双机坡方案穿越绵刺荒漠 15.9km（图 6-3，图 6-4）。

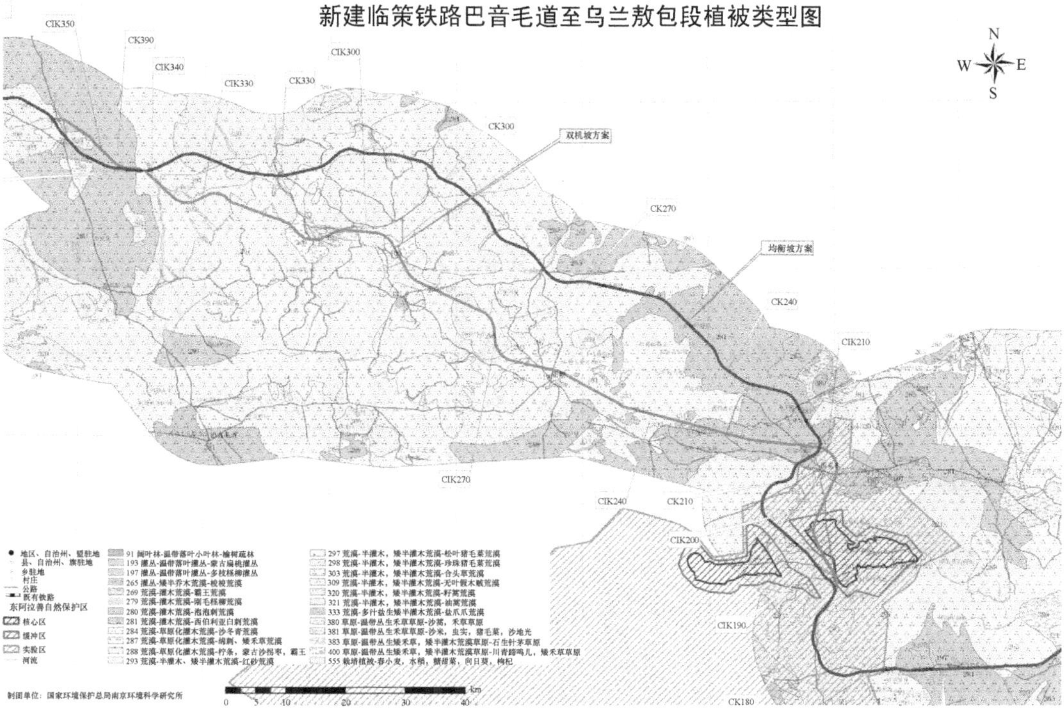

图 6-3 沿线植被类型图（另见图版彩图）

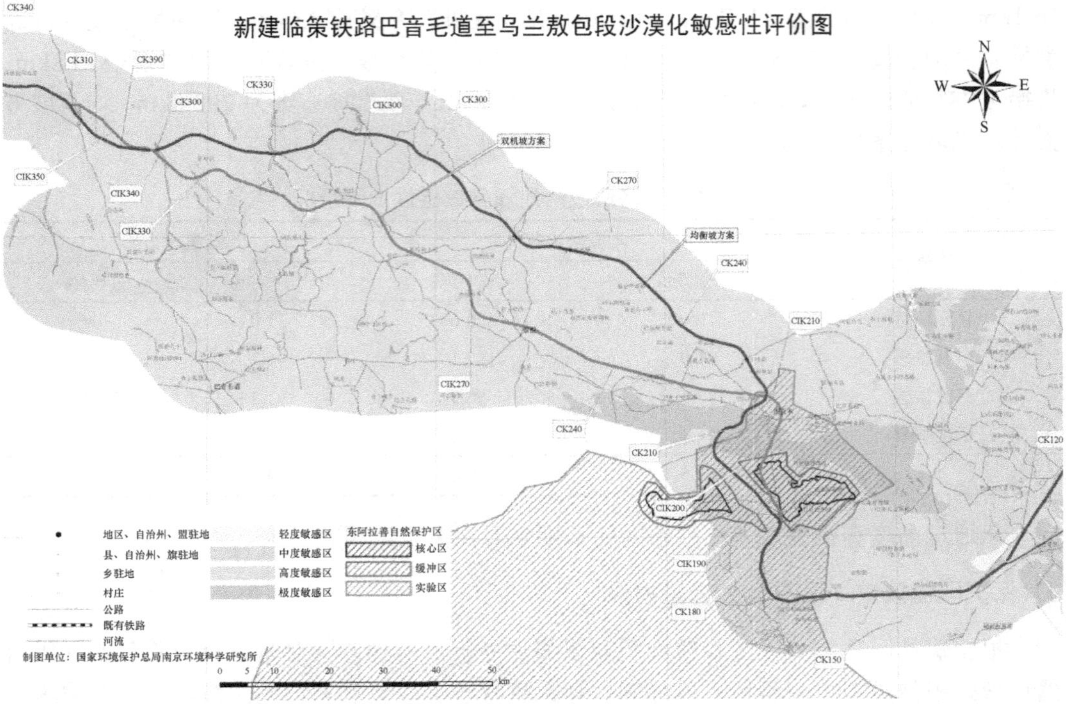

图 6-4　沿线沙漠化敏感性评价（另见图版彩图）

从铁路工程建设可能导致的保护区植被破坏面积来看，均衡坡方案可能导致的保护区植被破坏总面积为216.7hm^2，双机坡方案为237.9hm^2，均衡坡方案较双机坡方案少21.2hm^2。从铁路工程建设可能导致的保护区植被地上部分生物量损失来看，均衡坡方案可能导致的保护区植被地上部分生物量损失总量为288.1t，双机坡方案为330t，均衡坡方案较双机坡方案少41.9t（表6-16～表6-18）。

4）保护区重点保护野生动植物的影响

保护区共有国家重点保护动物 15 种，其中兽类 4 种：鹅喉羚、盘羊、荒漠猫、草原斑猫。均衡坡方案和双机坡方案距离较近，地貌、植被、土壤相似，因此两方案对野生动物的影响也是相似的。由于工程沿线分布的保护动物种群数量小，活动范围广，无迁徙特性，无固定的栖息及觅食场地，攀缘及奔跑能力强，且本段线路主要以低路堤缓边

表 6-16　均衡坡方案穿越东阿拉善保护区地段植被分布情况

植被类型	铁路两侧植被面积/hm^2				植被破坏面积/hm^2	地上部分生物量损失/t
	0～30m 实验区	30～100m 实验区	100～200m 实验区	200～1000m 实验区		
西伯利亚白刺荒漠	35.4	83.5	104.9	865.9	26.1	19.5
松叶猪毛菜荒漠	163.9	400.1	549.7	4552.1	122.0	61.0
红砂荒漠	31.6	75.5	98.5	747.3	23.4	23.4
绵刺、矮禾草荒漠	61.7	144.5	206.7	1715.9	45.3	31.7
合计	299.7	703.5	967.9	7881	216.7	135.6

表 6-17 双机坡方案穿越东阿拉善保护区地段植被分布情况

植被类型	铁路两侧植被面积/hm^2											
	0～30m			30～100m			100～200m			200～1000m		
	核心区	缓冲区	实验区	核心区	缓冲区	实验区	核心区	缓冲区	实验区	核心区	缓冲区	实验区
西伯利亚白刺荒漠	10.1	0.0	26.3	23.6	0.0	62.5	33.8	0.0	76.4	273.7	0.0	612.3
松叶猪毛菜荒漠	13.7	6.7	184.3	32.8	15.2	430.3	45.7	4.4	598.4	383.7	275.4	4863.2
红砂荒漠	0.0	0.0	19.3	0.0	0.0	47.0	0.0	0.0	0.0	0.0	0.0	489.5
绵刺、矮禾草荒漠	51.9	5.8	5.8	120.8	14.0	13.6	165.0	20.3	19.9	1256.6	224.0	151.6
合计	75.7	12.5	235.7	177.2	29.2	553.4	244.5	24.7	694.7	1914	499.4	6116.6

表 6-18 工程建设可能导致的保护区植被破坏面积及生物量损失

植被破坏情况	植被破坏面积/hm^2		地上部分生物量损失/t	
	均衡坡方案	双机坡方案	均衡坡方案	双机坡方案
核心区	0.0	55.6	0.0	49.9
缓冲区	0.0	6.4	0.0	8.9
实验区	216.7	176.1	288.0	271.2
合计	216.7	238.1	288.0	330.0

坡通过，边坡坡度 1∶（1.75～2），并逢沟设桥（涵），列车运营对数少，结合青藏铁路的实践，工程建设对沿线野生动物的活动、觅食及种群交流影响较小。

从工程建设对国家保护植物的影响来看，两方案铁路沿线分布有国家Ⅱ级重点保护植物绵刺，其中均衡坡方案穿越绵刺荒漠 11.42km，双机坡方案穿越绵刺荒漠 15.94km，都对该重点保护植物有一定的影响，但均衡坡方案对绵刺群系的影响小于双机坡方案（表 6-19）。

表 6-19 两种线路方案对自然保护区生态影响的比较

比较项目	均衡坡方案	双机坡方案
穿越保护区总长度/km	50.25	53.60
铁路工程可能导致的保护区植被破坏面积/hm^2	216.7	238.0
铁路工程可能导致的保护区植被地上部分生物量损失/t	288.0	329.9
线路穿越保护区地段沙漠化敏感性	穿越极度敏感区的长度为 1.25km	穿越极度敏感区的长度为 5.23km
铁路工程对国家重点保护动植物的影响	穿越绵刺荒漠 11.42km，对重点保护植物有一定的影响；工程建设对沿线野生动物的活动、觅食及种群交流影响较小	穿越绵刺荒漠 15.94km，对重点保护植物有一定的影响；工程建设对沿线野生动物的活动、觅食及种群交流影响较小
铁路工程对保护区结构和功能的影响	穿越保护区长度较大，为 50.25km，全部为实验区，对保护区核心区和缓冲区没有影响。工程通过逢沟逢河修建涵洞或桥梁，铁路建设工程对地表径流影响不大	穿越保护区长度为 53.60km，穿越保护区核心区和缓冲区，对保护区核心区和缓冲区产生线性切割。工程通过逢沟逢河修建涵洞或桥梁，铁路建设工程对地表径流影响不大

5）保护区结构和功能的影响

均衡坡方案穿越东阿拉善自然保护区的总长度为 50.25km，穿越的全部为保护区实验区，对保护区核心区和缓冲区没有影响；双机坡方案穿越东阿拉善自然保护区的总长度为 53.60km，穿越保护区核心区和缓冲区，对保护区核心区和缓冲区产生线性切割。

由于工程沿线没有常年性河流，仅有几条季节性溪流，流量不大，降雨时才有地表水流出到下游变成潜流。线路逢沟设桥（涵），对保护区地表径流影响不大。

总体来看，均衡坡方案对保护区的结构和功能影响较小。

6.3.3.2 道路工程对内蒙古额济纳胡杨林国家级自然保护区生态环境影响阈值

1）工程沿线植被破坏面积和生物量损失

贯通方案、巴彦桃来方案和吉日格朗图方案沿线植被类型相似，主要为胡杨疏林，其次为无叶假木贼荒漠和红砂荒漠，另外还有部分多枝柽柳荒漠、西伯利亚白刺荒漠、泡泡刺荒漠、多花柽柳灌丛和耕种植被（表 6-20～表 6-22）。绕避胡杨林保护区方案铁路沿线主要植被类型为红砂荒漠，其次分别为胡杨疏林、西伯利亚白刺荒漠、无叶假木贼荒漠、多枝柽柳灌丛和泡泡刺荒漠（表 6-23）。

表 6-20 贯通方案铁路沿线的主要植被类型及分布面积

植被类型	铁路两侧植被面积/hm^2			
	0～30m	30～100m	100～200m	200～1000m
多花柽柳荒漠	3.2	7.5	10.7	236.6
多枝柽柳灌丛	18.2	44.1	63.5	491.5
红砂荒漠	82.9	194.7	280.9	2364.9
胡杨疏林	105.3	240.9	340.8	2597.1
泡泡刺荒漠	4.4	9.7	11.8	227.4
无叶假木贼荒漠	99.2	233.2	335.6	2805.2
西伯利亚白刺荒漠	18.1	44.4	65.6	366.7
耕种植被	16.1	38.4	56.7	426.9
总计	353.7	827.8	1187.9	9724.4

表 6-21 吉日格朗图方案铁路沿线的主要植被类型及分布面积

植被类型	铁路两侧植被面积/hm^2			
	0～30m	30～100m	100～200m	200～1000m
多花柽柳荒漠	3.2	7.5	10.7	236.6
多枝柽柳灌丛	26.3	63.4	98.6	967.8
红砂荒漠	68.2	261.4	318.4	2 648.6
胡杨疏林	108.2	251.2	358.8	2 663.9
泡泡刺荒漠	4.4	9.7	11.8	227.4
无叶假木贼荒漠	99.2	233.2	335.6	2 805.2
西伯利亚白刺荒漠	18.9	46.5	66.4	366.6
耕种植被	10.3	23.5	14.5	177.1
总计	338.7	896.2	1 198.8	10 142.5

表 6-22　巴彦桃来方案铁路沿线的主要植被类型及分布面积

植被类型	铁路两侧植被面积/hm^2			
	0～30m	30～100m	100～200m	200～1000m
多花柽柳荒漠	3.2	7.5	10.7	236.6
多枝柽柳灌丛	19.2	45.0	63.4	266.8
红砂荒漠	83.0	195.0	280.6	2364.8
胡杨疏林	118.4	279.5	399.3	3169.0
泡泡刺荒漠	0.0	0.0	4.5	128.0
无叶假木贼荒漠	99.2	233.2	335.6	2805.2
西伯利亚白刺荒漠	0.0	0.0	0.0	139.2
耕种植被	15.4	35.8	49.7	246.4
总计	346.8	814.9	1167.6	9561.9

表 6-23　绕避胡杨林保护区方案铁路沿线的主要植被类型及分布面积

植被类型	铁路两侧植被面积/hm^2			
	0～30m	30～100m	100～200m	200～1000m
多枝柽柳灌丛	44.7	104.9	150.6	918.0
红砂荒漠	98.2	230.2	336.4	2 841.9
胡杨疏林	73.5	168.6	233.0	1 601.6
泡泡刺荒漠	30.1	70.2	100.3	684.1
无叶假木贼荒漠	59.1	132.5	186.3	1 681.8
西伯利亚白刺荒漠	86.8	210.4	311.3	3 027.7
总计	392.4	916.8	1 317.8	10 755.1

从铁路工程建设可能导致的保护区植被破坏面积来看（表6-24，图6-5），绕避胡杨林保护区方案破坏面积最大，为287.9hm^2；贯通方案、吉日格朗图方案、巴彦桃来方案导致的保护区植被破坏面积相差不大，破坏总面积为250～260hm^2。从铁路工程建设可能导致的保护区植被地上部分生物量损失来看，吉日格朗图方案可能导致的保护区植被地上部分生物量损失总量最大，为445.5t；绕避胡杨林保护区方案可能导致的保护区植被地

表 6-24　铁路工程建设可能导致的植被破坏情况

植被类型	贯通方案		吉日格朗图方案		巴彦桃来方案		绕避保护区方案	
	破坏面积/hm^2	生物量损失/t	破坏面积/hm^2	生物量损失/t	破坏面积/hm^2	生物量损失/t	破坏面积/hm^2	生物量损失/t
多花柽柳荒漠	2.3	8.2	2.3	8.2	2.3	8.2		
多枝柽柳灌丛	13.5	47.4	19.5	68.3	14.1	49.3	32.8	114.9
红砂荒漠	60.9	60.9	60.3	60.3	61.0	61.0	72.1	72.1
胡杨疏林	76.7	575.4	79.2	594.0	87.1	653.6	53.6	402.0
泡泡刺荒漠	3.2	2.4	3.2	2.4	0.0	0.0	22.1	16.6
无叶假木贼荒漠	72.9	14.6	72.9	14.6	72.9	14.6	42.8	8.6
西伯利亚白刺荒漠	13.5	10.1	14.1	10.6	0.0	0.0	64.4	48.3
耕种植被	11.9	119.1	7.5	75.2	11.3	112.7		
总计	259.6	838.0	259.0	833.4	254.9	899.2	287.9	662.4

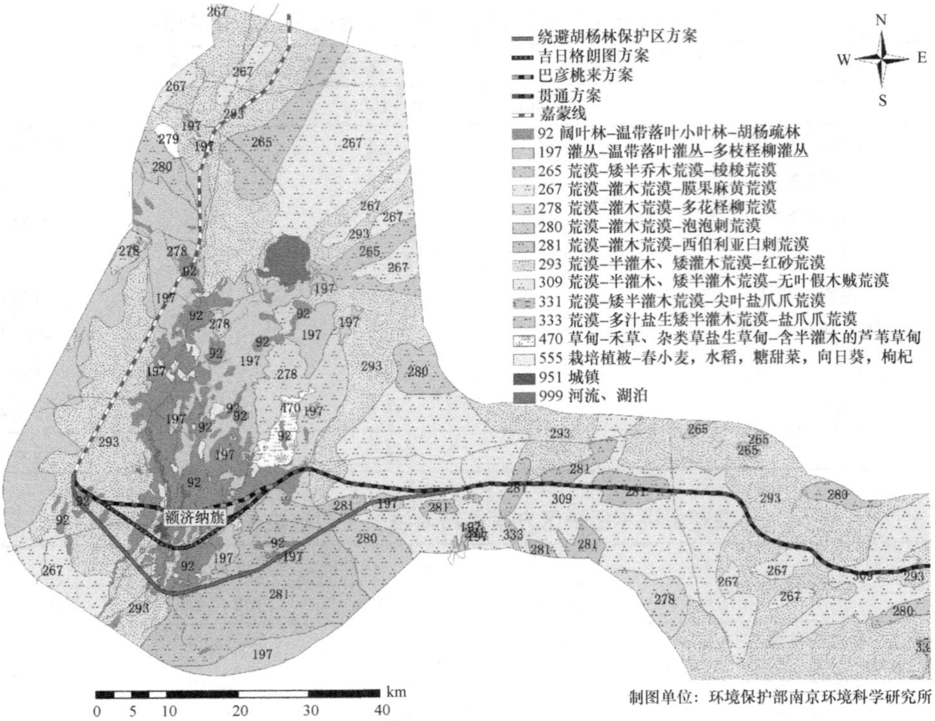

图 6-5　沿线植被类型图（另见图版彩图）

上部分生物量损失总量最小，为662.4t；贯通方案、吉日格朗图方案、巴彦桃来方案可能导致的保护区植被地上部分生物量损失相差不大，为830～900t。因此，绕避胡杨林保护区方案对植被破坏最小。

2）沙漠化和沙漠化敏感性地段评价

从线路通过地段沙漠化敏感性结果来看（表 6-25，图 6-6），绕避保护区方案通过极度敏感区的长度最长，为 14.2km，占该方案的 21.3%，通过高度敏感区的长度为 22.5km，占该方案长度的 33.8%，通过极度、高度的长度为 36.7km，占该方案长度的 55.1%。

其他方案通过极度敏感区的长度都在 2km 以下，占这些方案长度不足 3%。通过高度敏感区的长度最多且相差不大，为 26～29km，一般占这些方案长度的 44%左右。从通过沙漠化敏感性地段来看，绕避保护区方案穿越的极度和高度沙漠敏感区的线路最长，其他几个方案差别不大。

表 6-25　线路方案铁路通过的沙漠化敏感性地段情况

敏感性等级	贯通方案		巴彦桃来方案		吉日格朗图方案		绕避保护区方案	
	通过长度/km	占比/%	通过长度/km	占比/%	通过长度/km	占比/%	通过长度/km	占比/%
不敏感	0.9	1.5	0.0	0.0	0.0	0.0	0.0	0.0
轻度敏感	1.8	2.9	1.6	2.6	1.0	1.5	0.0	0.0
中度敏感	30.4	49.7	30.8	51.1	32.5	51.3	29.9	44.9
高度敏感	26.4	43.1	26.4	43.9	28.2	44.5	22.5	33.8
极度敏感	1.7	2.8	1.4	2.4	1.7	2.6	14.2	21.3
合计	61.2	100.0	60.2	100.0	63.4	100.0	66.6	100.0

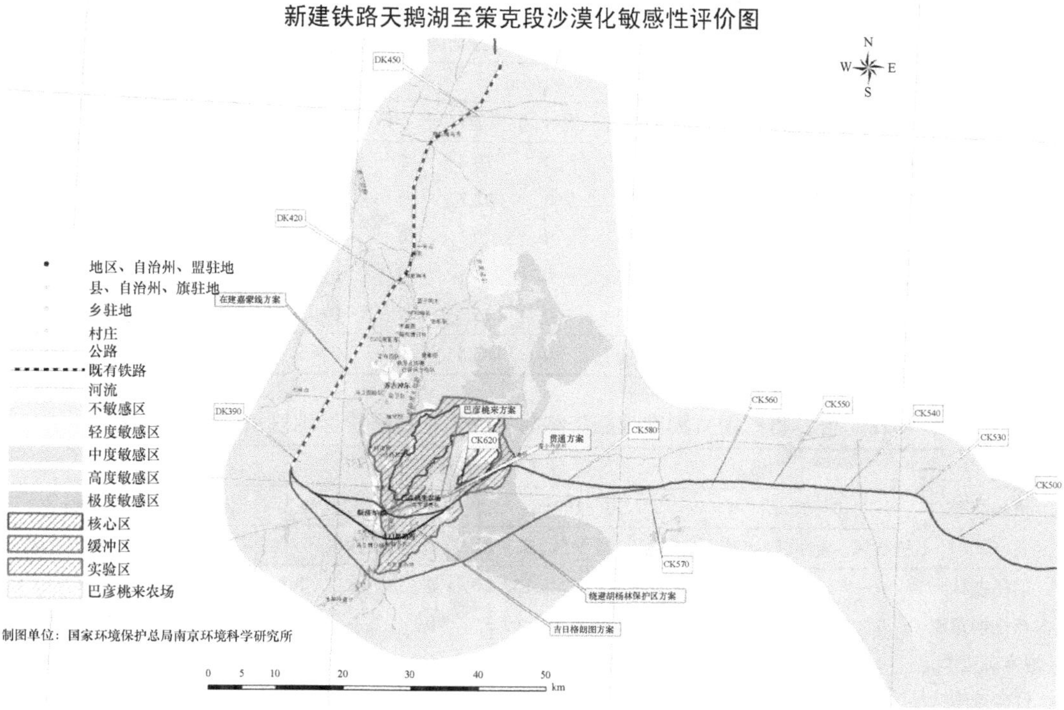

图 6-6　沿线沙漠化敏感性评价（另见图版彩图）

3）保护区植被破坏面积及生物量损失

根据保护区功能分区图和植被类型图叠加分析，4种方案穿越额济纳胡杨林国家级自然保护区植被情况如下：贯通方案穿越保护区植被类型以胡杨疏林为主，其中穿越保护区实验区胡杨疏林面积为36.92hm^2，其次为多花柽柳荒漠、泡泡刺荒漠和红砂荒漠（表6-26）。巴彦桃来方案铁路两侧穿越保护区植被类型主要为胡杨疏林，其次为多花柽柳荒漠、红砂荒漠和含灌木的芦苇草甸，其中铁路穿越保护区实验区胡杨疏林面积为22.29hm^2（表6-27）。吉日格朗图方案穿越保护区植被类型以胡杨疏林为主，其次为多花柽柳荒漠、泡泡刺荒漠和红砂荒漠，其中铁路穿越保护区实验区胡杨疏林面积为48.91hm^2（表6-28）。绕避胡杨林保护区方案不穿越保护区，对保护的植被没有影响。

表 6-26　贯通方案穿越额济纳胡杨林国家级保护区地段植被分布情况

植被类型	铁路两侧植被面积/hm^2											
	0～30m			30～100m			100～200m			200～1000m		
	核心区	缓冲区	实验区	核心区	缓冲区	实验区	核心区	缓冲区	实验区	核心区	缓冲区	实验区
胡杨疏林	0	0	50.7	0	0	115.7	0	7.9	156.7	3.97	44.9	1165.1
多花柽柳荒漠	0	0	24.8	0	0	61.7	0	2.5	97.4	180.5	66.0	483.1
泡泡刺荒漠	0	0	21.7	0	0	49.8	0	0	62.9	0	0	362.9
红砂荒漠	0	0	3.4	0	0	9.5	0	0	18.1	0	1.2	356.7
合计	0	0	100.6	0	0	236.7	0	10.4	335.1	184.47	112.1	2367.8

表 6-27 巴彦桃来方案穿越额济纳胡杨林国家级保护区地段植被分布情况

植被类型	铁路两侧植被面积/hm^2											
	0～30m			30～100m			100～200m			200～1000m		
	核心区	缓冲区	实验区	核心区	缓冲区	实验区	核心区	缓冲区	实验区	核心区	缓冲区	实验区
胡杨疏林	0	0	30.5	0	0	70.4	0	9.0	92.1	4.0	45.8	771.9
多花柽柳荒漠	0	0	38.4	0	0	92.3	0	1.9	134.9	246.4	117.3	488.8
泡泡刺荒漠	0	0	0	0	0	0	0	0	0	0	0	155.3
红砂荒漠	0	0	2.1	0	0	5.1	0	0	10.2	0	1.1	339.0
含灌木的芦苇草甸	0	0	6.6	0	0	15.7	0	0	25.0	0	24.7	74.3
合计	0	0	77.6	0	0	183.5	0	10.9	262.2	250.4	188.9	1829.3

表 6-28 吉日格朗图方案穿越额济纳胡杨林国家级保护区地段植被分布情况

植被类型	铁路两侧植被面积/hm^2											
	0～30m			30～100m			100～200m			200～1000m		
	核心区	缓冲区	实验区	核心区	缓冲区	实验区	核心区	缓冲区	实验区	核心区	缓冲区	实验区
胡杨疏林	0	0	67.4	0	0	152.1	0	0	202.9	4.0	4.7	1468.8
多花柽柳荒漠	0	0	25.0	0	0	62.3	0	0	96.0	170.6	67.7	476.9
泡泡刺荒漠	0	0	22.0	0	0	50.1	0	0	64.2	0	0	357.8
红砂荒漠	0	0	2.3	0	0	7.4	0	0	17.6	0	2.3	360.2
合计	0	0	116.7	0	0	271.9	0	0	380.7	174.6	74.7	2663.7

从铁路工程建设可能导致的保护区植被破坏面积来看（表 6-29），吉日格朗图方案导致的保护区植被破坏面积最大，破坏总面积为 85.5hm^2；其次为贯通方案和巴彦桃来方案，破坏总面积分别为 74.0hm^2 和 57.2hm^2；从铁路工程建设可能导致的保护区植被地上部分生物量损失来看，吉日格朗图方案可能导致的保护区植被地上部分生物量损失总量最大，为 445.5t；其次为贯通方案，可能的保护区植被地上部分生物量损失总量为 355.6t；巴彦桃来方案可能导致的保护区植被地上部分生物量损失总量为 278.0t。绕避胡杨林保护区方案未经过保护区，对保护区的植被没有影响。

表 6-29 铁路工程建设可能导致的保护区植被破坏面积及生物量损失

植被所处位置	植被破坏面积/hm^2				地上部分生物量损失/t			
	贯通方案	巴彦桃来方案	吉日格朗图方案	绕避胡杨林保护区方案	贯通方案	巴彦桃来方案	吉日格朗图方案	绕避胡杨林保护区方案
核心区	0	0	0	0	0	0	0	0
缓冲区	0	0	0	0	0	0	0	0
实验区	74.0	57.2	85.5	0.0	355.6	278.0	445.5	0.0
合计	74.0	57.2	85.5	0.0	355.6	278.0	445.5	0.0

4）保护区重点保护野生动植物的影响

从工程建设对保护区重点保护野生动植物影响来看，保护区的主要保护对象是以胡杨林为主的植物群落和野生动物栖息地，由于巴彦桃来方案距缓冲区和核心区较近，胡杨林分布较密，并且穿越胡杨疏林的长度和砍伐胡杨数最多，分别为 13.6km 和 887 棵，因此工程建设对保护区的重点保护的动植物影响也最大；贯通方案穿越胡杨疏林 11.2km，砍伐胡杨数 364 棵；吉日格朗图方案穿越胡杨疏林 12.8km，砍伐胡杨数 281 棵；因此工程建设对保护区的重点保护动植物影响也较大；绕避胡杨林保护区方案不穿越保护区，砍伐胡杨数最少，为 116 棵，因此工程建设对保护区的重点保护动植物影响也最小（表 6-30）。

表 6-30 4 种线路方案对额济纳胡杨林国家级自然保护区生态影响的比较

比较项目	贯通方案	巴彦桃来方案	吉日格朗图方案	绕避胡杨林保护区方案
穿越保护区总长度/km	17.95	14.25	18.80	0
穿越保护区核心区长度/km	0	0	0	0
穿越保护区缓冲区长度/km	0	0	0	0
穿越保护区实验区长度/km	17.95	14.25	18.80	0
铁路工程导致的保护区植被破坏面积/hm^2	73.96	57.20	85.54	0
铁路工程导致的保护区植被地上部分生物量损失/t	73.96	57.20	85.54	0
穿越保护区地段沙漠化敏感性程度	穿越地段以中度为主			
铁路工程对国家重点保护动植物的影响	穿越胡杨疏林 11.2km，砍伐胡杨 364 棵，对野生动物的活动及迁移影响较大	穿越胡杨疏林 13.6km，砍伐胡杨 887 棵，对野生动物的影响最大	穿越胡杨疏林 12.8km，砍伐胡杨 281 棵，对野生动物的活动及迁移影响较大	穿越胡杨疏林 0.8km，砍伐胡杨 116 棵，对野生动物的影响最小
铁路工程对保护区结构和功能的影响	对保护区景观线性切割长度较长，对保护区的结构和功能产生一定的影响			不穿越保护区，对保护区的结构和功能没有影响

5）保护区结构和功能的影响

从铁路工程对保护区结构和功能的影响来看，巴彦桃来方案、贯通方案和吉日格朗图方案分别穿越了保护区的实验区，对保护区景观线性切割长度较长，影响野生动物的活动及迁移。吉日格朗图方案、贯通方案和巴彦桃来方案导致的保护区植被破坏面积分别为 85.54hm^2、73.96hm^2 和 57.20hm^2，分别占保护区林地面积 4926hm^2 的 1.74%、1.50% 和 1.16%，对保护区的结构和功能产生一定影响。绕避胡杨林保护区方案不穿越保护区，对保护区的结构和功能没有影响（表 6-30）。

6.3.3.3 综合比选结论

（1）对东阿拉善自治区级保护区，从铁路工程建设对植被破坏来看，虽然均衡坡方案可能导致的植被破坏面积较双机坡方案多 53.0hm^2。但双机坡方案可能导致植被地上部分生物量损失总量和每公里生物量损失量分别较均衡坡方案多 156.6t 和 0.8t。因此均衡坡方案对植被的影响小于双机坡方案。对额济纳胡杨林国家级保护区，绕避胡杨林保护区方案破坏面积最大但生物量损失总量最小；其他 3 种方案植被破坏面积和生物量损失相差不大。总体来看，绕避胡杨林保护区方案对植被破坏最小。

（2）从通过沙漠化敏感性地段来看，东阿拉善自治区级保护区均衡坡方案通过极度敏感区的长度较双机坡方案长 4.6km；通过高度敏感区的长度较双机坡方案短 13.8km，两方案相差不大。额济纳胡杨林国家级保护区中绕避胡杨林保护区方案穿越的极度和高度沙漠化敏感区的线路最长，其他几个方案差别不大。

（3）从铁路工程建设可能导致的保护区植被破坏情况来看，经过东阿拉善自治区级保护区的均衡坡方案可能导致的保护区植被破坏总面积较双机坡方案少 $21.2hm^2$，可能导致的保护区植被地上部分生物量损失总量较双机坡方案少 41.9t，因此均衡坡方案对保护区植被的影响小于双机坡方案。对额济纳胡杨林国家级保护区而言，除绕避胡杨林保护区方案不通过保护区，对保护区的植被没有影响。其他 3 种方案均从保护区实验区通过，对保护区植被产生一定的影响。

（4）从工程建设对国家保护动植物影响来看，均衡坡和双机坡方案在东阿拉善自治区级保护区内均采用低路堤缓边坡通过，并逢沟设桥（涵），列车运营对数少，工程建设对线路两侧野生动物的通行阻隔较小，对沿线野生动物的活动、觅食及种群交流影响不大。两方案铁路沿线分布有国家Ⅱ级重点保护植物绵刺，其中均衡坡方案穿越绵刺荒漠 11.42km，双机坡方案穿越绵刺荒漠 15.94km，都对该重点保护植物有一定的影响，但均衡坡方案对绵刺群系的影响小于双机坡方案。绕避胡杨林保护区方案不穿越保护区，砍伐胡杨最少。其他方案砍伐胡杨较多，对保护区重点保护植物影响较大。绕避胡杨林保护区方案不穿越保护区，其对保护区内保护动物影响最小。

（5）从工程建设对保护区结构和功能的影响来看，均衡坡方案穿越东阿拉善自治区级自然保护区实验区；双机坡方案穿越保护区核心区和缓冲区，对保护区影响较大。总体来看，均衡坡方案对保护区的结构和功能影响较小。绕避胡杨林保护区方案不穿越保护区，对保护区的结构和功能没有影响。其他 3 种方案分别穿越保护区实验区，对保护区线性切割长度较长，对保护区结构和功能产生较大影响，也对保护区野生动物的活动及迁移产生一定的影响。

因此，**建议采用设计推荐的均衡坡方案和绕避胡杨林保护区方案**。

7 油气管道工程生态环境影响定量评价

油气管道输送方式与常规能源运输方式相比，有着成本低、损耗低、运输量大等诸多优点，已经成为了当前世界上石油和天然气中长距离运输的主要方式，全球100%的天然气、85%以上的原油运输是通过管道输送实现的。我国的管道输送工程起步较晚，但发展十分迅速。2011 年 6 月 30 日正式投入使用的西气东输Ⅱ线工程西起新疆霍尔果斯口岸，南至广州，主干线和 8 条支干线长度超过 9100km，设计输气量达 300 亿 m^3；而Ⅲ线工程部分地段也已经正式启动。油气管道运输一般需要开挖管沟，将管道埋入地下，再将土壤回填，并恢复地表地貌，必要时一侧或者两侧修建伴行公路。

然而人们在享受油气管道建设工程所带来的便利与快捷的同时，也逐渐认识到不合理的工程规划设计和建设对区域生态系统会造成一系列问题，而这些问题产生的后果将最终作用于人类社会，影响人类的生存与发展。而且作为一种典型的廊道式建设工程，油气管道跨越路线长，覆盖区域广，经过的生态系统类型复杂多样，对生态环境的影响既有普遍性也有其特殊性，因此正确识别不同廊道式建设工程的生态影响的类型和程度、进行科学合理的建设项目生态环境影响评价，已成为环境评价、保护和管理领域的研究重点之一。

生态环境影响评价是指根据生态系统的观点，运用生态学、环境科学的理论和方法，对拟建设项目、区域开发计划和国家政策实施后对生态环境产生的物理性、化学性或生物性的作用，以及其造成的生态环境变化和对人类健康及福利的可能影响，进行系统的识别、预测和评估，并提出减少这些影响的对策，从而达到人类行为与环境之间的协调发展。因此，油气管道建设工程的生态环境影响评价对于各种复杂生态系统的保护具有十分重要的作用，也是维持脆弱生态区域环境，实现人与自然和谐相处的有效保证，在管道工程项目及其他各类建设项目中占据着举足轻重的地位。基于油气管道建设工程及其生态环境影响评价的现状和重要性特点，有必要对它产生的各种生态影响、环境影响进行概括；并研究生态环境影响评价在管道建设工程项目中的具体应用和相关研究成果，探讨目前的研究所存在的问题，以期为管道建设工程生态环境影响评价工作和研究的进一步完善和发展提供借鉴和依据。

7.1 工 程 概 况

西气东输工程和西部原油管道是我国西部主要的长输油气管道工程。其中西气东输Ⅰ线是我国第一条长输天然气管道，始建于 2002 年，并于 2004 年全线贯通。西气东输Ⅰ线主干线总长 4200km，西起新疆塔里木盆地，东至上海，其主要任务是将新疆塔里木盆地的天然气送往豫皖江浙沪地区，沿线经过新疆、甘肃、宁夏、陕西、山西、河南、安徽、江苏、上海、浙江 10 个省（区、市）。另外一条长输天然气管道——西气东输Ⅱ线始建于 2008 年，建成于 2010 年。西气东输Ⅱ线工程主气源为中亚进口天然气，是我国第一条引进境外天然气的大型管道工程，该工程西起新疆霍尔果斯口岸，东至、南至广州，途经新疆、甘肃、宁夏、陕西、河南、湖北、江西、湖南、广东、广西等 14 个省（区、市），干线全长 4895km。西部原油管道在新疆和甘肃大部分境内与西气东输Ⅰ线和西气东输Ⅱ线并行穿越。西部原油管道西起新疆鄯善，东至甘肃兰州，全线长约 1500km。西部原油管道输送塔里木、吐哈和北疆三大油田的混合原油，设计输油能力 2000 万 t。另外，我国还有涩宁兰输气管道工程、陕京输气管道、冀宁输气管道等多条长距离的油气输送管道。

7.1.1 油气管道工程特点

长输油气输送管道是由单根钢管逐根组装电焊连接而成，管道横断面结构复杂：内涂层—钢管—外绝缘层—保温层。管道钢管是经过深加工而形成的特殊冶金产品，管道钢的品质随着工艺技术的不断发展而逐渐改善。例如，西气东输Ⅰ线采用 X70 级管道钢，管道直径 1016mm，输气压力 10MPa。西气东输Ⅱ线主干线全线采用 1219mm 直径的 X80 钢级管道钢，输气压力提高到了 12MPa。

管道施工带分为管沟区、堆土区和作业区，其中管沟区宽2m，深2m；堆土区位于管沟一侧，用于堆放施工带清理的表土和管沟中挖出的土壤，宽12m左右；作业区位于管沟的另一侧，用于开展机械施工、车辆通行等工程建设，宽15m左右（图7-1）。油气输送管道施工一般由管道建设和场站阀室施工组成，施工过程主要分为：管道线路勘定，施工作业带清理，修筑施工便道，管沟开挖和穿越河流，组装焊接，管道下沟，试压、覆土回填，清理现场，施工完毕后进行竣工验收和正常运营（图7-2）。

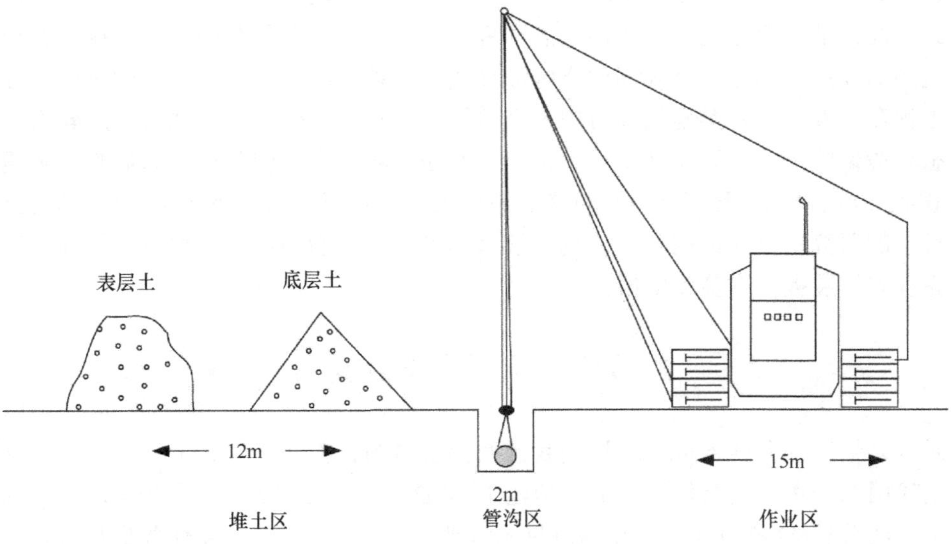

图 7-1 油气管道施工带

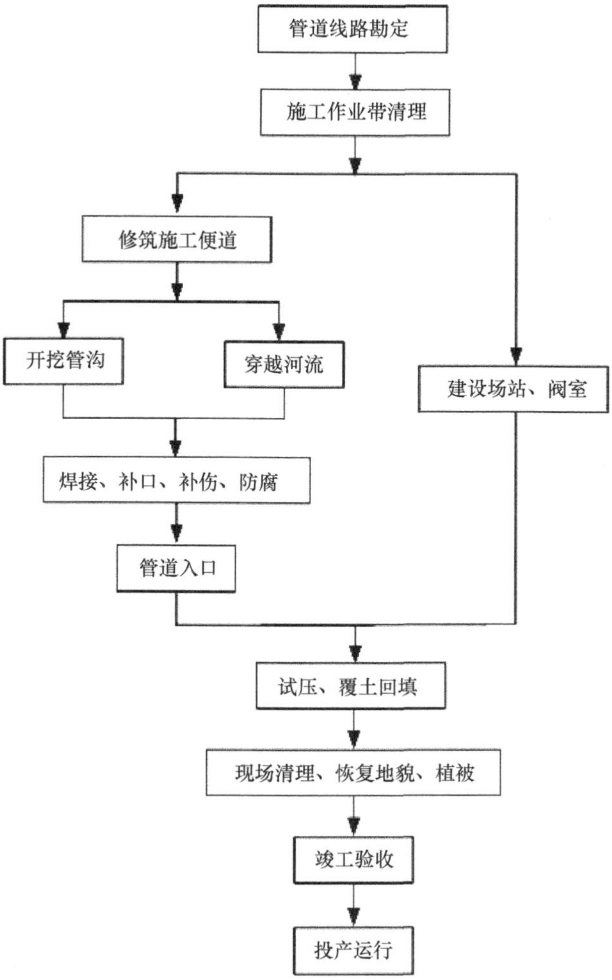

图 7-2 油气输送管道施工建设过程

7.1.2 油气输送管道生态环境影响分析

油气管道工程不可避免地给所经过地区的生态环境带来一系列的扰动作用(表 7-1)，从而使得该地区的生态功能和环境质量发生改变，具体的影响体现在以下几个方面。

表 7-1 油气输送管道建设工程对生态环境的影响

影响类型		影响途径	影响结果
直接影响	工程占地	永久占地、施工道路、取土和弃渣场	破坏地表植被
	土壤质量	表土清除、管沟开挖	土壤肥力下降
	植被破坏	施工带、施工道路、土石方、弃渣场	影响作物生产力
	水土流失	取土、弃渣、路边坡、高挖低填	土壤流失，肥力降低
	气候变化	管道运营散热	土壤温湿度异常，作物生长异常
	环境污染	废气、废液、废渣排放，生活垃圾丢弃	农田土壤污染
间接影响		土地利用、景观格局和累积效应	景观破碎化，边缘效应扩大影响范围和强度

7.1.2.1　土壤质量下降

土壤是植物生长的基础、农业生产的基本生产资料。土壤质量作为土壤肥力、环境和健康质量的综合量度，维持着动植物生产，保持并提高环境质量。土壤的形成是成土母质、气候、生物、地形和时间等因素长期互相作用的结果，同时人类活动正在显著地改变土壤肥力。土壤退化带是线性建设工程建设导致的明显的生态影响之一。工程建设高挖低填，破坏了原有的土壤结构和质地，同时大量人工土体无序入侵，以及机械和人为踩踏，破坏土壤原有的表土层和腐殖质层，导致土壤 pH 和容重升高。油气输送管道施工便道形成了一种新的人为土——路域土壤。研究表明，路域土壤具有坡面结构混乱、无层次、无规律、结构差、外来物质多、养分匮乏等特性，导致土壤粉沙黏粒含量、有机质及养分元素含量下降，土壤呈现粗粒化的趋势。长输油气输送管道施工带的清理工作会剔除表层土壤和植被，形成明显的线性干扰带。管道建设是填埋式的线性建设工程，管沟施工过程的挖方和填方不可避免地破坏土壤结构，改变土体中物质和能量的流动。管道施工过程中没有严格按要求进行分层开挖、分层堆放、分层回填，导致不同层次土壤混合，改变了土壤的养分状况，导致管道施工带上方土壤质量下降。

7.1.2.2　环境污染

线性建设工程在穿越农田保护区，尤其是特色农作物种植区时，土壤污染是研究人员重点关注的生态问题。因为工程导致的农田土壤污染会威胁人类的健康。线性建设工程造成土壤污染的主要来源包括：汽车尾气排放、施工残留物、油气管道老化破损引起的介质泄漏等。油气管道工程施工期间修建了施工便道，用于车辆运输、吊车和挖掘机等大型施工。机械施工会排放重金属，污染工程沿线土壤环境，在农田生态系统，重金属通过积累在粮食、果蔬中威胁人类身体健康。

油气输送管道施工期产生的固体废物主要来源于管沟开挖出的石砾，管道焊接、防腐等过程产生的施工废料，以及施工人员产生的生活垃圾。工程施工期间产生一定量的废水，主要来自管道清理、试压的废水和生活污水。管道工程清管、试压产生废水中的主要污染物为悬浮物。施工人员产生生活污水的主要污染物是 COD 和氮磷超标。如果这些污水不经过处理直接排入河流、湖泊，会对地表水环境产生污染。

7.1.2.3　局部小气候异常

植被影响斑块尺度空气的温湿度，其调节作用是植被的蒸腾和遮阴综合作用的结果。油气输送管道建设施工过程中破坏地表植被，形成一条宽约 30m 的施工带。施工带上方土壤裸露，局部小气候如空气温度和湿度与周围地区有差异。油气输送管道运营期间，管道内部高温高压运输天然气或原油，热量向四周扩散，管道上方土壤温度比周边高 1～3℃，土壤水分蒸发量加大，并导致农作物早熟，冬季地表积雪提前融化。

7.1.2.4　植被破坏

工程建设破坏地表植被，诱发地质灾害。由于开挖沟道、路基及建设施工车辆通行的需要，作业区及两侧的植被将会被完全破坏，弃渣场、生活区、材料堆放点也会造成周边植被破坏，使得植物生存环境质量降低，生态系统退化。植被破坏使得土壤侵蚀加剧，并增加发生滑坡等地质灾害的风险，弃土弃渣则易于被暴雨冲刷，形成泥石流。

7.1.2.5 水土流失加重

我国是水土流失分布面积广阔的国家，根据遥感调查，2011 年全国土壤侵蚀总面积为 294.91 万 km^2。线性建设工程一般呈线形分布，其水土流失区也呈连续或不连续的线形区域。线性建设工程水土流失主要发生在施工期，由于工程施工及两侧作业车辆通行，施工作业区的植被将完全被破坏，在施工区形成一个裸露的地表带，工程施工弃土、弃渣量大，而生态恢复需要一定的时间，因此加剧地表水土流失，影响区域生态安全。运营期间，治理措施发挥效益，地表植被逐渐得到恢复，水土流失减轻。

7.1.2.6 地形地貌改变

地形地貌是环境基本要素之一。地形地貌是指地势高低起伏的变化，即地表的形态，可分为：高原、山地、平原、丘陵、裂谷和盆地等六大基本地形。地形地貌是地质构造、气候、水文、生物等内外营力综合作用的结果。地形地貌引起大气热量、水分的区域的垂直变化，并直接影响岩石和地表沉积物的性质，以及地表和地下水的分布与运动。在特定地质基础与新构造运动等内力因素，以及复杂多变的气候、水文、生物等外力因素的作用下，我国地形地貌特点呈现地势西高东低，三级阶梯状下降，地形多种多样，山区面积广大，山脉纵横，呈定向排列并交织成网格状。油气输送管道工程经过山地丘陵地区时，施工过程中开挖山体，填筑路基，导致原地形地貌被破坏，产生大量的陡峭边坡，增加水土流失。而取土场、弃土场和弃渣场等占地工程的建设也会改变区域微地形，导致水流通道被堵塞，容易引发山洪。另外，在一些敏感地区，地质稳定性较差，大量的开挖山体边坡、采石取土容易引发崩塌、滑坡、泥石流等地质灾害，威胁人民群众生命财产安全，并且造成严重的生态破坏。

7.1.2.7 景观格局破碎化

线性建设工程在所进入的景观中产生廊道效应，使景观格局发生变化。连续的整体景观转变为分割和破碎的景观镶嵌体，破碎化程度加大，从而威胁生物多样性的维持，降低生态系统稳定性，增大环境保护难度。护坡、绿化等植被恢复措施虽然起到了固土、美化的作用，但改变了原有生态景观的风貌，增加了景观异质性。

7.1.2.8 并行工程建设产生生态环境累积影响

生态环境累积效应是指当一项活动与过去、现在，以及可合理预见的未来的活动结合在一起时，所产生的对环境的累加的影响。工程建设累积影响通常在以下两种情况下发生：一是受工程干扰的生态系统被同一地点的因素以足够的频率重复干扰以至于没有时间进行恢复，造成干扰的时间聚集；二是生态系统受到几个相近工程的干扰，以至于在一定的干扰区域内无法消除这些影像，造成干扰的空间聚集。因此，工程建设产生的累积影响表现出时间和空间两个方面的累积特征。时间累积影响是指当两个工程干扰之间的间隔小于环境系统从每个干扰中恢复过来所需的时间时，工程建设就会产生时间上的累积现象。空间累积影响是指当两个工程干扰之间的空间距离小于疏散每个干扰所需的距离时，工程建设就会产生空间上的累积现象。

最早提出开展累积影响评价的国家是美国，1978年美国环境质量委员会提出必须在国家环境政策法下考虑累积影响。1992年加拿大环境评价法开始考虑累积环境影响评价，并在1995年规定环境影响评价过程中全面考虑累积影响。我国目前的环境影响评价大多是针对单个项目或工程进行评价，很少涉及多个项目所引起的累积生态环境效应。因为单独某个工程的生态环境影响可能较小，但是多个工程叠加的影响可能会非常大（表7-2）。因此，研究工程建设生态环境累积影响定量评价方法，既是对现有的环境影响评价制度的完善，也是解决现实环境问题的有效手段。

表 7-2　单个项目环境影响评价和多个项目累积影响评价的对比

项目	单个项目环境影响评价	累积影响评价
影响源	单个工程建设项目	多个工程建设项目
影响识别	关注单个建设项目生态环境影响	揭示多个活动的影响；可能单一项目的影响不显著，但是多个项目累积影响明显
时间范围	一般是短期至中期的监测；一般只关注现有的工程生态环境影响	长期的监测；将过去、现在甚至未来的工程项目的生态环境影响进行综合评价
空间范围	范围小，侧重单一工程对生态系统的直接影响的评价	范围扩大，包括多个项目之间的互相作用
环境管理	单一项目直接影响的监测和管理	多个建设项目综合影响监测和管理

7.2　生态环境影响评价指标选择

7.2.1　油气管道工程生态环境影响评价指标筛选

7.2.1.1　Meta 分析筛选油气管道对土壤影响的敏感因子

油气输送管道工程影响范围大，线路长，途经的生态环境区域复杂多样，造成的生态问题也各不相同，所需要参评的因子多，筛选难度大。目前针对油气输送管道建设评价因子的筛选缺乏统一的标准，而在《环境影响评价技术导则——生态影响》中也未做出相关的规定。通过文献调研和相关生态环评案例类比研究，基于文献资料中记载的油气管道工程建设生态环境研究实例，通过其中的表格/插图等给出的有关生态环境影响的数据，利用 Meta 分析方法，提取不同油气管道工程建设的生态环境影响效应值的空间分布特点，进一步通过效应值的显著性检验，构建油气管道工程建设生态环境影响的理论范式。

Meta 分析是把各个研究假设、设计相同的实验结果进行定量、合并分析，综合评价研究结果的统计学方法，通过统计学处理得出一个新的综合性的结论，从而达到定量综述的目的。Meta 分析首先要确定研究问题，收集文献资料，归纳总结文献资料，然后筛选效应指标，建立效应值，根据异质性检验的结果合并效应值，最后通过置信区间进行显著性检验。采用 Meta 分析方法，通过查阅文献结合国内外研究案例，分析油气输送管道工程建设对生态环境的影响特征，筛选油气输送管道工程建设中生态环境影响的敏感因子，建立油气输送管道工程生态环境影响的理论范式。

1）资料来源

Meta 分析是对他人的研究结果进行统计再分析，收集的数据资料是反映本研究目的的各自独立的实验结果。最初的 Meta 分析中只搜集已发表文献，后来发现已发表的文献往往不能代表研究的真实结果，因为在统计学检验中显著性较小的研究相对显著性较大的研究更易于发表。为了减少偏见，要通过各种途径来最大限度地收集已发表的和未发表的文献资料（环评报告等）。另外，所选文献必须在同一主题下；文献的选择要客观，不应带有主观性；研究结果具有独立性；所选文献对实验结果的测量指标应尽可能一致；剔除重复数据。对所收集的文献进行质量评价，符合以下条件的视为有效文献：数据资料中包含油气输送管道对土壤理化性质的扰动；研究报道中必须具有扰动组和对照组，大样本的研究比小样本的研究更可靠；文献资料的数据应是具体的数值（包括图表），数据包含平均值和标准差（或标准误）；具有重复报道的数据只选用其中一篇（表 7-3）。

表 7-3 Meta 分析文献

数据来源	地点	有机质	速效氮	速效磷	速效钾	总氮	总磷	总钾	pH	含水量	容重
郭丽新等（2004）	河南至上海	√	√		√	√	√	√			
黄高花等（2005）	陕西					√	√			√	
冀宁线竣工环境保护验收调查报告	河北至江苏								√		√
兰郑长沙成品油管道工程环境影响验收报告	甘肃至湖南	√									√
西气东输Ⅱ线管道工程项目竣工环境保护验收生态影响调查报告	新疆至陕西	√				√			√		
许申来等（2008）	山东至江苏	√	√	√	√	√	√	√			
Abella 等（2008）	美国					√	√	√	√		
Coiffait-Gombault 等（2012）	法国	√				√		√	√		
Culley 等（1982）	加拿大	√		√	√	√			√		
Ivey 和 McBride（1999）	加拿大	√					√	√	√		
Kowaljow 和 Rostagno（2008）	阿根廷			√		√			√		
Landsburg（1989）	加拿大	√							√		
Naeth 等（1987）	加拿大								√		
Olson 和 Doherty（2012）	美国									√	
Putwain 等（1982）	英国					√	√		√	√	√
Woodward（1996）	美国	√				√	√	√	√		√

2）指标选择

衡量土壤生态环境的指标众多，本研究通过已有文献资料结果的归纳总结，选取的土壤理化性质指标主要包括土壤有机质、速效氮、速效磷、速效钾、总氮、总磷、总钾、土壤含水量、土壤容重、pH 和 CEC。

3）建立效应值

Meta 分析首先要构建一个变量，使独立的研究结果具有可比性，效应值的确定，使得综合文献中的数据有一个统一的数量结合指标，使不同的实验结果可在相同的平台上进行整合分析。采用效应值将研究结果标准化，效应值反映单个研究的效应大小。本部分选择反应比 r 作为效应值，计算公式如下：$r=X_e/X_c$，其中 X_e 为扰动组值，表示管道上方或公路、铁路周边土壤理化性质或土壤重金属含量；X_c 为对照组值，采用文献中原有对照组或距离油气输送管道工程较远，未受工程影响的对照点的土壤理化性质。

4）异质性检验

异质性检验又称同质性检验，用于检验多个相似研究的统计值是否具有同质性。Meta 分析将多个研究的效应值合并，只有同质的资料才能进行效应值的合并。通常采用卡方检验判断异质性，异质性的结果为 $P>0.05$ 时，可认为多个同类研究具有同质性，可选用固定效应模型计算结合效应值；当异质性的结果为 $P<0.05$ 时，可认为多个研究结果具有异质性，可选择随机效应模型计算结合效应值。计算公式如下：

$$Q=\sum W_i r_i^2-\frac{\left(\sum W_i r_i\right)^2}{\sum W_i} \tag{7-1}$$

式中，r_i 为单个研究的效应值；W_i 为每个研究的权重，$W_i=1/\text{var}(r_i)$。统计量 Q 服从自由度为 $K-1$ 的卡方分布，计算 Q 值后，通过查阅卡方检验临界值表，得到概率 P。

5）合并效应值

Meta 分析合并统计量的模型选择可分为固定效应模型和随机效应模型，根据异质性检验结果决定采用何种模型。

固定效应模型计算公式如下：

$$R=\frac{\sum W_i r_i}{\sum W_i} \tag{7-2}$$

随机效应模型计算公式如下：

$$R=\frac{\sum W_i^* r_i}{\sum W_i^*} \tag{7-3}$$

式中，$W_i^*=\left(D+\frac{1}{W_i}\right)^{-1}$；$D=\frac{Q-(K-1)}{\left(\sum W_i-\frac{\sum W_i^2}{\sum W_i}\right)}$。

结合效应值的 95%置信区间计算公式如下：

$$95\%\text{CI}=R\pm t_{0.05,\,v}\,\text{SE}$$

式中，SE 为结合效应值的标准误，$t_{0.05,v}$ 可通过自由度查 t 检验临界值表获得。如果置信区间与 1 重叠，表明工程对该指标的扰动未达到显著水平（$P>0.05$）；置信区间不包括 1（均大于 1 或均小于 1），等价于 $P<0.05$，工程对该指标的扰动达到显著水平。

6）敏感因子筛选

选取有关油气输送管道工程建设对土壤生态环境影响的16篇文献，这些研究主要关注管道建设对土壤理化性质的影响，选取指标包括土壤有机质、速效氮、速效磷、速效钾、总氮、总磷、总钾、土壤含水量、土壤容重和pH。异质性检验表明，所有指标的卡方检验$P>0.05$，可以采用固定效应模型合并效应值，当结合效应值$R>1$表示管道建设增加该指标值，如果$R<1$则表示管道建设降低该指标值（表7-4）。通过Meta分析发现土壤有机质、有效氮、有效磷、速效钾、总氮、总磷、总钾、含水量和容重的$R<1$，说明管道工程建设会对沿线土壤的这类理化性质产生负效应的影响。速效氮结合效应值最低，仅为0.5137，有机质、速效磷、速效钾、总氮、总磷和土壤含水量的结合效应值也较低，分别为0.8311、0.8532、0.8784、0.6780、0.6043和0.6426。只有pH的结合效应值>1，达到1.0387。有机质、速效氮、总氮、总磷和pH的置信区间未包括1，表明油气管道建设对这些指标的扰动达到显著水平（$P<0.05$），这些土壤理化性质是工程干扰的敏感因子，在生态环境影响评价和生态恢复中应该予以重视。

表7-4　油气输送管道工程建设对土壤生态环境扰动的Meta分析

指标	文献数	模型选择	结合效应值	Q	P	95%置信区间
有机质	5	固定效应模型	0.8311	3.5885	0.6100	(0.5629，0.9143)
速效氮	2	固定效应模型	0.5137	0.0348	0.8521	(0.1443，0.9026)
速效磷	3	固定效应模型	0.8532	1.0298	0.5976	(−0.1098，2.4699)
速效钾	3	固定效应模型	0.8784	0.5720	0.7513	(0.5524，1.1310)
总氮	7	固定效应模型	0.6780	6.0420	0.3022	(0.6598，0.7702)
总磷	4	固定效应模型	0.6043	27.2889	0.9896	(0.5874，0.9878)
总钾	3	固定效应模型	0.9851	0.0208	0.9896	(0.9635，1.0091)
土壤含水量	2	固定效应模型	0.6426	1.0382	0.4218	(−0.8147，2.4215)
土壤容重	2	固定效应模型	0.9204	1.6927	0.1932	(0.1464，1.8413)
pH	6	固定效应模型	1.0387	6.2444	0.2832	(1.0928，1.0951)

油气输送管道建设后土壤养分指标普遍降低，在管道施工过程中，虽然要求土壤分层开挖、分层堆放、分层回填，但施工难免造成不同层次土壤混合，改变土壤养分状况。管沟的开挖过程中挖方、填方等破坏土壤结构，改变土体中物质和能量的流动，同时土壤含水量和土壤养分指标的结合效应值<1，油气输送管道建设显著降低了土壤有机质、速效氮、总氮和总磷的含量，表明管道工程建设降低表层土壤的保水性和肥力，特别是在生态环境脆弱区，更容易引起土壤退化。管道施工期对土壤生态环境的影响是高强度、暂时性的破坏，而管道运行期间将产生地表温度、水分等土壤性质的异常（穆从如和杨林生，1995）。油气输送管道建设后土壤养分结合效应值<1，表明管道工程建设对土壤生态环境产生一定的负面影响。

7.2.1.2　类比分析

通过查阅文献资料，类比分析已有的油气输送管道建设工程环境影响评价，按照不同的生态系统类型划分，结合不同的影响对象和干扰类型，初步建立油气输送管道工程生态环境影响指标体系（表7-5）。

表 7-5　油气输送管道工程建设的生态环境影响评价指标体系

生态系统类型	影响对象	干扰类型	影响范围	评价指标
农田生态系统	土壤	土壤肥力下降、土壤紧实、温度异常、土壤重金属污染	施工作业带	土壤养分指标、土壤容重、土壤粒径、土壤温度、土壤水分、土壤重金属含量
	农作物	作物产量下降	施工作业带	作物产量、作物生理性状
草原生态系统	土壤	土壤肥力下降	施工作业带	土壤养分指标
	植被	植被覆盖度减少、种群数量减少、多样性变化、外来物种入侵	200～300m	植被覆盖度、生物量、丰富度指数、均匀度、相对多度、香农-维纳指数、辛普森多样性指数
	景观	景观破碎化	直接影响 300m，间接影响 3000m	斑块数量、斑块密度、破碎度、连接度、聚合度、最大斑块面积指数、分维数
森林生态系统	土壤	土壤肥力	施工作业带	土壤养分指标
	植被	植被覆盖度减少、种群数量减少、多样性变化、外来物种入侵	—	植被覆盖度、丰富度指数、均匀度、相对多度、香农-维纳指数、辛普森多样性指数
	动物	栖息地破碎影响种群数量、廊道效应影响动物迁徙	—	分布、种群数量、密度、活动范围
	景观	土地利用改变、景观破碎化	—	斑块数量、斑块密度、破碎度、连接度、辛普森多样性指数
荒漠生态系统	土壤	肥力下降、土壤侵蚀	施工作业带	土壤养分指标、土壤物理性质
	植被	植被覆盖度下降	200～300m	生物量、植被覆盖度、群落面积和结构
湿地生态系统	植被	覆盖度降低、多样性下降	—	植被覆盖度、丰富度指数、均匀度、相对多度、香农-维纳指数、辛普森指数
	水文	地下水位下降、改变水流方向	—	地下水位、河流流速和流量
	水质	水质浑浊、水体污染	—	COD、水体悬浮物、总氮、氨氮、总磷、pH
	水生生物	种群种类、种群数量、多样性下降	—	种类组成、群落特征、优势度

注：—表示尚未研究

油气管道或者其他工程对周边植物群落的影响可以分为 3 种类型，根据其综合重要值及距工程的距离可以得到图 7-3 所示的结果，其中 I 表示植物在群落中的重要值，Distance 表示区域距管道工程项目的距离，曲线 $G1$ 和 $G2$ 表示在群落中重要值变化极端的两类植物物种的综合重要值变化轨迹，$G1$ 代表的是在原生态群落中占据主导地位的一类植物物种，但是在管道施工区域受到较大影响而使其重要值下降；$G2$ 代表的是在原生态群落中地位极低甚至不存在，但受到施工及其附带因素的影响，在影响区域占优势地位的一类植物；$G3$ 则是介于 $G2$ 与 $G1$ 之间的其他物种的重要值变化轨迹。当 $G1$ 和 $G2$ 的综合重要值不再发生显著性变化时，此时缓冲区距离管道的位置 K_1 和 K_2 可视作两类植物受影响的范围，其中 K_1 可以作为工程对植物群落的影响范围。因此，通过确定 K_1 即可判断管道的影响范围。

油气管道工程在施工期对植被的影响很大，但运营期干扰减小，植被能够得到自然恢复，因此，作者认为 K_1、K_2 和 K_3 处于动态变化中，它们在施工期较大，运营期会逐渐减小，在干扰强度达到平稳状态后一段时间，会逐渐达到较为稳定的一个状态。

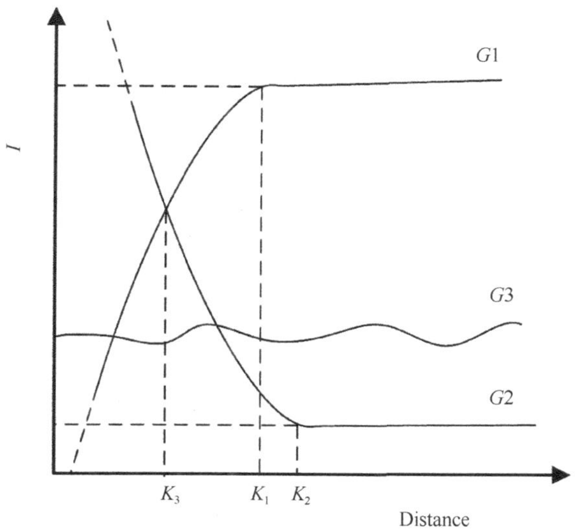

图 7-3 管道工程建设对不同植物种类在群落中地位影响的理论范式

7.3 生态环境影响定量评价

《环境影响评价技术导则——生态影响》中推荐的生态影响评价和预测方法包括列表清单法、图形叠置法、生态机制分析法、景观生态学法、指数法与综合指数法、类比分析法、系统分析法、生物多样性评价等。由于生态环境影响评价开展的时间不长，加上非污染类生态影响的潜在性、复合性和长期性，虽然生态环境影响评价推荐的方法较多，但这些方法的运用并不完善，且多局限于定性或半定量的评价。重大工程建设所带来的生态影响是深远的，有些甚至是不可逆转的，这些评价对象具有区域分异特点，涉及的自然等级体系已不像污染生态影响那样，仅是一个生境或生态系统所能包容的，往往超出了单个生态系统的范围，其影响规模大，影响因子复杂，直接影响区域生态系统的完整性，这就使得非污染类生态影响评价的指标体系很难有一个统一的标准，评价的方法不成熟，迫切需要实用性强、简单明了的定量评价指标体系和评价方法。

7.3.1 土壤质量评价

土壤质量是土壤肥力和环境健康的综合度量，可作为农田维持生产力、净化环境和保障动植物生产的指示性指标。通过土壤质量指标的评价可以综合反映出生态系统的变化，也可以反映人类干扰所产生的效应。采用综合指标法评价土壤质量，综合评价一般分为 3 个步骤：选择评价因子；确定权重；计算综合指标。

1）研究区域

西气东输Ⅱ线建成于 2010 年，选择西气东输Ⅱ线穿越的陇东黄土丘陵农业区和渭河平原农业区作为研究的区域（图 7-4）。陇东黄土丘陵农业区采样点位于平凉市泾川县，处于北纬 35°13′，东经 107°38′。渭河平原农业区采样点位于西安市高陵县，处于北纬 34°34′，东经 108°59′。

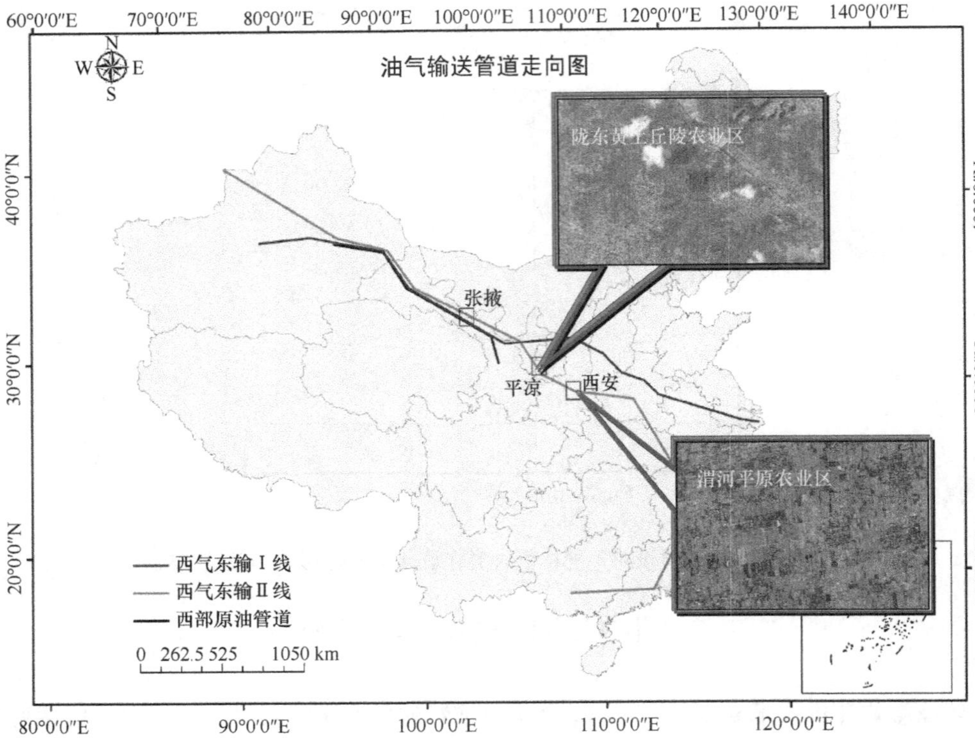

图 7-4　西气东输Ⅱ线穿越典型农业研究区

2）确定土壤质量评价因子

因为表层土壤对油气输送管道施工的干扰反应敏感，选择表层 0～10cm 土壤速效氮、速效磷、总氮、总磷、总钾、总碳、有机质、含水量、黏粒含量、pH 共 10 个土壤指标作为评价因子。由于土壤肥力因子的变化具有连续性，各评价指标采用连续性质的隶属度函数进行标准化。其中，土壤黏粒含量采用降型分布函数计算［公式（7-4）］，土壤速效氮、速效磷、总氮、总磷、总钾、总碳、有机质、含水量和 pH 采用升型分布函数计算［公式（7-5）］。

$$F(x_i) = (x_{i\max} - x_i) / (x_{i\max} - x_{i\min}) \tag{7-4}$$

$$F(x_i) = (x_i - x_{i\min}) / (x_{i\max} - x_{i\min}) \tag{7-5}$$

式中，$F(x_i)$ 为各肥力因子的隶属度值；x_i 为各因子肥力值；$x_{i\min}$ 和 $x_{i\max}$ 为第 i 项肥力因子中的最小值和最大值。陇东黄土高原农业区和渭河平原农业区各土壤因子的隶属度值见表 7-6 和表 7-7。

表 7-6　陇东黄土高原农业区土壤质量因子的隶属度值

采样区	AN	TN	TK	TP	TC	SOM	AP	WT	Clay	pH
管沟	0.21	0.38	0.75	0.10	0.41	0.51	0.08	0.21	0.78	0.68
堆土区	0.30	0.62	0.75	0.25	0.58	0.71	0.17	0.65	0.88	0.50
作业区	0.24	0.36	0.72	0.29	0.41	0.71	0.47	0.85	0.60	0.78
20m	0.48	0.78	0.79	0.57	0.53	0.75	0.36	0.50	0.61	0.57
50m	0.68	0.76	0.36	0.80	0.56	0.81	0.66	0.33	0.77	0.63
100m	0.73	1.01	0.79	0.37	0.55	0.83	0.69	0.90	0.76	0.56

注：AN—速效氮；TN—总氮；TK—总钾；TP—总磷；TC—总碳；SOM—有机质；AP—有效磷；WT—含水量；Clay—粘粒含量；后同

表 7-7　渭河平原农业区土壤质量因子的隶属度值

采样区	AN	TN	TK	TP	TC	SOM	AP	WT	Clay	pH
管沟	0.05	0.18	0.37	0.10	0.37	0.25	0.18	0.67	0.22	0.81
堆土区	0.22	0.24	0.41	0.25	0.39	0.20	0.07	0.23	0.25	0.56
作业区	0.11	0.17	0.41	0.29	0.37	0.29	0.22	0.00	0.58	0.66
20m	0.32	0.73	0.65	0.57	0.83	0.66	0.58	0.69	0.46	0.56
50m	0.69	0.72	0.68	0.80	0.77	0.73	0.52	0.46	0.60	0.35
100m	0.70	0.82	0.70	0.80	0.87	0.80	0.57	0.83	0.59	0.66

3）确定权重

土壤质量计算过程中采用的各个评价因子的状况与重要性不同，采用权重系数来衡量各因子对土壤质量的重要性程度。通过主成分分析计算各主成分的贡献率和各土壤质量因子的负荷量，分析在土壤肥力中的作用大小，确定其权重，计算公式如下（表 7-8，表 7-9）。

$$W_i = \text{Component Capacity}_i \Big/ \sum_{i=1}^{n} (\text{Component Capacity}_i) \tag{7-6}$$

式中，$\text{Component Capacity}_i$ 为第 i 项土壤质量因子的负荷量。

表 7-8　陇东黄土高原农业区土壤质量评价主成分分析结果

主成分	1	2	3	4	5	6	7	8	9	10
贡献率/%	31.69	20.22	12.14	10.73	8.53	5.30	4.43	3.46	2.16	1.35
累积贡献率/%	31.69	51.92	64.05	74.78	83.31	88.60	93.03	96.49	98.65	100
因子负荷量	0.80	0.60	0.01	0.83	0.61	0.74	0.41	0.21	0.39	0.45
权重	0.08	0.05	0.06	0.08	0.08	0.08	0.08	0.07	0.08	0.08

表 7-9　渭河平原农业区土壤质量评价主成分分析结果

主成分	1	2	3	4	5	6	7	8	9	10
贡献率/%	54.39	11.72	10.38	7.65	6.46	3.80	2.61	1.80	1.09	0.10
累积贡献率/%	54.39	66.11	76.48	84.13	90.60	94.40	97.01	98.82	99.90	100.00
因子负荷量	0.55	0.81	0.86	0.59	0.84	0.76	0.87	0.87	0.49	0.59
权重	0.07	0.08	0.05	0.07	0.07	0.07	0.07	0.05	0.06	0.06

4）计算土壤质量综合值

采用乘法合成计算土壤质量综合值（SQI），计算公式如下。

$$\text{SQI} = \sum_{i=1}^{n} W_i F(x_i) \tag{7-7}$$

式中，W_i 为各土壤质量因子的权重；$F(x_i)$ 为各因子的隶属度。

在陇东黄土高原农业区和渭河平原农业区，油气输送管道外 100m 的农田基本没有工程建设的干扰，因此选择此距离作为对照区，计算其他管道距离土壤质量与对照的比值，研究管道建设对土壤质量的干扰（图 7-5）。

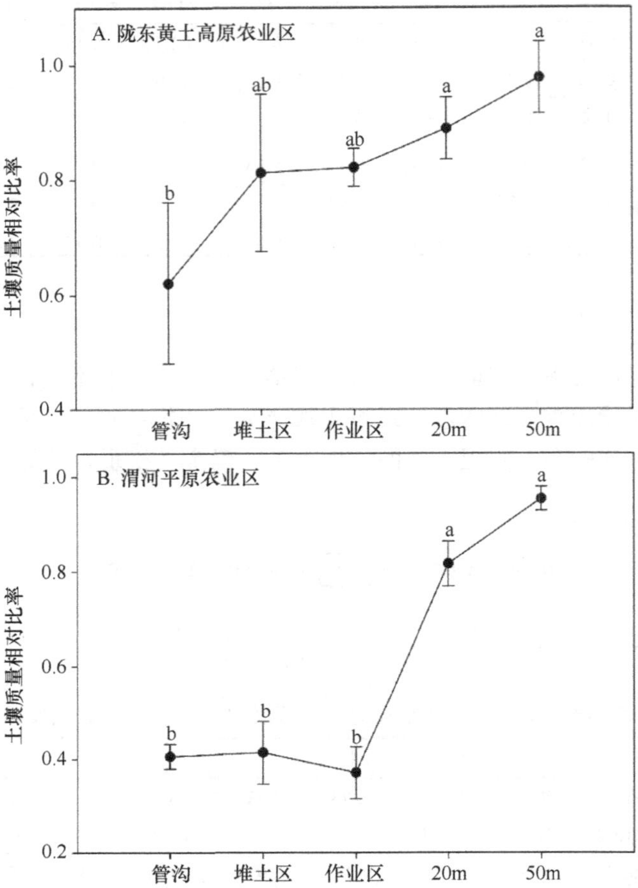

图 7-5　土壤质量指数相对比值

在陇东黄土高原农业区，管沟上方土壤质量最低，土壤质量只有对照区的 0.62，并且显著低于管道外 20m 和 50m 的土壤质量（P<0.05）。堆土区和作业区土壤质量高于管沟，但是明显低于管道外 20m 和 50m 的土壤，土壤质量是对照区的 0.8 左右。管道外 20m 也受到工程的干扰，土壤质量指数是对照区的 0.89。管道外 50m 基本不受工程建设的干扰，土壤质量指数与管道外 100m 相似。

在渭河平原农业区，施工带上方的管沟、堆土区、作业区的土壤质量显著低于管道外 20m、50m 和 100m（P<0.05），土壤质量只有对照区的 40%左右。管道外 20m 的土壤质量是对照区的 82%，说明此距离农田仍受到工程建设的干扰。管道外 50m 的土壤质量达到对照的 95%，基本不受工程的扰动。陇东黄土高原农业区和渭河平原农业区施工带上方土壤质量的变化不同，特别是在堆土区和作业区，这可能是受到地形因素的影响。在陇东黄土高原，地形以山地丘陵为主，坡度起伏较大，限制了大型、重型机械的使用，在施工带上方活动的干扰强度可能会较平原地区减弱，所以堆土区和作业区土壤质量相对高于管沟区（图 7-6A）。而在渭河平原地区，地形平坦，大量重型机械和车辆运输在施工带上方活动，导致施工带上方的土壤都受到严重的干扰（图 7-6B）。

图 7-6 黄土高原地区（A）和平原地区（B）油气输送管道施工作业

7.3.2 油气管道工程建设植被影响的综合评价

由于建设时需要挖掘土方，移除植被，因此油气管道工程建设对植被的影响是最明显的，因此管道工程对于植被影响的综合评价方法具有重要的应用价值。本研究采用改进的综合指数法，调整权重确定方法，整合选取的植被指标，构建植被综合指数，最终确定管道对植被的影响范围，判断影响强度。

1）研究区概况

选择了两个研究区用于对比，其中一个位于新疆维吾尔自治区乌鲁木齐以南的荒漠草原区（S1），有 3 条管道从该区域通过，依次是西气东输 I 线工程、西部原油管道和西气东输 II 线工程。另一个位于宁夏回族自治区吴忠以南（S2），西气东输 I 线管道途经该区域（图 7-7）。这两个区域均为典型的荒漠草原区，具体情况见表 7-10。

2）研究方法

（1）植被调查与指标选取。本研究选择了 4 类重要的植被指标作为表征管道影响状况的因子，包括植被覆盖度、均匀度、丰富度及物种相似度。多样性指数由于在管道建设对植被影响中的表现较为特殊，并没有选作综合指数的因子，单独进行分析。各指数的计算方法如下。

$$\mathrm{SHDI} = -\sum_{i=1}^{S}[(n_i/N)\lg(n_i/N)] \tag{7-8}$$

$$E = -\sum_{i=1}^{S}[(n_i/N)\lg(n_i/N)]/\ln S \tag{7-9}$$

$$D=(S-1)/\ln N \tag{7-10}$$

$$\mathrm{SC}=2c/(a+b) \tag{7-11}$$

式中，$i=1, 2, \ldots, S$，表示在一个调查样区内的所有物种的编号；S 表示样区中的物种总数；N 表示所有物种的个数的和；n_i 是第 i 个物种在调查样区里的数量；c 是同时在某一调查样区和对照样区都出现的物种的个数；a 和 b 分别是在某一调查样区及对照区出现的物种个数。

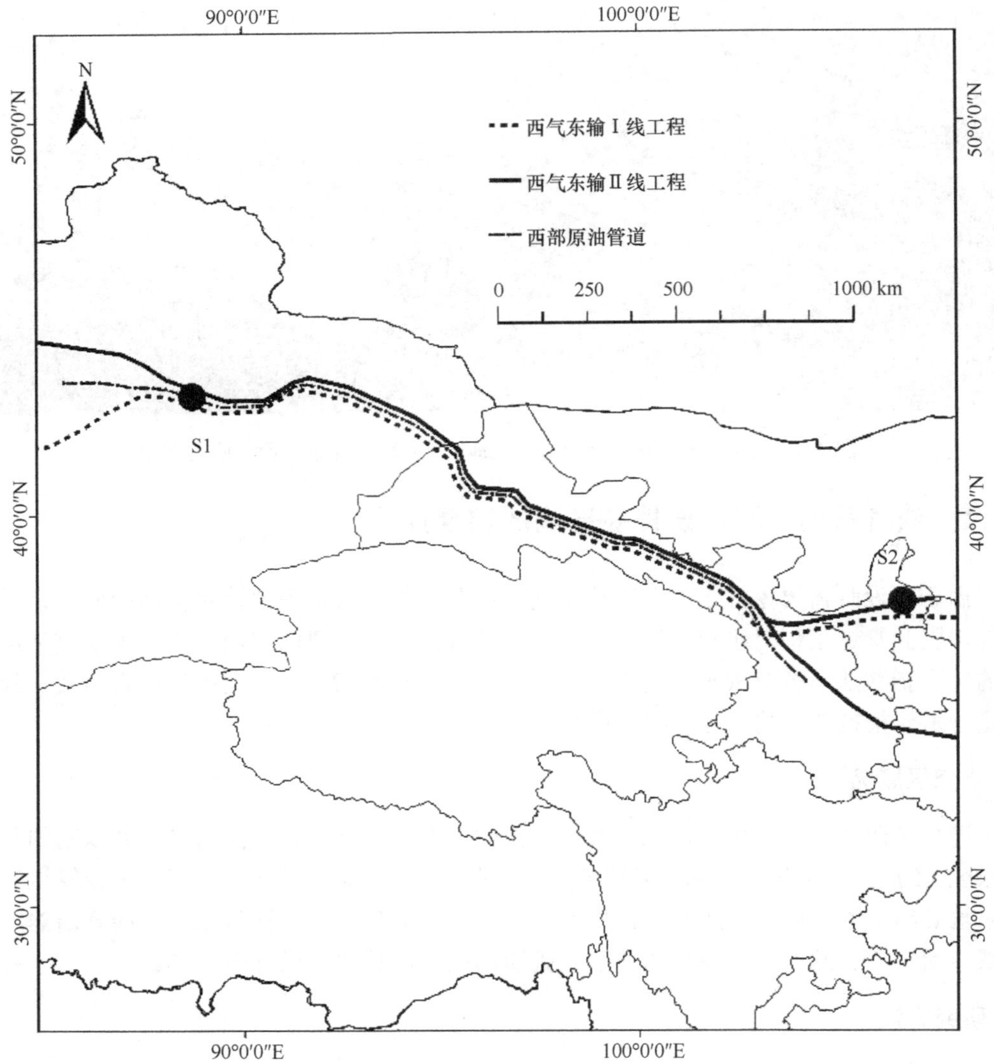

图 7-7　研究区位置图

表 7-10　研究区概况

区域	编号	年均降雨/mm	坡度/(°)	海拔/m	植被类型	主要植物物种	途经管道
乌鲁木齐	S1	235	1	1180	温带荒漠草原	鞑靼滨藜、费尔干猪毛菜、角果藜、沙蓬、戈壁针茅	西气东输Ⅰ线、西气东输Ⅱ线、西部原油管道
吴忠	S2	211	3	1323	温带荒漠草原	隐子草、骆驼蓬、茵陈蒿、戈壁针茅、芨芨草、毛隐子草、狭叶米口袋、灰叶黄芪、蒺藜、达乌里胡枝子	西气东输Ⅱ线

为了避免管道南侧的道路影响，布设的植被调查样带位于管道上方及北侧，共布设 3 条样带，每条样带之间间隔 1～2km，在每条管道上方，以及外侧 10m、30m、50m、100m、300m、500m、1000m 处各设置调查样区，每个样区内设置 3 个 2m×2m 的调查样方，测量物种数量、物种种类、频度、多度等指标，并采用目视法测量植被覆盖度。同

时采集表层土壤数据，用于对比植被综合指数的结果，结果见表 7-11。在研究区 2000m 以外人为活动较少的区域设置对照样区。具体的样带布设方法见图 7-8。

表 7-11 研究区土壤基本理化性质

区域	土壤类型	AP /（mg/kg）	AN /（mg/kg）	pH	TN/（g/kg）	TP/（g/kg）	TK/（g/kg）	TC/（g/kg）	SOM/（g/kg）
乌鲁木齐	棕钙土	4.62	28.11	8.53	0.72	0.75	17.01	14.53	18.04
吴忠	灰钙土	3.98	25.83	8.75	0.54	0.37	15.50	13.08	6.73

（2）权重确定。本研究中，采用熵值法确定各指标的权重系数。在信息论中，信息熵反映系统无序化程度。信息熵越少，系统无序化程度越大，反之系统无序化程度越小。因此，该赋权方法认为，某项指标的指标值变异程度越大，该指标能够提供的信息量越大，该指标的权重也应提升，反之亦然。所以可以根据各项指标的变异程度，利用信息熵这个工具，计算出各指标的权重，而且是一种不基于人为主观判断的赋权方法。

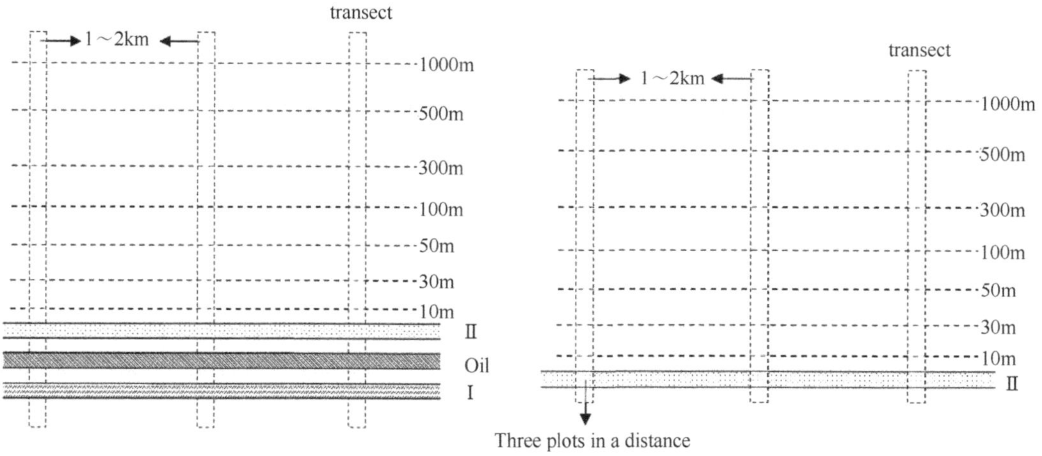

图 7-8 样带布设方法
Ⅰ、Oil 和Ⅱ分别代表西气东输Ⅰ线、西部原油管道和西气东输Ⅱ线管道工程

首先采用升型分布函数将数据标准化。

$$F(x_i) = (x_i - x_{i\min}) / (x_{i\max} - x_{i\min}) \quad (7\text{-}12)$$

接下来计算第 j 项指标下第 i 个样本指标值的比例 P_{ij}，得到矩阵 $\boldsymbol{P} = \{P_{ij}\}$，公式如下。

$$P_{ij} = Q(X_{ij}) / \sum_{i=1}^{n} X_{ij} \quad (7\text{-}13)$$

$$e_j = (-1/\ln n)\sum_{i=1}^{n} P_{ij} \ln P_{ij} \quad (7\text{-}14)$$

式中，n 为样本数；e_j 是 j 指标的效率值。

然后计算信息效用值d，得出信息效用值后，再次标准化可以得到最终的权重。计算公式如下。

$$d_j = 1 - e_j \quad (7\text{-}15)$$

$$W_j = d_j / \sum_{i=1}^{n} d_j \tag{7-16}$$

（3）植被综合指数计算。研究中选用的植被综合指数（以下用Ⅵ代替）包括植被覆盖度、均匀度、丰富度和物种相似度，土壤综合指数（SQI）由 pH、SOM、TN、TP 和 TK 组成。为了消除不同区域间其他因素的影响，Ⅵ和 SQI 全部计算相对值，将其数值与对照区的值进行比较计算。计算方法如下：

$$I = \sum_{j=1}^{n} w_j \times Q(x_j) \tag{7-17}$$

式中，I 代表Ⅵ或者 SQI 的相对值。

3）油气管道工程建设对植被影响的综合评价

（1）植被综合指数的变化。S1 区域Ⅵ的变化呈现“V”形变化（图 7-9）。Ⅰ线和原油管道由于建设完工时间较长，植被恢复情况相对较好，Ⅱ线管道在 3 条管线中植被状况最差，而管道外侧 10m 是伴行公路，植被状况最差。30～300m 也受到了影响，植被状况显著低于 500m 范围外，但影响程度依次降低。500m 外则几乎没有受到影响。S2 区域管道上方和 10m 范围的Ⅵ最低，30m 范围有所提高，但仍然低于 50m 以外的区域。50m 以外的区域Ⅵ最大，之间没有显著差异。

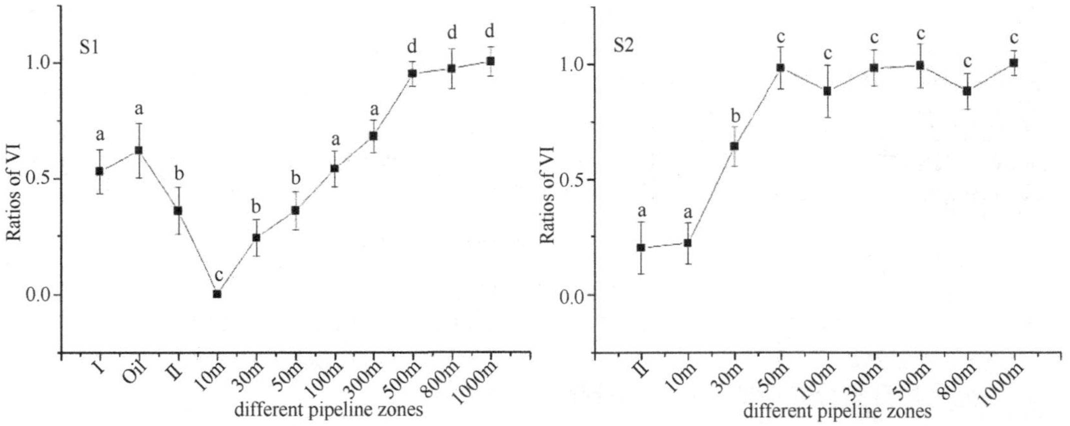

图 7-9 各缓冲区的相对植被指数状况（N=9）

小写字母不同代表具有显著性差异（P=0.05），下同

S1 区域中管道对植被的影响范围主要为管道上方，两侧 300m、500m 范围以外植被状况无明显差异，基本上没有受到影响。3 条管道上方，Ⅰ线和原油管道恢复情况显著好于Ⅱ线，这与土壤质量的趋势相一致，说明恢复时间对管道影响范围内植被恢复情况有明显的影响。另外，由于管道建设带来的影响是长期的，即便是建设完成之后，管道周边也会有巡线员、车辆的通过，而且Ⅰ线、原油管道靠近Ⅱ线管道，修建Ⅱ线时必然会对两条管线上方的植被恢复产生影响，这也是恢复将近十年的管线也无法达到正常水平的原因。在管道外侧，10m 区域恢复状况最差，恢复效果从 10m 到 500m 依次增加，说明管道带来的人为干扰随着距离的增加而逐渐衰减，Ⅱ线施工后 4 年，500m 范围外基

本上达到了正常的植被水平。

S2 区域的变化也与 S1 的变化相类似，在恢复 4 年后，Ⅱ线管道周边植被恢复情况比较好，50m 外的区域基本上恢复了正常水平。同时也可以看出，一条管道建设对植被的影响范围比 3 条管线小，这可能是由于多条管线建设会给区域生态环境带来更为强烈和频繁的人为干扰，而且对 S1 区域的影响时间也远远高于 S2，从而使得影响范围扩大，增加了植被群落的恢复时间。

（2）植被综合指数与多样性指数的差异。不同缓冲区生物多样性指数有较大不同（图 7-10）。管道上方多样性指数较高，而外侧 10～300m 多样性指数较低，但随着距离的增加依次提高，500m 以外达到稳定状况。S2 区域波动较小，仅 10m 范围有所降低，其他区域维持在稳定状态。

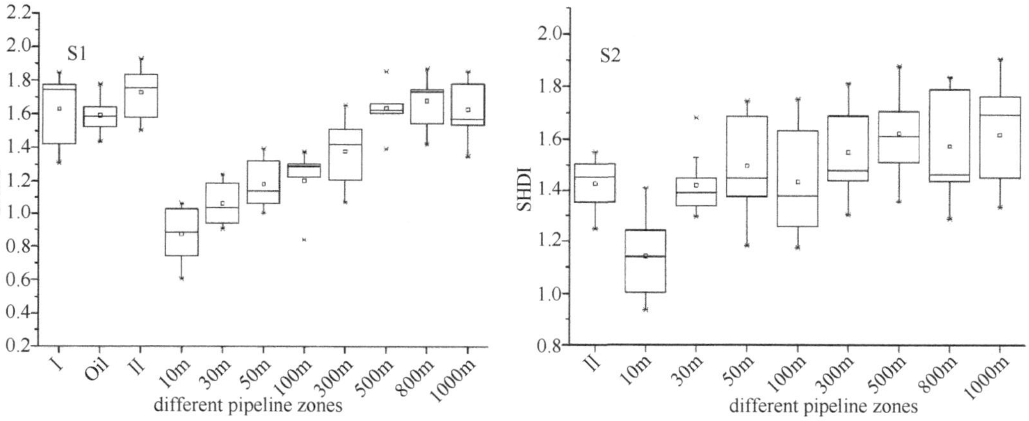

图 7-10　研究区不同缓冲区 SHDI 的变化

管道上方植被指数不高，但往往具有较高的物种多样性。S1 区域 3 条管线 VI 均低于 500m 范围外的区域，但多样性指数比该区域高。同样，S2 的Ⅱ线管道上方多样性指数也达到了 50m 的水平。从物种相似度来看（图 7-11），管道上方与对照区物种相似度较低，因此可以认为，管道上方的多样性异于两侧区域是由于管道上方的植物群落组成与该地区周边环境不同，根据作者的实际调查情况也证实了这一现象，管道上方的部分物种在周边区域极少分布，这可能是管道上方由于外来车辆增加，将其他区域的物种引入建设区，从而使得管道上方物种多样性提高。但管道两侧其他缓冲区并没有出现这类情况，仅 S2 区域 10m 范围有少量外来物种，可能是平整的伴行路起到了一定的隔离作用。

4）管道建设对植被影响与其对土壤影响的差异

（1）管道建设对土壤的影响状况。S1 区域中，管道上方到 1000m 范围内不同距离的 SQI 指数的变化比率差异较大（图 7-12）。总体而言，曲线呈现出“S”形分布，管道上方及两侧 10m 范围 SQI 较差。Ⅰ线管道和原油管道较Ⅱ线上方好，之间没有显著性差异。Ⅱ线管道上方的土壤质量是所有区域内最低的，管道 10m 外 SQI 也比较低，与Ⅱ线上方没有差异。30m 及距离更远的区域，SQI 明显提高，而且它们之间没有显著差异，说明管道建设对它们影响较小。S2 区域只有一条管道，SQI 的变化情况与 S1 区域有所不同。

总体上管道上方SQI最低，管道10m范围显著性高于Ⅱ线管道上方，而30m及以外的区域又显著好于10m缓冲区，而且30m以外的缓冲区变化平缓，之间均没有显著性差异。

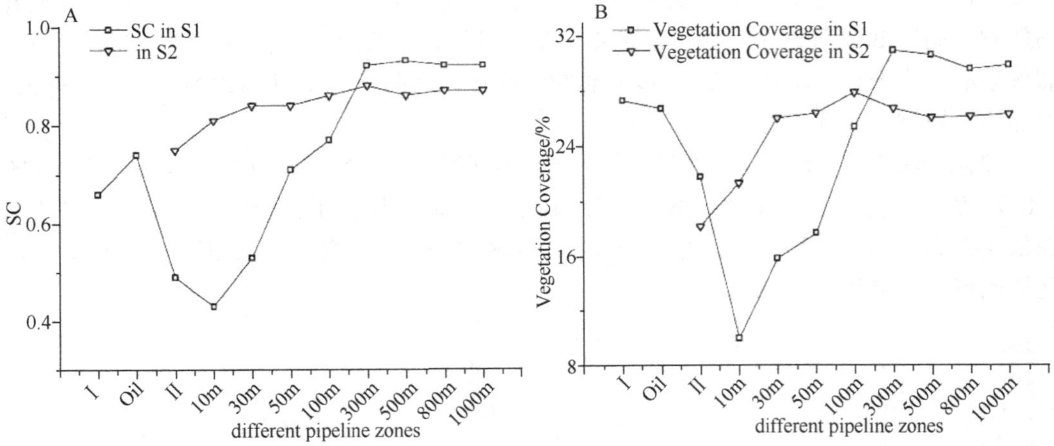

图7-11 研究区不同缓冲区物种相似度和植被覆盖度的变化

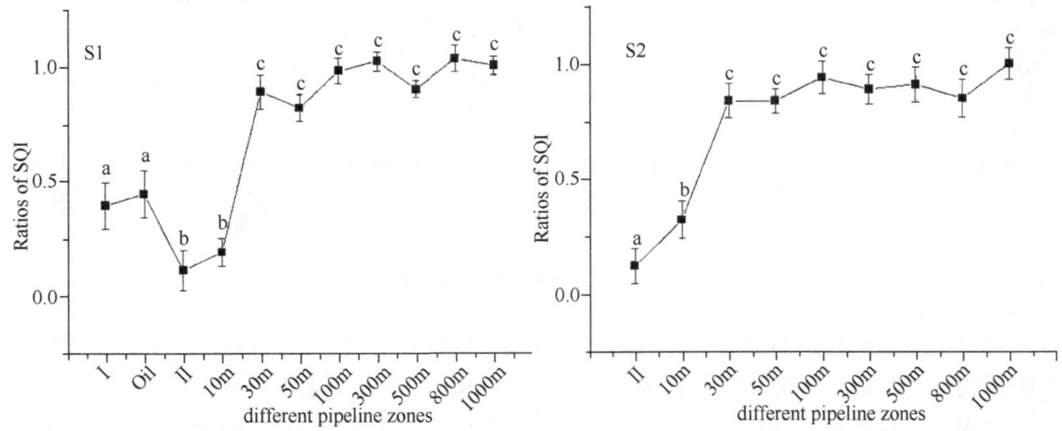

图7-12 各缓冲区的相对土壤质量指数（N=9）

（2）管道建设对土壤质量的影响范围。S1区域管道对土壤质量的影响主要在管道上方及两侧30m范围以内，30m范围外的土壤性质没有受到影响。这说明管道对土壤的影响范围有限。3条管线的影响有所不同，主要原因是恢复年限不同：Ⅱ线建成投入使用时间最短，恢复年限最短，因此土壤质量最差，Ⅰ线和原油管道恢复程度均明显高于Ⅱ线的情况。Ⅰ线和原油管道土壤质量并无差异，但整体均值稍差，可能是由于工程措施的差异，回填紧实且表层土壤中遗留了较多的施工时从深层土壤中翻出来的石块颗粒，同时恢复措施不足，从而限制了草本、灌丛植物的生长，最终影响了土壤的恢复，使得其上方土壤恢复状况不如原油管道。管道外侧10m主要是管道建设时的伴行路，车辆碾压和道路平整措施使得该区域在建设完成后植被不易恢复，因此土壤质量较低。

S2区域各缓冲区土壤质量的变化同样具有规律，影响范围为管道上方和30m区域。由于管道上方表层土石块较多，10m范围曾是施工的伴行路，现在仍然作为巡线人员的道路，因此造成该区域土壤质量较低的可能的原因与 S1 区域一致。

（3）植被对管道建设影响的敏感性。植被对管道建设干扰更为敏感。S1 和 S2 区域土壤质量的影响范围均为 30m 以内，植被影响范围分别为 500m 以内和 50m 以内，就单个区域而言，管道建设对土壤质量的影响范围远小于植被；从多条管线来看，一条管线的 S2 区域土壤影响范围即达到 30m，3 条管线土壤质量影响仍然为 30m，但植被的影响范围相差很大。一般来说，土壤质量比较稳定，难以发生较大改变，而植被群落则易遭到人为破坏。这一特性使得植被比土壤质量更适合作为自然区域管道建设干扰程度的表征依据。植被指标易于获取，可以作为管道影响范围和强度的重要判断依据而用于油气管道建设工程环境影响评价的工作中。

7.3.3 油气管道工程影响的指示物种判断

随着管道工程项目的增多，管道工程带来的各类生态环境影响逐渐得到了人们的重视，管道工程的环境影响评价工作已经得到了普遍的开展，并在风险控制、环境保护等各方面取得了明显的效果。但由于管道工程线路长，途经的生态系统多样，因此环评工作工作量大，工作时间长。在管道工程建设的各类影响中，其对植被群落的干扰是最为明显的。可以通过调查管道工程对植被群落的影响，判断和筛选一个或者多个典型的物种指示工程影响的范围和强度，从而达到快速确定该区域评价范围的目的，从而提高环评工作的效率，减少工作量。本研究对管道周边植被群落的变化进行分析，选取广泛用于植被群落各物种分类的 TWINSPAN 分类方法，判断管道工程建设影响强度和范围的指示物种，得到了较好的效果，从而为油气管道工程环境影响评价工作提供了一种行之有效的方法。

1）研究区概况

安西极旱荒漠国家级自然保护区位于甘肃省安西县境内，分南北两片。南片位于安西县南部，与玉门市和肃北蒙古族自治县相邻，面积为 4000km^2，主要保护对象为极旱荒漠生态系统。本区地处暖温带与中温带的过渡区，位居亚洲中部荒漠的腹地，区内的生态系统和物种具有典型性、独特性、珍稀性和多样性，植被类型主要有红砂、珍珠、泡泡刺、合头草等四大荒漠植被类型。野生植物有 347 种，其中国家重点保护植物 13 种，属亚洲中部特有种的有 10 种。区内有高等动物 152 种，其中雪豹、野驴、北山羊、金雕等 26 种为国家重点保护野生动物。该保护区的建立对极旱荒漠地区生物多样性的保护、研究及合理利用具有重要价值。

该地区处于连接新疆与东部地区的重要地段，作为河西走廊的一部分，具有十分重要的地理位置，连霍高速、兰新铁路、西气东输管线及兰新线沿线电网等均从此处通过，主要影响区域为自然保护区北区。其中油气管道距离大、小泉湿地最近，影响也是最为强烈的，鉴于该地区重要的生态功能，同时又面临着严峻的生态干扰，为了保护该地区重要的生态资源，保障地区生态环境稳定，确保典型生境的生态安全，本研究选取该地区保护区大、小泉湿地作为研究区。研究区位于小泉湿地，西气东输Ⅰ线、西部原油管道及西气东输Ⅱ线工程从该区域穿越（图 7-13）。

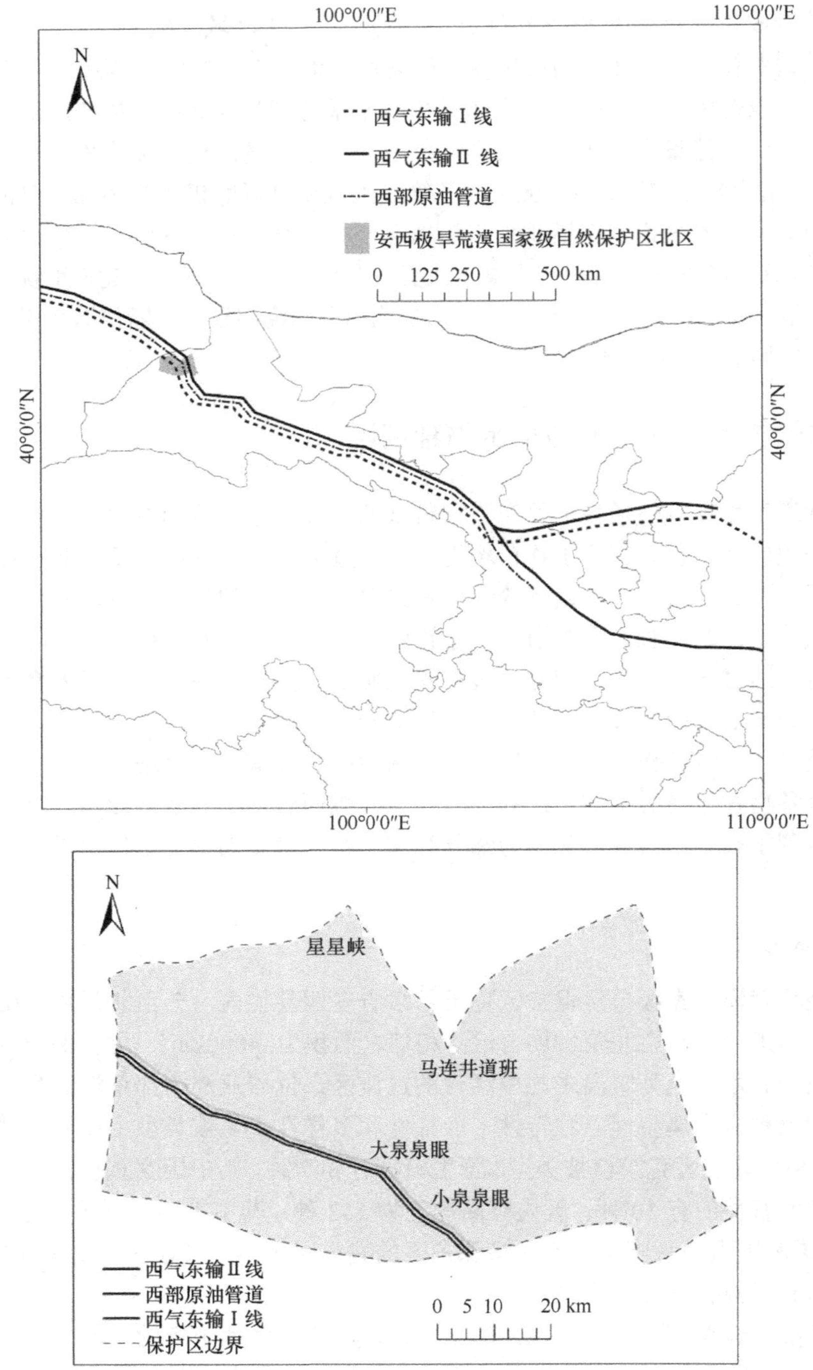

图 7-13　研究区位置

2）材料与方法

（1）TWINSPAN 分类法。TWINSPAN（two-way indicators species analysis）是一种双向指示种分析方法，由指示种分析（indicator species analysis）修改而成。指示种分析

仅给出样方分类，TWINSPAN 可同时完成样方和种类分类。TWINSPAN 首先对数据进行 CA/RA 排序，同时得到样方和种类第一排序轴。以排序轴的形心为界，将样方划分为正负两组，并应用位于排序轴两端的种（指示种）对上面的划分进行修正，然后对划分出的两组样方再进行类似的划分，直到组内样方数降到一个规定数值（终止原则）时为止。最后可以得到一个将样方和种类等级分类结合在一起的双向分类矩阵。

（2）植被调查与样品采集。为了避免管道南侧的道路影响，布设的植被调查样带位于管道上方及北侧，共布设 3 条样带，每条样带之间间隔 500m 左右，在每条管道上方及外侧 10m、30m、50m、100m、300m、500m、1000m 处各设置调查样区，每个样区内设置 3 个 2m×2m 的调查样方，测量物种数量、物种种类、频度、多度等指标，并采用目视法测量植被覆盖度。3 名工作人员单独估算区域内植被盖度，并计算平均值。多度采用 Drude 多度级：7.植物数量很多，植株密集，形成背景；6.植物数量很多；5.植物数量多；4.植物数量尚多；3.植物数量不多，散布；2.植物数量稀少，偶见；1.植物在样方中只有 1 株；0.植物在样方中不存在。同时采用五分法采集各样点表层土壤，用于对比植被综合指数的结果。在研究区 2000m 以外人为活动较少的区域设置对照样区。调查时间为 2013 年 7～8 月，为该区域雨季，植被状况较好。具体的样带布设方法见图 7-14。

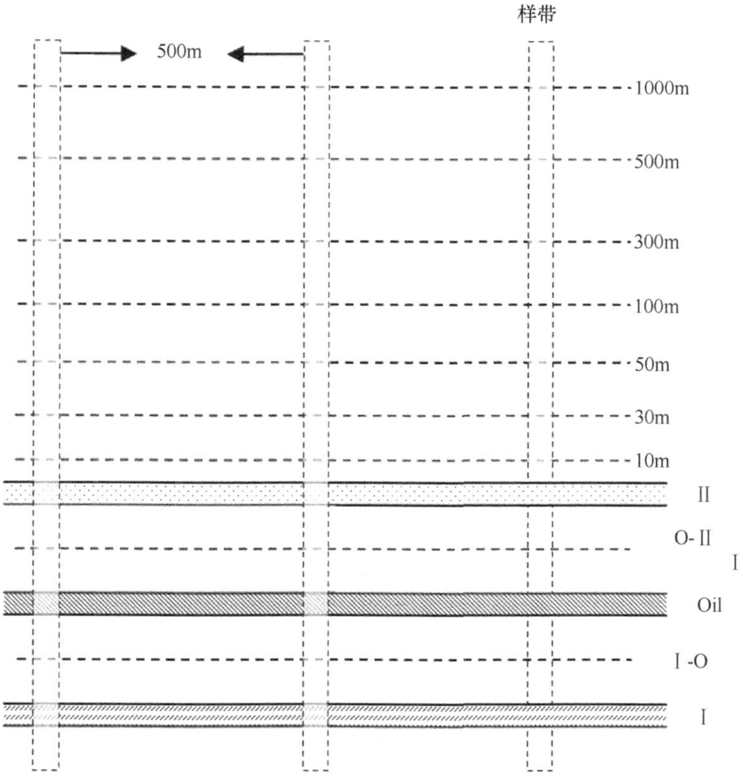

图 7-14 样带设置示意图

3）各缓冲区植被分布情况

研究区零散分布柽柳，管道上方并未发现，主要在 10m 以外的区域分布，密度较稀疏。而且由于柽柳是占地较大的灌木，在垂直投影面积大于 2m×2m 的调查样区，冠层低，透光少，地面很难有其他植物生长，如果在统计中加入柽柳，对群落中各物种的重要值影响较大。因此将有柽柳的样点去除，得到表 7-12 反映的各缓冲区物种重要值的变化情况。研究区内植被种类不多，主要为芨芨草、赖草、芦苇等 8 种物种，这 8 个物种的重要值在不同缓冲区分布不一致。芨芨草、蓬子菜和小果白刺在管道附近较为鲜见，而芦苇则在管道上方占主要地位，细枝盐爪爪和桃叶鸦葱等其他物种则是该地区比较常见的物种，但管道上方生长状况有所抑制。

表 7-12　各缓冲区物种重要值变化

编号	缓冲区	芨芨草	赖草	芦苇	蓬子菜	桃叶鸦葱	细枝盐爪爪	小果白刺	盐爪爪
1	Ⅰ线	0	0.089	0.622	0	0.074	0.133	0	0.081
2	Ⅰ线原油间	0	0.303	0.236	0.057	0.234	0.085	0	0.085
3	原油管道	0	0.097	0.518	0	0.082	0.206	0	0.097
4	Ⅱ线原油间	0	0.214	0.406	0	0.209	0.095	0	0.077
5	Ⅱ线	0	0.054	0.462	0	0	0.442	0	0.042
6	10m	0	0.337	0.482	0	0.280	0.076	0	0.122
7	30m	0	0.314	0.581	0.022	0.306	0.168	0	0.126
8	50m	0	0.391	0.558	0.020	0.250	0.182	0	0.228
9	100m	0.035	0.134	0.263	0.060	0.422	0.153	0.068	0.384
10	300m	0.035	0.094	0.18	0.059	0.379	0.179	0.064	0.491
11	500m	0.094	0.275	0.127	0.113	0.384	0.180	0.055	0.477
12	800m	0.096	0.180	0.092	0.081	0.400	0.183	0.058	0.540
13	1000m	0.180	0.241	0.089	0.113	0.355	0.245	0.062	0.382

4）筛选区域指示物种

采用 TWINSPAN 分类方法，将该区域的 8 个物种进行分类，可以得到如图 7-15 所示的分类结果。共分为 3 类，共有三级分类。赖草、芦苇和细致盐爪爪归为一类，标注为 1 类，桃叶鸦葱和盐爪爪归为一类，标注为 2 类，小果白刺、芨芨草和蓬子菜为 3 类，其中 1 类和 2 类相近，属于同一个二级分类，3 类与另外两类差别大。

根据得到的分类结果计算各类植物物种的综合重要值，得到图 7-16 所示的结果。可见该区域的 3 类植物物种在群落中表现出了不同的变化趋势。1 类物种在管道上方群落中占据主导地位，在管道外侧 50m 处重要值达到最高，之后突然下降，处于伴生种的地位。而 2 类物种在管道上的群落中处于伴生地位，尤其是Ⅱ线上方，出现了骤降，但是在管道外侧逐渐增高，在 50m 以外与 1 类物种的群落地位发生了互换，占据了主导地位。3 类物种则在所有缓冲区的植物群落中都处于较低水平，管道上方的作业带及管道间甚至没有出现，其在 50m 以外才逐渐在群落中占据一定地位。

将各样区采用 TWINSPAN 聚类，可以得到图 7-17 所示的结果。可见一共有四级分类，分成了 5 个类别。在一级分类中，管道上方一直到 50m 的范围分为一个大类，而其他缓冲区分为另一类。在一级分类的基础上，3 条管道上方自成一类，记为 T1，

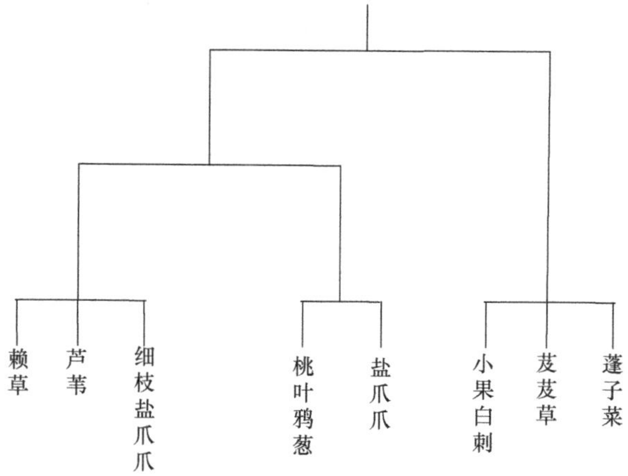

图 7-15 TWINSPAN 分类图

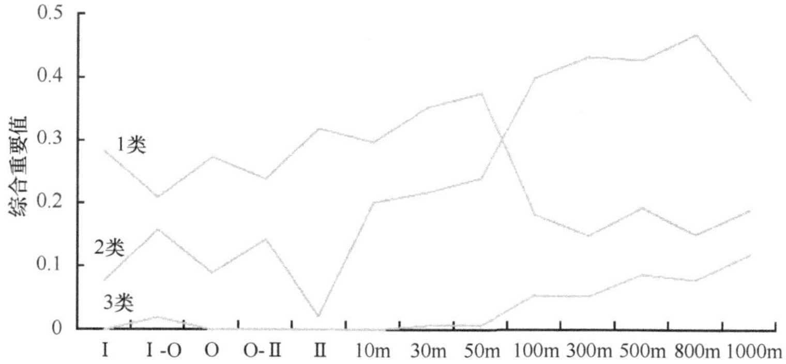

图 7-16 各区域的综合重要值

而三级分类则将管道之间和 10m 缓冲区分为一类，30m 和 50m 缓冲区划为一类，分别记为 T2 和 T3。其他区域，100m 和 300m 缓冲区分为 T4，500m、800m 和 1000m 缓冲区分为 T5。采用 NMS 排序进行验证，也能得到相同的分类结果，说明分类结果较好（图 7-18）。

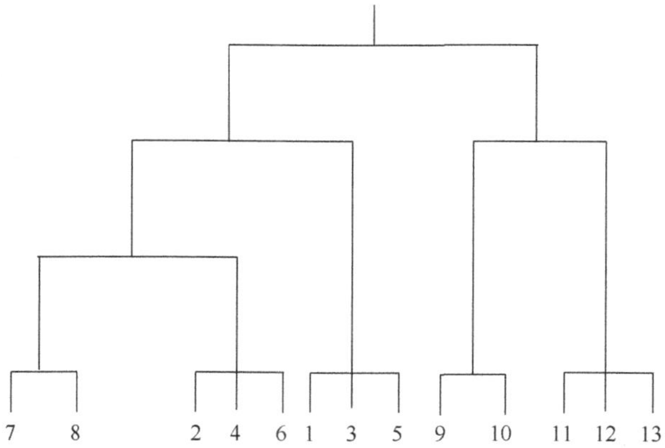

图 7-17 样区聚类图

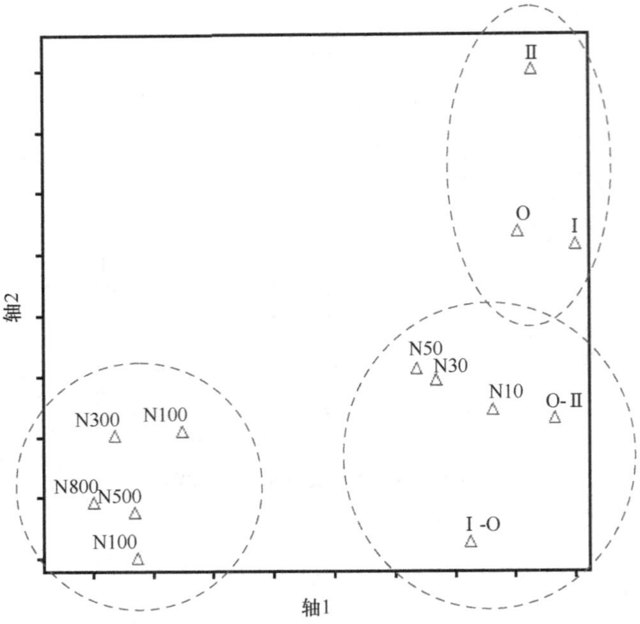

图 7-18　NMS 排序结果

管道建设对植被群落的影响主要集中在管道上方，管道之间的植被也受到了较大影响，另外，管道外侧 50m 以内也是主要的影响区域。对于植被群落而言，50m 区域是十分重要的缓冲区，这一区域以外，群落结构发生了较大改变，物种地位变化，而且物种丰富度和多样性增加。

5）不同分类区域的影响状况

比较各聚类区域的植被指数的变化可知（图 7-19），管道上方的 T1 区域多样性指数最低，管道间及外侧 10m 的 T2 区域多样性比较高，100～300m（T4 区域）的区域多样性最好，500m 以外的区域又逐渐下降。说明管道上方物种种类少，两侧及之间的物种数量较高。均匀度的变化差异不大，500m 以外的区域均匀度最低，表明群落中占主导地位的物种具有比较明显的优势；T2 区域物种分布最为均匀，说明该区域物种地位相近，各植物物种之间的竞争程度最强烈。丰富度反映了区域中植物群落的数量特征，管道上方直至 50m 区域丰富度都是比较低的，而 100m 以外的区域群落物种数量增加十分显著。植被覆盖度则出现了明显的梯度变化，距管道越远的区域覆盖度越高。根据 TWINSPAN 分类得到的缓冲区分类，其之间的植被指数有明显的差异，因此，通过重要值的分类即可得到管道建设对生态环境尤其是植物群落的影响。

根据样带的聚类，分析 T1～T5 的土壤质量指标的变化情况可知（图 7-20），不同区域土壤质量指标之间具有差异。SOM 呈现出明显的梯度变化，管道上方有机质数据方差较大，有较高的变异系数，而且显著低于其他区域，500m 以外区域 SOM 最高，这说明 SOM 在管道附近受到的影响较大。TP 和 TN 有相似的变化，管道间及 10m 范围处于最低的状态，之后逐渐升高，管道上方区域氮磷含量变异程度高，而且 TN 受到的影响更为明显，数值波动更大。TK 的变化特殊，管道上方及两侧 10m 范围的含量显著高于其

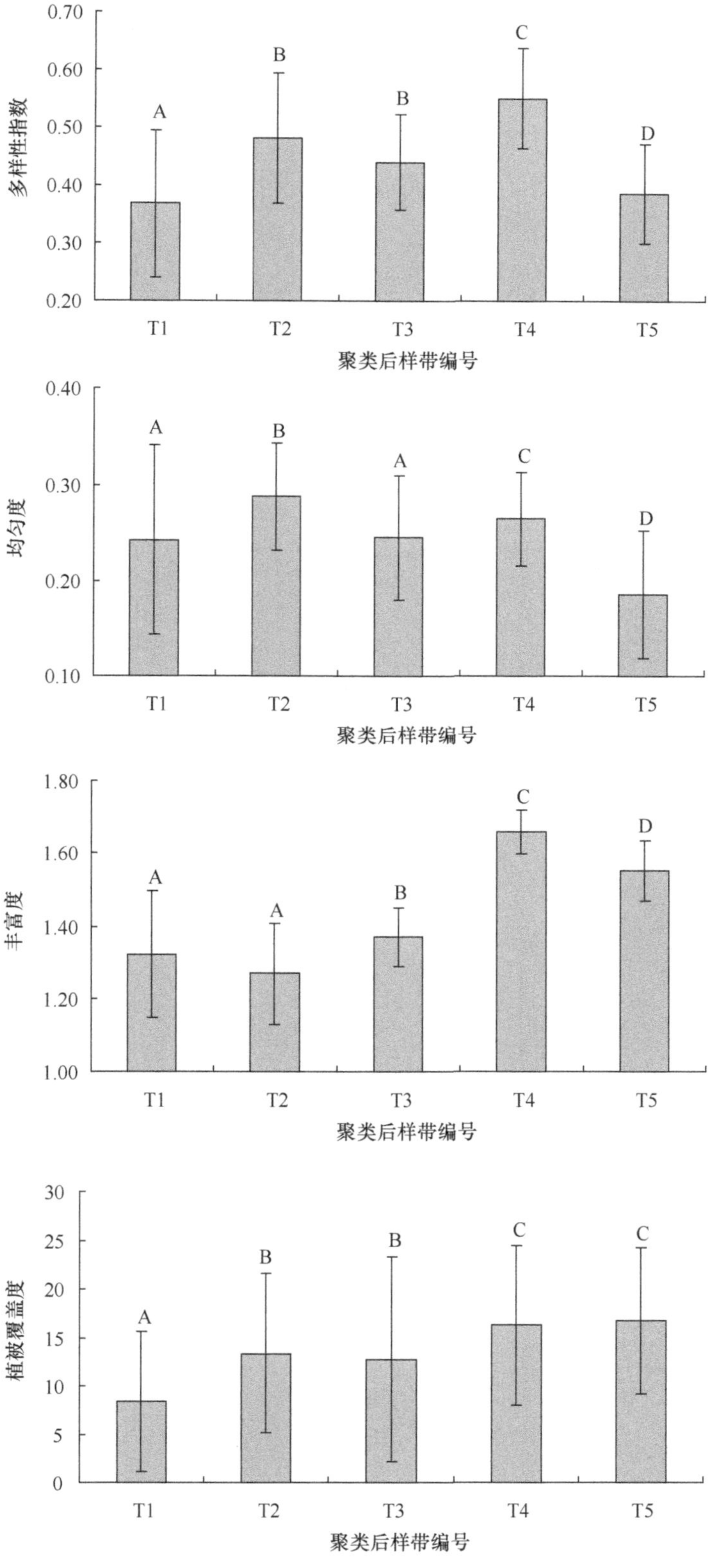

图 7-19 聚类后各样区植被指标

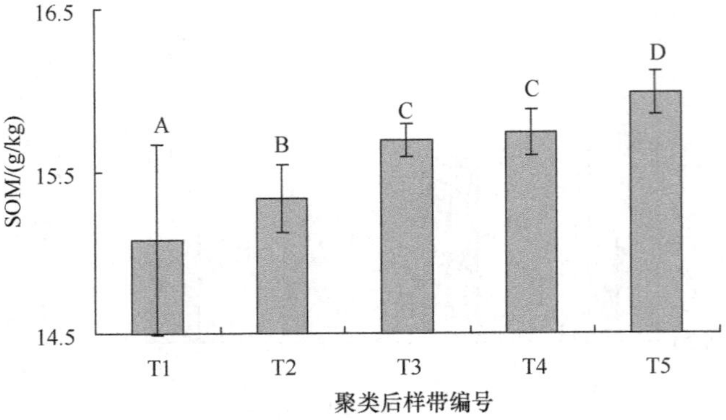
16.5
15.5
14.5
SOM/(g/kg)
A
B
C
C
D
T1
T2
T3
T4
T5
聚类后样带编号

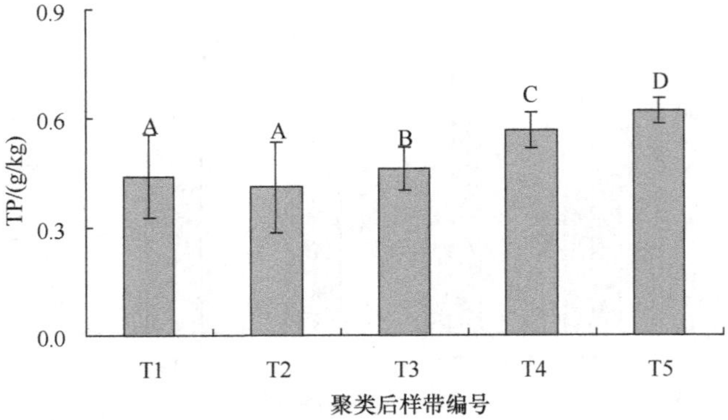
0.9
0.6
0.3
0.0
TP/(g/kg)
A
A
B
C
D
T1
T2
T3
T4
T5
聚类后样带编号

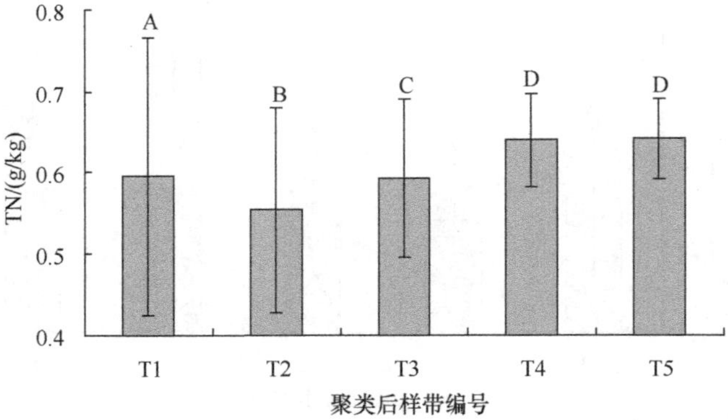
0.8
0.7
0.6
0.5
0.4
TN/(g/kg)
A
B
C
D
D
T1
T2
T3
T4
T5
聚类后样带编号

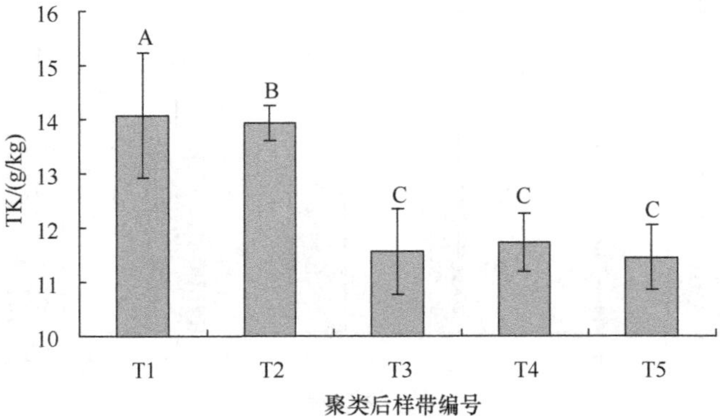
16
15
14
13
12
11
10
TK/(g/kg)
A
B
C
C
C
T1
T2
T3
T4
T5
聚类后样带编号

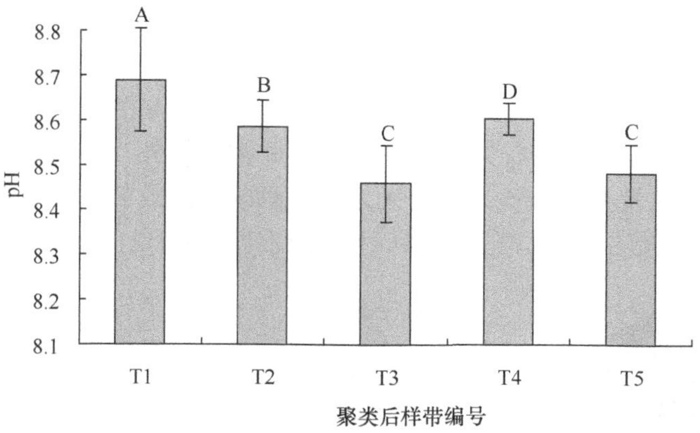

图 7-20 聚类后各样区土壤指标

他区域，其他区域之间差异不大。管道周边总钾含量高的可能原因是管道施工作业使得湿地土壤盐渍化程度加重，盐渍化过程使得土壤底层的金属离子迁移到土壤表层，从而增加了土壤中钾的含量。pH 的变化则呈现出了逐渐下降的趋势，管道上方土壤碱性最强，这一趋势体现出管道周边施工作业区域土壤出现了盐渍化，土壤的碱性增加。

因此，采用 TWINSPAN 分类法，能够很好地识别管道工程项目建设区域周边的植物指示物种，用它们在群落中重要值的变化来反映群落组成和结构的变化状况，能够很好地判断管道的影响范围，而以此为依据将缓冲区分类，也能够很好地指示土壤指标的变化规律，在环境影响评价工作中具有良好的应用价值。

7.3.4 油气管道建设对绿洲荒漠生态系统的影响评价

1）研究方法

（1）遥感与 GIS 分析。重点围绕典型研究区，利用历史和现状遥感影像，结合地面调查与验证信息，通过多源数据融合和遥感影像解译结果，获得各类工程潜在影响区土地利用/地表覆被的空间分布特征和模式；结合地形图、高分辨率遥感影像与定点照相技术，分析典型研究区植物群落的分布格局及其时间动态；通过缓冲区分析结果，分析工程建设对土壤水分/温度、生物量（NDVI 指数和农作物产量）、景观格局（景观接连度和破碎化指数）的影响。

（2）缓冲区分析。在野外采样分析的基础上，通过缓冲区比较分析，研究不同生态环境要素随着空间距离增加受到工程建设影响的程度，定量识别工程建设生态环境影响的空间尺度特征；结合典型研究区遥感影像解译结果，通过不同缓冲区工程建设的影响效应值类比，分析生态环境影响的拐点，判断各类工程建设生态环境影响的空间尺度效应及随时间的变化规律。

2）新疆绿洲-荒漠干旱区土地利用类型变化

（1）总体变化趋势。根据研究区内主要的土地利用方式，将土地利用类型划分为三大类：草地、灌木林地，以及包括建筑物、道路在内的建设用地。草地包括的主要植物为：戈壁针茅、沙冬青、沙葱等，植被覆盖度低，在研究区内所占面积最大，具有荒漠草原生态系统的典型特征。灌木林地主要分布在夏季降雨时冲刷出来的旱沟处，以小叶锦鸡为主；而管道建成后的恢复期，在管道及周边路旁、旱沟等水热条件较好处生长的细叶黄鹌菜等植物由于长势好，冠幅大，也归于此类；另外，少数低矮的柽柳也划为此类。建筑用地、道路及弃置地均为受到人为活动影响而形成的，故合并为建设用地。管道上方及周边 300m 范围内 3 年的土地利用类型变化如图 7-21 所示。

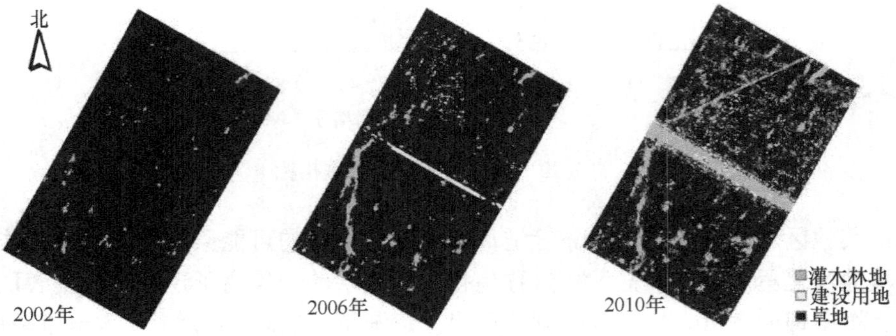

图 7-21　研究区土地利用类型变化示意图（管道上方及两侧 300m 范围）（另见图版彩图）

2002 年该地区几乎没有受到人为影响，土地利用类型以草地为主，灌木林地呈零星分布。到了 2006 年，随着西气东输 I 线和西部原油管道的建设，人为干扰逐渐增强，其主要表现形式是管道上方出现了明显的施工作业带，建设用地呈条带状分布，并且北侧出现了弃置用地和裸露土地。同时，管道周边区域环境发生改变，荒漠草地面积萎缩，灌木林地面积增加较快，这可能是由于管道建设改变了微地形，导致夏天地表局部积水，改善了较低洼区域的水热条件，从而为灌丛的生长提供了有利条件。2010 年时情况有所不同，第三次管道建设加速了周边环境的改变，再加之 II 线工程修建完毕后开展了工程恢复和植被恢复措施，因此施工作业带上灌木生长良好；施工带两侧的伴行道路仍为主要的建设用地；其他区域受到的干扰进一步增强，灌木林地面积持续增加。2002～2010 年研究区土地利用类型的变化反映出，管道建设区域及两侧道路部分转变为有灌木覆盖的土地，建设用地面积出现波动，灌木林地面积持续增加，荒漠草地面积持续减少，区域内破碎化程度加大，生态结构复杂化，说明人为活动对自然生态环境产生了持续性影响。

（2）管道周边土地利用变化情况。结合 3 个年份土地利用类型图，做出管道上方及两侧 300m 土地利用面积转移矩阵（表 7-13，表 7-14）。建设前该地区没有建设用地，草地占绝对优势，面积达 22.95hm^2，灌木林地面积仅为 0.22hm^2，与其在较为潮湿的低洼区域零星分布的情况一致。而 2006 年草地面积减小，分别有 0.82hm^2 和 0.31hm^2 转变为灌木林地和建设用地，灌木林地的分布区域扩大，建设用地面积减小，主要特点为聚集程度高，呈现出明显的条带状分布，可辨认为施工作业带。2010 年时该区域土地利用类型变化更加明显：草地面积为 3 个时期的最低水平，但仍然为区域内的主要土地利用类型，其中有小部分建设用地又恢复为草地；灌木林地面积增幅较大，达到了 2.97hm^2，主要由草地转化，转化面积达 1.96hm^2，少部分由建设用地转化；建设用地面积有所增加。

表 7-13 2002～2006 年土地利用类型转移矩阵 （单位：hm^2）

土地利用转移矩阵		2002 年			
		草地	灌木林地	建设用地	总计
2006 年	灌木林地	0.82	0.02	0.00	0.84
	建设用地	0.31	0.00	0.00	0.31
	草地	21.81	0.19	0.00	22.01
	总计	22.95	0.22	0.00	23.16
变化大小		–0.94	0.63	0.31	

表 7-14 2006～2010 年土地利用类型面积转移矩阵 （单位：hm^2）

土地利用转移矩阵		2006 年			
		草地	灌木林地	建设用地	总计
2010 年	灌木林地	1.96	0.82	0.19	2.97
	建设用地	0.64	0.02	0.03	0.69
	草地	19.41	0.00	0.09	19.50
	总计	22.01	0.84	0.31	23.16
变化大小		–2.50	2.13	0.37	

可见管道建设对区域生态环境和土地利用方式产生了明显的影响，原有的占主导地位的土地利用类型所占比例下降，引入了新的土地利用类型，提高了其他土地类型的比例。管道两侧较远距离处灌丛生长的原因可能是管道修建改变了小地形的水热条件，使得该地区雨季排水不畅，从而促进了灌丛生长。2010 年管道上方灌木林地面积大幅增加，则是因为实施了植被恢复措施，加之自然恢复了一年时间，从而为灌丛生长提供了良好的条件。值得注意的是，2006 年的建设用地主要是刚敷设完毕的管沟，2010 年的则为管道两侧的伴行公路，这也在表 7-14 中有所体现：两年的建设用地只有 $0.03hm^2$ 的范围相重合。这说明建设用地所处范围内的区域波动较大，更易受到管道建设所带来的各类扰动的影响。

3）新疆绿洲-荒漠干旱区缓冲区植被覆盖度变化分析

（1）植被覆盖度分析方法。植被覆盖度和 NDVI 之间存在极显著的线性相关关系，通常通过建立二者之间的转换关系，直接提取植被覆盖度信息。采用像元二分模型进行估算，假设每个像元的 NDVI 值可以由植被和土壤两部分合成，则其公式如下：

$$\mathrm{NDVI}=\mathrm{NDVI_v}C_i+\mathrm{NDVI_s}(1-C_i) \tag{7-18}$$

式中，$\mathrm{NDVI_v}$ 为植被覆盖部分的 NDVI 值；$\mathrm{NDVI_s}$ 为土壤部分的 NDVI 值；C_i 为植被覆盖度。根据公式（7-18），C_i 的算式如下：

$$C_i=\frac{\mathrm{NDVI}-\mathrm{NDVI_s}}{\mathrm{NDVI_v}-\mathrm{NDVI_s}} \tag{7-19}$$

本研究在实际计算过程中，分别用生长季内植被 NDVI 最大值和最小值代替 $\mathrm{NDVI_v}$ 和 $\mathrm{NDVI_s}$，则植被覆盖度计算公式如下：

$$C_i = \frac{\text{NDVI} - \text{NDVI}_{\min}}{\text{NDVI}_{\max} - \text{NDVI}_{\min}} \tag{7-20}$$

在每个缓冲区内随机抽取 64 个像元，分别计算 C_i，取其平均值来代表该缓冲区的 C_i 值。另外，每个缓冲区随机设置 6 个 1m^2 的正方形样方，调查植被覆盖度情况，记录经纬度，对遥感解译结果进行校正，保证计算精度。

为了排除降雨、温度等气候因素的影响，作者定义植被覆盖度相对变化率来研究由工程建设引起的植被格局变化，计算公式如下：

$$f=C_i(n)/C_i(0) \tag{7-21}$$

式中，f 为某一年份某一区域植被覆盖度的相对变化率；$C_i(n)$ 为该区域当年的植被覆盖度；$C_i(0)$ 为对照区当年的植被覆盖度。由于 3 个时相的对照区相同。因此可以认定它们处于同一参照系，使得不同年份的植被覆盖度相对变化值具有可比性。

（2）300m 范围内缓冲区植被覆盖度变化。比较 300m 范围内各缓冲区植被覆盖度的变化可以发现（图 7-22），在管道还未建设的 2002 年，各个缓冲区之间的植被覆盖度情况没有显著差异，但显著低于完全没有人为干扰的对照区的植被覆盖度。到了 2006 年 8 月时，西气东输Ⅰ线和西部原油管道工程已经结束，特别是西部原油管道铺设不久，缓冲区受人为扰动影响较大，植被覆盖度普遍降低。尤其是施工作业带上方，与其他区域相比有显著性差异，从管道作业带外到 200m 内共有 3 个缓冲区之间没有显著性差异，说明这一范围内工程的影响强度类似，且除 50～100m 缓冲区与 200～300m 缓冲区相比差异不显著外，其他两个区域与 200～300m 差异显著，说明工程影响强度在 200m 范围以外显著降低。2010 年西气东输Ⅱ线结束后已进行了将近一年的恢复，可以看出，采取了人工恢复措施的管道施工作业带的植被覆盖度明显提高，显著高于周边其他缓冲区，而其他缓冲区也有所恢复，说明干扰强度下降，范围缩小，研究区植被得到了自然恢复的时间，各缓冲区的植被覆盖度甚至达到了对照区的水平。

从得出的结果中，作者发现管道建设对研究区植被覆盖度产生了明显的影响，直接影响范围主要为施工作业带上方，间接影响范围能够达到作业带外侧 200～300m。管道外侧 200～300m 的区域可以视作管道工程建设影响的缓冲区域：在这个区域以内，生态环境和生态系统受到了较大强度的干扰；在这个区域以外，影响强度大幅降低。而植被恢复措施能够使受到管道建设影响的区域植被覆盖度得到提高。植被恢复措施主要为播撒草籽、地表覆石等，从而使得管道上方生长灌丛，虽然植被类型与原荒漠草原生态系统有较大差异，但是植被覆盖度有了大幅上升。

（3）50m 范围内缓冲区植被覆盖度变化。管道上方 50m 的范围是管道工程建设最主要的影响范围，包括施工作业带和伴行公路，因此相比大范围的缓冲带具有不同的特点。

比较 2002 年各区域植被覆盖度情况可以发现（图 7-23）。在管道建设前，各缓冲区之间植被覆盖度均处于 0.18 左右，没有显著性差异，而开始建设后，2006 年各缓冲区植被覆盖度发生了明显的变化，管道上方施工作业带植被覆盖度大幅下降，而距管道距离越大，植被覆盖度越高。管道上方及 10m 范围内植被覆盖度与其他区域具有显著性差异，说明管道工程建设直接影响植被覆盖度的范围为管道两侧 10m 内，主要是施工作业带及附属工程建设带来的影响。2010 年为工程运营期，由于人工恢复措施的实施，管道上方植被覆盖度大幅回升，显著高于两侧缓冲区，两侧缓冲区之间的植被覆盖度没有明显差

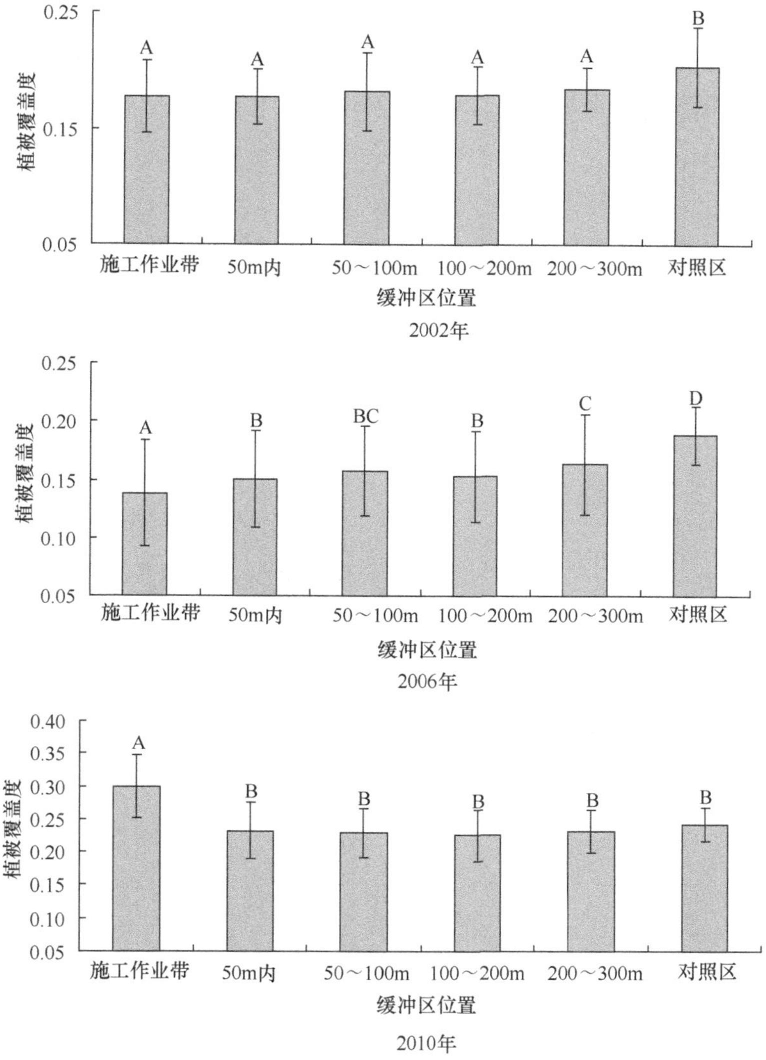

图 7-22　不同年份各缓冲区植被覆盖度变化（管道上方及两侧 300m 范围）

别，说明管道施工后对荒漠草原地区进行植被恢复可以完全消除对工程建设植被覆盖度的影响，施工作业带的恢复效果明显。

4）植被覆盖度相对变化分析

根据本研究中定义的相对变化率的概念，缓冲区植被覆盖度相对变化率的大小可以指示管道建设对区域植被的影响状况。当缓冲区的植被覆盖度相对变化低于 1 时，其值越小说明受到的工程影响越大，大于 1 时，说明植被得到了恢复，较对照区好。

比较 3 个年份相同缓冲区植被覆盖度相对变化率（表 7-15）可以发现，管道施工作业带上方及其周边 300m 范围内各缓冲区植被覆盖度有明显的先降低后增加的规律。该区域生态环境在受到管道建设人为干扰后，2006 年管道上方的相对变化率为 0.73，50m 以内的缓冲区相对变化率为 0.79，说明植被生长受到的抑制作用十分明显，覆盖度降低，且越是接近管道，相对变化率波动幅度越大；而在 2010 年人工恢复措施的实施及自然恢复的过程中，植被覆盖度得到了提高，管道上方的相对变化率达到了1.24，甚至好于对照区，其他区域虽然变化率没有达到1以上，但也与对照区相接近，说明区域的生态环境逐渐得到了良好恢复，特别是管道上方，恢复措施的效果十分明显。

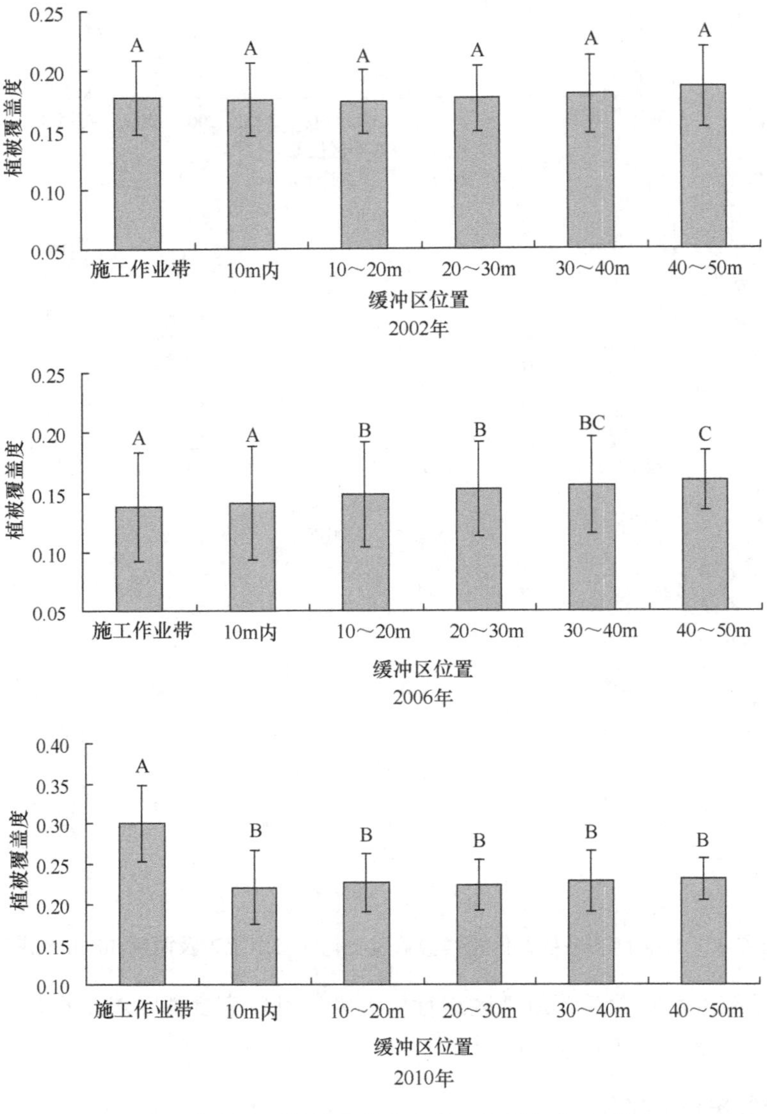

图 7-23　不同年份各缓冲区植被覆盖度变化（管道上方及两侧 50m 范围）

表 7-15　各缓冲区植被覆盖度相对变化率及其显著性检验（管道上方及两侧 300m 范围）

年份	缓冲区				
	施工作业带	50m 内	50～100m	100～200m	200～300m
2002	0.87Aa	0.87Aa	0.89Aa	0.88Aa	0.90Aa
2006	0.73Aa	0.79Aa	0.83Aa	0.81Aa	0.86Bb
2010	1.24Aa	0.96Bb	0.95Bb	0.93Bb	0.96Bb

注：表中同一行大写字母不同代表 P=0.05 水平的显著性差异，小写字母不同代表 P=0.01 水平的显著性差异，下同

通过比较各年份不同区域的植被覆盖度相对变化率可以发现，2002 年各区域的植被覆盖度相对变化率之间没有显著性差异；到了 2006 年，施工作业带及两侧 200m 范围内，植被覆盖度的相对变化没有显著性差异，但是与 200～300m 缓冲区相比，则差异显著；2010 年施工作业带上方该数值则明显高于其他区域。由此可以说明在管道建设的不同时期，对植被覆盖度的影响距离和范围并不一致，工程建设时期给区域生态环境带来负面影响，影响范围能够达到管道施工作业带两侧 200m 左右，强度随着距离的增加而降低，而管道建设的人工恢复期则对生态环境的恢复起到促进作用，主要影响范围为施工作业带上方，影响强度较其他缓冲区显著。其他区域由于人为干扰减小，恢复时间增加，地表植被得到了不同程度的恢复。

50m 范围内各缓冲区植被覆盖度相对变化率也具有类似的变化趋势（表 7-16），3 个年份中，施工作业带上方和管道两侧 10m 范围内波动较大，说明这两个区域受到的工程影响较大；施工建设对区域环境的影响十分明显，2006 年各缓冲区植被覆盖度相对变化率均低于 2002 年，2010 年则有所恢复；从 2006 年的情况来看，管道 10m 范围以内和 10m 外的区域之间出现了明显的差异，说明管道施工作业带及周边 10m 范围是工程建设最主要的影响区域，其他缓冲区随着距离的增加受到的影响强度逐渐降低，降幅较为显著。

表 7-16 各缓冲区植被覆盖度相对变化率及其显著性检验（管道上方及两侧 50m 范围）

年份	缓冲区					
	施工作业带	10m 内	10～20m	20～30m	30～40m	40～50m
2002	0.87Aa	0.86Aa	0.85Aa	0.86Aa	0.88Aa	0.91Ba
2006	0.73Aa	0.74Aa	0.78Bab	0.81BCb	0.82BCb	0.84Cb
2010	1.24Aa	0.91Bb	0.94Bb	0.92Bb	0.94Bb	0.95Bb

从上面的分析可以看出，管道建设施工期对区域生态环境尤其是植被生长状况的干扰和破坏比较严重，值得人们关注。而 3 个年份 200～300m 缓冲区的植被覆盖度相对变化率比较接近，但是 2006 年仍然低于另外两个年份，这说明虽然其影响范围主要在 200m 范围以内，但并非 200m 以外完全没有干扰，而是干扰强度已经明显降低，管道外侧 200～300m 更像是荒漠草原对于工程建设干扰的“缓冲地带”，这一结果与本研究中缓冲区植被覆盖度分析得到的结论一致。而施工作业带及两侧 10m 范围内则是管道建设的主要影响区域，尤其在 2006 年的施工期，影响强度明显高于其他区域，可以认为这一范围为管道建设的直接影响区域。

5）斑块类型水平上格局指数分析

（1）整体区域格局指数变化。为了对不同施工阶段管道两侧不同斑块类型的景观格局指数进行分析，选取斑块数量（NP）、景观形状指数（LSI）及最大斑块面积指数（LPI）3 个指标，分析比较它们的变化情况。由图 7-24A 可以看出，施工前研究区为典型的荒漠草地生态系统，灌木林地和建设用地的斑块数量极少，草地呈现出片状分布，斑块数量少。管道建设时期，人工用地斑块数量大幅提高，同时由于人为扰动改变了水热条件，灌丛生长，使得灌木林地斑块数量增加。而在管道建设恢复期，灌木散点状分布在管道上方和两侧，数量大幅增加，使研究区景观更加破碎化，其他斑块类型也出现了较大的增幅。景观形状指数用来反映某一斑块类型的离散程度，值越高说明其离散程度越大。从图 7-24B 中可知，从施工前直至施工后的恢复阶段，各类型斑块 LSI 都有增加的趋势，说明各类型斑块离散程度加大。由于人工恢复措施主要是在管道上方实行，新长出的灌丛零散分布，因此 2006～2010 年，建设用地和灌木林地的斑块离散程度陡增。最大斑块指数是某一斑块类型在景观中优势度的简单度量，值越大优势度越高。在施工前，荒漠草地的最大斑块指数接近 100，在景观中占有绝对优势；在施工阶段，荒漠草地面积减少，LPI 降低，同时其他类型斑块 LPI 则相对提高；到了工程恢复措施阶段，破碎化程度进一步加剧，荒漠草原出现了较多的小斑块，这些灌木林地小斑块虽然面积不大（LPI 低），但对荒漠草地类型斑块的切割作用十分明显，其 LPI 大幅下降（图 7-24C）。

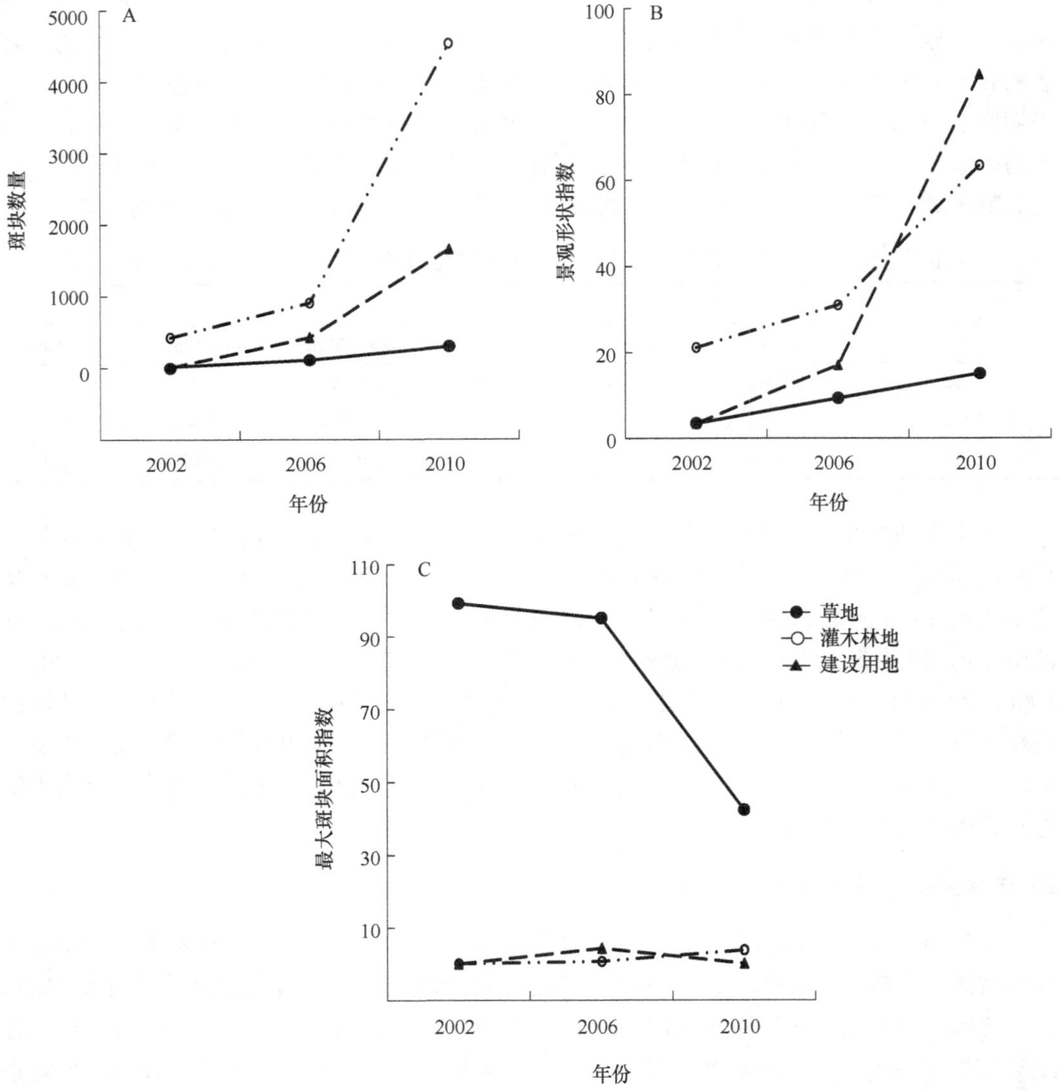

图 7-24　斑块类型尺度上不同年份 3 种景观指数的变化

通过这 3 个指标的分析，能反映出管道建设不同时期管道周边斑块类型发生的一系列变化，可见管道建设对荒漠草地生态系统内各景观类型的影响十分明显，这种影响往往是不可修复或者是不可逆的，人为恢复措施虽然对土地的植被覆盖度恢复有较大促进作用，但是作为一种人类“干扰”，它不可避免地改变了原有生态格局和景观类型的分布。

（2）不同缓冲区格局指数变化。选取了 PLAND、PD 和 AI 3 个指标来反映不同缓冲区格局变化情况（表 7-17）。在管道施工建设之前的 2002 年，不同缓冲区草地，以及灌木林地的 PLAND、PD 和 AI 均无明显差异；其中，草地的 PLAND 和 AI 更大，PD 低，说明该景观类型在研究区中占据主导地位，而灌木林地在整体景观中所占比例小，功能较弱。

表 7-17 斑块尺度上不同缓冲区 3 种景观指数变化

景观类型	缓冲区	景观类型百分比/%		斑块密度/（个/hm^2）		聚合度/%	
		2002 年	2010 年	2002 年	2010 年	2002 年	2010 年
草地	施工作业带	99.57	8.57	5.79	252.64	98.84	69.12
灌木林地		0.43	78.08	113.21	104.26	75.69	96.00
建设用地		—	13.35	—	451.16	—	72.38
草地	50m 内	99.50	82.78	5.28	50.40	99.37	93.61
灌木林地		0.51	10.09	130.34	853.64	72.24	67.30
建设用地		—	7.13	—	596.67	—	78.70
草地	50～100m	99.17	89.16	5.32	22.81	99.25	95.47
灌木林地		0.84	8.61	218.13	801.23	71.67	70.03
建设用地		—	4.36	—	543.28	—	58.39
草地	100～200m	98.80	88.11	6.90	32.01	99.46	95.54
灌木林地		1.20	9.99	226.53	843.84	72.77	68.33
建设用地		—	3.81	—	471.78	—	57.55
草地	200～300m	99.02	88.70	6.55	30.92	99.54	95.57
灌木林地		0.98	10.39	188.43	979.79	75.73	67.14
建设用地		—	1.81	—	291.40	—	51.37

2010 年时，管道施工及人工植被恢复措施后，各缓冲区 3 个景观指数有较大变化，其中施工作业带上方变化最大，草地的景观类型所占比例最低，较管道建设前下降 91%，灌木林地面积所占比例最大，提升至 78.08%，其次是建设用地。其他缓冲区内，草地的景观类型百分比与 2002 相比年均有所下降，灌木林地则趋向于稳定，建设用地的 PLAND 随着距管道施工作业带距离的增加而逐渐降低，并趋向于消失，表明施工作业带仍是建设用地的主要分布区域。在施工作业带上，草地的 PD 增幅较大，远高于其他缓冲区，且距施工带越远，PD 越低并趋于稳定。这表明施工作业带上方草地破碎化程度高，而距管道越远，破碎化程度下降。3 种景观类型各缓冲区的 PD 值均明显高于 2002 年，说明研究区内管道建设使得其各个范围的景观破碎化程度提升。聚合度体现了相同斑块的聚集情况，与斑块密度相类似，它从另一个角度反映了景观类型的离散程度。施工作业带上方草地的 AI 大幅下降，同时灌木林地大幅升高。管道外侧区域则较为稳定，但较 2002 年相比聚集程度均有所下降。

对比 3 个年份景观格局指数的变化，可以认为施工作业带的景观结构发生了颠覆性的变化，原有景观功能消失，格局发生巨变，空间结构大幅改变，完整性下降；其他缓冲区的空间结构有所改变。景观生态学通过考察景观的整体性和空间结构的变化来评判工程建设对生态环境的影响，通过上述分析可以认为，管道建设对区域荒漠-原生态环境产生了明显的负面作用，主要影响范围为管道上方，景观类型大幅变化，稳定性降低，更易于受到破坏，恢复能力下降，景观格局极有可能继续发生较大改变；其他区域的稳定性和整体性都有不同程度下降，但影响强度明显低于管道上方。

6）景观水平上格局指数分析

管道修建后，管道周边整体景观格局发生了明显改变，这些变化可以从景观格局指数的变化上反映出来（表 7-18）。从 2002 年管道建设前到 2010 年，斑块密度逐年增加，最大斑块面积指数和聚合度降低，说明研究区内整体景观破碎化程度加剧，周长面积分维数增加表明景观的复杂程度提高，这 4 个指标均说明研究区出现了较多的小面积斑块，景观的空间异质性增加；景观连接度降低则表明景观内部各斑块间连通性下降，系统内能量和物质的迁移和流动受到的阻力增加，说明研究区受到的切割作用十分明显；辛普森多样性指数从 2002 年的 0.02 增加到 2010 年的 0.27，说明景观内各斑块类型的面积比例更加均衡，管道建设前较少的景观类型数量提高，原有优势类型所占比例降低。

表 7-18 景观尺度上不同年份景观指数变化

年份	斑块密度	最大斑块面积指数	周长面积分维数	聚合度	景观连接度	辛普森多样性指数
2002	1 946.53	99.07	1.26	99.05	3.45	0.02
2006	6 266.97	86.96	1.33	96.35	2.46	0.13
2010	28 014.67	42.34	1.38	91.84	1.12	0.27

景观结构与其具有的生态功能之间是相互响应的，景观格局指数既能反映景观结构的变化，又能体现生态过程的改变，因此选取的这些指标可以从不同方面反映研究区生态过程变化的特点。总的来说，由于破碎化和异质性程度增加，景观的整体性下降，原有的景观功能削弱，而以人为干扰为主的高强度干扰因素使得系统稳定性骤降，整个景观格局处于持续性变化的波动状态中。

比较管道区域及周边缓冲区 3 年来部分景观格局指数的变化作者可以发现：2002 年各区域 AI 没有显著性差异（图 7-25A）；2006 年由于施工干扰，管道上方及周边 50m 范围内聚合度大幅下降，其他区域也受到了不同程度的影响；2010 年施工结束已将近一年，但管道周边 200m 范围内聚合度仍出现了显著性降低，这与管道建成后仍会有持续的人为干扰有关，同时也与植被恢复措施导致灌木生长有关。且离管道越近，受到的影响越大，200～300m 的缓冲区受到的影响最小，这与其他景观指数反映的结果相一致。从周长面积分维数（PAFRAC）的变化可见（图 7-25B），2006 年施工作业带上方增幅低于 100m 以内的缓冲区。这是由于此时施工作业带全部为建设用地，因此斑块的复杂程度反而不如两侧缓冲区。2002～2010 年，除了 200～300m 范围，同一缓冲区的 PAFRAC 均有显著性提高。由从图 7-25C 可见，2006 年管道上方及周边区域辛普森多样性指数（SIDI）大幅增加，说明各个缓冲区内不同类型斑块更加均匀，景观多样性提高，但是管道上方的多样性程度不及管道周边范围，两侧 50m 缓冲区 SIDI 提升最明显。2010 年的恢复措施使得管道上方多样性程度也出现了较大幅度的提高。由于选择的研究区排除了其他与

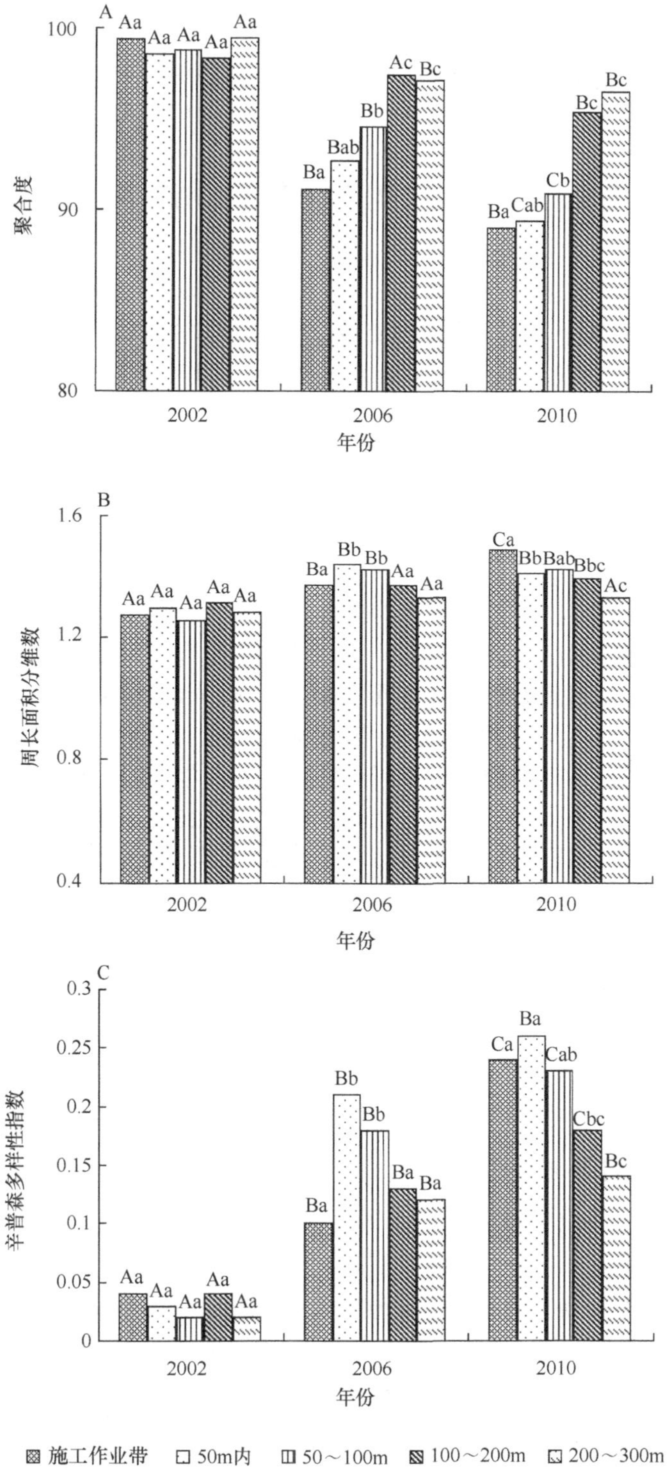

图 7-25 不同时期各缓冲区的 3 种景观格局指数

大写字母表示不同年份同一缓冲区的差异性（$P<0.05$），小写字母表示同一年份各缓冲区之间的差异性（$P<0.05$）

管道建设无关的人为因素，因此这 3 个指标能够分别从景观破碎程度、复杂程度及多样性方面对管道建设产生的影响进行描述，可见管道的修建及之后一系列的人为活动极大地改变了管道两侧生态环境和景观格局，且多次建设后影响有加剧的倾向，管道两侧 300m 范围内的景观格局都发生了变化，影响强度随着距管道施工作业带距离的增加而减小。

7.3.5 油气管道工程建设对大尺度范围景观格局的影响评价

1）研究区概况

本研究选取西气东输Ⅰ线工程豫南支线作为重点研究对象。该工程北起郑州薛店分输站，南至驻马店分输站，途经 5 个地级市，6 个县级市和 20 多个县。管线全长 231.7km，穿越京珠高速公路 3 处，107 国道 2 处，普通公路 25 处。管线沿途覆盖区域属于大陆性季风气候，多年平均降雨 640～980mm，地貌类型以平原和盆地为主。豫南支线于 2002 年 10 月 31 日正式开工建设，于 2003 年 10 月，工程进入收尾阶段。管线建设干扰的主要景观类型有农田、森林、草地、水体及建成区等。

2）研究材料及方法

根据豫南支线施工期，选取施工前（2002 年 10 月末）和施工后（2003 年 10 月初）作为研究时段。由于管线跨度较大，属于中尺度范畴，故选用 Landsat TM 和 ETM+遥感影像作为数据源。为了尽可能准确反映施工前后管线附近区域各景观要素特征，特别是施工后期的植被状况，本项研究以 2002 年 7 月和 2003 年 10 月末的遥感影像为主，由于受遥感数据可获得性限制，同时采用了 2002 年 5 月和 2003 年 9 月中旬的影像资料作为参考。影像的轨道号分别为 p123 r37 和 p124 r36，其中 ETM+数据取自美国马里兰大学免费共享数据，TM 数据来源于中国遥感卫星地面站。

线性建设工程项目对周边区域景观结构的干扰可以通过缓冲区分析来辨析。在本研究中，利用106个 GPS 实测点确定管线走向，考虑到边缘效应的影响和数据的粒度大小，将管线两侧300m 内的区域作为工程建设影响的重点区，并以整数倍扩展到3000m、9000m 和15 000m，进行缓冲区分析（图7-26）。比较研究300m 范围与其他缓冲区之间景观格局动态变化的差异性，以此来判断工程建设对沿线地区景观格局的影响。

3）不同缓冲区土地利用/覆被面积比较

由表 7-19 可知，各缓冲区内耕地所占面积百分比均在 60%以上为优势景观，其次为林地、草地和建设用地，水体和未利用地所占面积百分比较低。从变化幅度看，300m 缓冲区范围内林地的面积增长最大，其次是水体和建成区，而草地、耕地面积在减小。从景观类型转移矩阵来看（表 7-20），耕地向林地转移是林地景观面积百分比增加的主要原因。施工前建成区的面积为 2.17%，较之施工以后增加了 0.32%，增加部分主要来源于耕地、林地和草地。管线建设是引起管线邻近地区主要景观类型变化的主要原因之一。随着缓冲区范围扩大，林地、未利用地景观类型在施工前后面积百分比差异逐渐减小，而其他景观类型则相反。

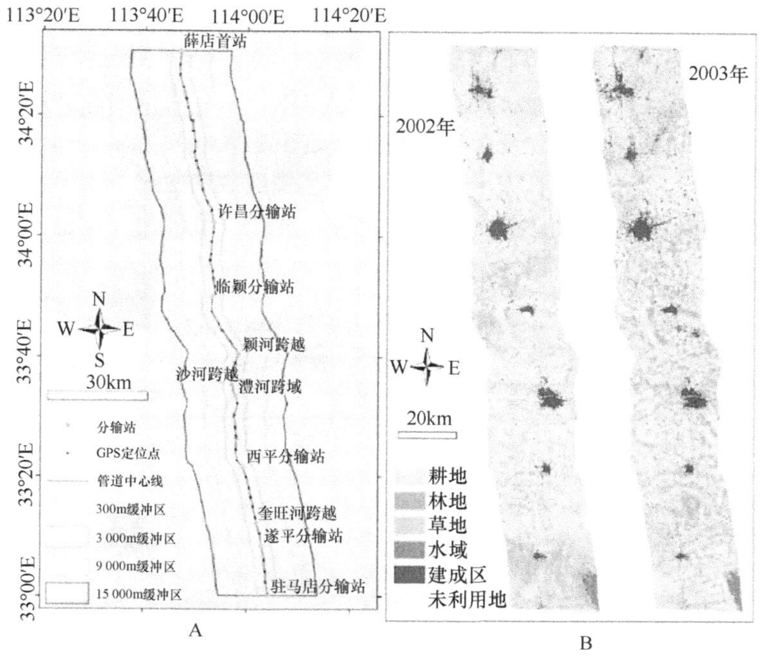

图 7-26 管线走向、缓冲区分布及遥感解译图（另见图版彩图）

A. 研究区基本特征；B. 施工前后遥感影像解译结果

表 7-19 工程沿线不同缓冲区主要土地利用/土地覆被类型比较 （单位：%）

土地利用类型	0～300m		300～3000m		3000～9000m		9000～15000m	
	施工前	施工后	施工前	施工后	施工前	施工后	施工前	施工后
耕地	78.15	74.03	71.27	66.78	69.23	66.92	70.33	68.64
林地	11.33	16.99	14.42	20.47	13.99	18.55	13.84	18.17
草地	8.20	5.06	10.19	5.98	10.66	5.4	10.49	4.9
水体	0.42	1.06	3.26	1.74	0.58	1.92	1.14	256
建成区	1.85	217	0.61	3.93	5.28	6.45	3.91	5.21
未利用地	0.04	0.69	0.25	1.11	0.26	0.77	0.29	0.52

表 7-20 施工前后 0～300m 缓冲区景观类型转移矩阵 （单位：%）

景观类型	耕地	林地	草地	水体	建成区	未利用地
耕地	61.41	10.73	3.73	0.48	1.19	0.61
林地	6.23	3.95	0.60	0.20	0.30	0.06
草地	5.79	1.68	0.47	0.04	0.21	0.01
水体	0.04	0.07	0.01	0.28	0.03	0.00
建成区	0.53	0.56	0.25	0.07	0.44	0.01
未利用地	0.03	0.01	0.00	0.00	0.00	0.00

4）景观类型水平上格局指数变化与差异显著性比较

表 7-21 显示了 0～300m 缓冲区景观格局变化特征：①建成区、耕地、未利用地景观

类型的平均斑块面积明显增加，林地的斑块面积也呈现出上升趋势，而水体景观斑块面积趋于下降，草地斑块面积变化不明显。综合来看，管道两侧 300m 范围内，耕地和建成区的平均斑块面积上升，优势程度在加强。②水域和未利用地的斑块密度趋于上升，而其他景观类型的斑块密度均表现为下降趋势，这表明区域内大多数景观类型的破碎化程度在降低，石油管道建设未对管道两侧 300m 区域造成明显影响，区域内植被趋于变好。③建成区和未利用地的斑块聚集程度在上升，林地也呈现出一定的上升趋势，水体和草地趋于下降，其他景观类型变化不明显。

表 7-21　0～300m 缓冲区主要景观指数变化情况

景观类型	平均斑块面积/hm^2		斑块个数/（个/hm^2）		斑块聚集度	
	施工前	施工后	施工前	施工后	施工前	施工后
耕地	24.55	32.29	2.94	217	98.41	98.02
林地	1.73	3.10	8.05	6.01	87.03	90.09
草地	1.27	1.41	8.59	4.45	83.25	81.14
水体	1.77	1.51	0.25	0.85	83.78	82.27
建成区	0.97	1.26	2.58	2.20	76.86	80.34
未利用地	0.84	1.98	0.14	0.41	73.48	83.72

对施工前后景观类型水平上格局指数差异显著性比较后发现，除斑块密度有显著性差异外，平均斑块面积、斑块分维数、斑块聚集度等指数均没有显著性差异（表 7-22），说明工程建设对研究地区的景观格局未产生显著影响，在此基础上进一步比较不同缓冲区之间各斑块景观指数之间的差异性，同样发现除 2003 年斑块分维数在 3000～9000m 缓冲区内与其他缓冲区之间有显著性差异外，其他斑块格局指数在不同缓冲区之间没有显著性差异。3000～9000m 缓冲区与管道有一定的距离，因此分维数的变化不能确定就是由管道施工建设引起的，可能与区域内其他人类活动影响有关。

表 7-22　斑块尺度景观指数及其方差显著性检验

缓冲区	年份	斑块密度/（个/hm^2）	平均斑块面积/hm^2	斑块分维数	斑块聚集度
0～300m	施工前	3.76Aa	5.19Aa	1.07Aa	83.80Aa
	施工后	2.68Ba	6.93Aa	1.06Aa	85.93Aa
300～3 000m	施工前	2.79Aa	10.27Aa	1.07Aa	90.87Aa
	施工后	1.91Ba	11.79Aa	1.07Aa	91.47Aa
3 000～9 000m	施工前	2.72Aa	9.99Aa	1.07Aa	92.80Aa
	施工后	1.80Ba	14.85Aa	1.06Ab	92.52Aa
9 000～15 000m	施工前	266Aa	11.47Aa	1.07Aa	93.45Aa
	施工后	1.72Ba	16.50Aa	1.06Aa	92.68Aa

7.3.6　油气管道建设工程生态风险评价

7.3.6.1　黄土区油气管道建设工程洪水风险分析

本研究选取西气东输管道经过的黄土高原陕西段作为重点研究区。西气东输管道陕西段位于陕北地区，西起定边，东至延水关，与山西永和关相连，穿越定边、靖边、子长和延川四县，全长 360km。主要地貌单元为风沙和黄土高原，是地质灾害类型最多、地质条件最复杂的地段之一。穿越区的河流有红柳河、芦河、大理河、秀延河、永坪川、清涧河，管线区域年内降水集中在 6～9 月，达 65%～70%。

1）基本概况

在陕西省众多自然灾害中，气象灾害占主要成分，而且通常起主导作用，如暴雨易导致洪涝灾害，诱发滑坡、泥石流及水土流失等地质灾害。从陕西省大暴雨洪水致灾形式来看，陕北、渭河平原以洪水灾害为主，陕南多是泥石流和洪水同时并发。据杜继稳等依据陕北 27 个气象站 1961 年以来的实测值统计结果，陕北暴雨分 3 类：一是局地性暴雨，二是区域性暴雨，三是连续性暴雨（即在一次降雨过程中有多个暴雨日）。局地性、短历时、高强度暴雨在陕北占主要成分，占暴雨总次数的 72%，年发生频率为 5.1；区域性暴雨占 28%，年发生频率为 2.0。局部暴雨洪水灾害往往造成山洪暴发，在局部河段形成迅猛的洪水波，历时短，易引发滑坡、泥石流或水石流灾害，冲毁山庄农田、堤坝及交通、通信设施，吞没人、畜生命和财产，灾害影响一般为几十到几百平方公里。

洪水风险形成的因子：其一是降水因子，暴雨是研究区的显著特征；其二是黄土高原的地形影响，沟壑密度在工程沿线陕西段达到 4.5km/km^2，地形破碎，河谷相对高差 100～300m；其三为土地利用影响，土地覆被的变化可以导致洪水频率和强度的变化，黄土高原地区的不合理土地利用导致水土流失加剧，进一步诱发洪水的发生；其四为沿线稠密的人口及村镇，致使一旦管道破裂会造成很大的人员和财产的损失。

西气东输管道输送的天然气是高压力（10MPa）易燃易爆物品，输气管线和工艺场站在运行过程中，在洪水的冲击下，会发生两种情形：其一是洪水直接冲击河谷或河道，使管道暴露破裂；其二是洪水冲淘坡脚引发坡体不稳或滑坡，造成管道破裂。可能发生的最为严重的事故是管道破裂后短时间大量天然气体的泄漏聚集，遇明火发生燃烧和爆炸，其爆炸冲击波和燃烧热辐射最大危害距离可达 1.5km，特别是在地形不开阔的山区，其危害更大。以陕京线为例，1998 年 7 月 31 日陕西富谷县降大雨，新城川暴发山洪，洪水挟带泥石，冲刷陕京管道穿越新城川段的河床，冲毁穿越管道上部的混凝土加重层，并造成管道裸露开裂。因此从管道后期运行管理的角度出发，有必要对管道沿线洪水的多发地区进行分区，对区域灾害环境造成工程破坏，以及由此产生的人员损伤进行洪水风险评价，为管道的科学管理提供客观和直接依据。

2）评价方法

（1）评价范围及指标选取。本研究选择了管道左右各 5km 的缓冲区作为评价区域。

对于工程的洪水风险评价，需要考虑洪水的发生危险性及社会经济易损性。影响洪水危险性的重要因子是天气因素和下垫面因素，天气因素主要有降水，下垫面因素有地形地貌、植被、土壤等。对于西气东输工程而言，社会经济易损性主要是指在洪水导致的管道事故后，社会经济容易受到伤害或损伤的程度大小，指标因子主要有管道的破坏、沿线村镇及人口密度等。

本研究中天气因素选择了年均降水量和年均暴雨日数两个指标，下垫面因素选择了地形因子和土地利用，社会经济易损性选取了村镇密度。

（2）数据来源。管道沿线数字高程模型（DEM）数据源于国家基础地理信息中心的1∶5万DEM数据库。定边、靖边、子长和延川四县1∶10万土地利用数据源于中国科学院遥感与数字地球研究所解译的1∶10万全国土地利用数据库。降水资料源于《西气东输项目陕西段环境影响评价报告书》。村镇数据源于国家基础地理信息中心的1∶25万全国数字化地形数据库。

（3）影响因子划分标准。通过ArcGIS的栅格图层叠加计算功能，对洪水风险各因子影响图进行叠加，最后实现对管道沿线区域的洪水风险分级。

3）地形对洪水的影响

一般来说，地形高程越低，地形变化越小的地方，越容易发生洪水，反之则不容易发生洪水。按照地形高程越低、地面高程标准差越小的地方，发生洪水的危险性越大、可能对管道造成危害的可能性就越大的原则，对地形因子影响进行了权重打分（表7-23）。在地形因子对洪水的影响分析中，通过ArcGIS的ArcMAP对地形高程DEM和地面高程标准差的栅格图像叠加，得到综合地形因子影响图，其中高程DEM反映的是地面的海拔，将它分成5级；地面高程标准差反映的是地面平坦程度，是以DEM图像中的5×5的Cell作为评价的单元进行邻域的标准差分析后得到的，将其分成3级，小于10m为第1级，10～30m为第2级，大于30m为第3级。两者的Raster图层进行空间属性项的叠加合并后，按表7-23给图层栅格赋值，得到综合地形因子影响图。

表7-23　地形因子影响划分标准

地形因子	地形高程/m				
	＜800	800～1000	1000～1200	1200～1500	＞1500
地面高程标准差（＜10m）	0.9	0.8	0.7	0.6	0.4
地面高程标准差（10～30m）	0.8	0.7	0.6	0.5	0.3
地面高程标准差（＞30m）	0.7	0.6	0.5	0.4	0.2

4）降水因子对洪水的影响

大于50mm的降水为暴雨，但由于地形陡峭，植被破坏严重，陕北地区的降水量达到30mm以上就有发生洪水的可能，因此选择30mm降水日数作为暴雨强度的标准。根据降水量越大、年暴雨日数越多，对洪水形成的贡献越大的原则，确定了降水因子对洪水形成的划分标准（表7-24），由此得到了降水因子对洪水形成的影响图。

表7-24　降水因子影响划分标准

年暴雨日数（降水＞30mm/d）	年平均降水量/mm		
	＜350	350～400	＞400
＜2	0.1	0.3	0.5
2～4	0.3	0.5	0.7
＞4	0.5	0.7	0.9

5）土地利用类型对洪水的影响

不同的土地利用类型，对水分的截留作用是不同的，林地在减少径流方面的作用十分突出，农地减少径流的作用要强于荒坡，在暴雨强度下，减流强度：林地＞草地＞农地。按照对径流截留作用越大的土地利用类型，其所处的位置相对高程越高，则该地区发生洪水可能性越小的原则，将土地利用图和 DEM 图各分成如表 7-25 中的 5 级，然后对两个图层的空间属性项进行叠加合并生成土地利用影响图，并按表 7-25 中的权重值给属性赋值。

表 7-25　土地利用类型影响划分标准

土地利用类型	地形高程/m				
	＜800	800～1000	1000～1200	1200～1500	＞1500
1. 平原区旱地、裸地、盐碱地、建设用地、水域	0.9	0.8	0.7	0.6	0.5
2. 低盖度草地	0.8	0.7	0.6	0.5	0.4
3. 丘陵区旱地	0.7	0.6	0.5	0.4	0.3
4. 中盖度草地	0.6	0.5	0.4	0.3	0.2
5. 林地、沙地	0.5	0.4	0.3	0.2	0.1

6）社会经济易损性分析

洪水对工程造成的社会经济损失主要包括直接损失和间接损失。直接损失主要是指管道破裂造成的损失，主要是天然气的释放和管道破损，由于每 20km 有一个安全阀，因此这种损失的情况在管道各段基本相同，总体上的损失不会太大。间接损失主要是指事故对沿线人身和财产的危害，这是由于管道破裂事故的爆炸冲击波和热辐射最大危害距离可达 1.5km，特别是在人口稠密区，其造成的人员伤害可能是很大的。陕西段沿线的村镇密集，在沿线 360km 长、左右各 5km 的范围内共有 360 个村镇，管道破裂后存在很大的风险。因此以管道两侧 5km 范围内村镇的密度代表在管道事故后的社会经济易损性。由于全国 1∶25 万全国数字化地形图包括了国家标准中村及村级以上的所有居民地类别（点图层），因此从中选取管道沿线 4 个县的村镇数目，计算其密度，然后按照密度越大、易损性越大的原则，给出权重值（表 7-26），转换成其对洪水风险的影响图。

表 7-26　社会经济易损性影响标准

村镇密度/（个/km^2）	影响因子权重
＜0.5	0.2
0.5～1.0	0.4
1.0～1.5	0.6
1.5～2.0	0.8

7）黄土丘陵沟壑区油气管道建设工程评价洪水风险

在 ArcMAP 软件支持下，对综合地形因子影响图、降水因子影响图、土地利用影响图和社会经济易损性影响图进行了叠加计算，并按照计算值对结果进行了等差值分类，把陕西段洪水风险分为 5 级，1 级风险最低，依次递增，5 级风险最高（图 7-27）。

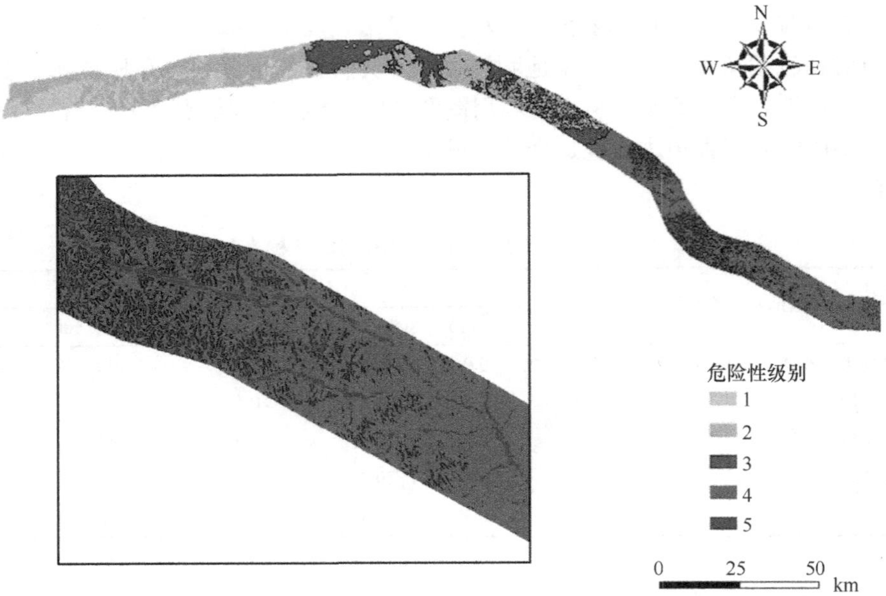

图 7-27 西气东输工程沿线陕西段洪水风险评价分级图（另见图版彩图）

由图 7-27 可以看到，沿管道由西向东，管道沿线洪水风险逐渐增加。其中 1 级风险区主要分布在定边、靖边和子长的部分地区，这些地区地势相对较高，多为山地，降雨量低于其他地区，村镇密度较低，其风险明显很低。2 级风险区主要发生在大面积的平坦地区，特别是定边地区，是大面积的平坦农业地区，虽然也有河流通过，但由于降雨量较低，发生的风险也较低。3 级风险区主要位于靖边和子长的东段，这一区段降水量有所增加，地形变化较大，特别是有红柳河、芦河和大理河穿过，使得风险有所增加。4 级风险区是风险较大的地区，覆盖了子长和延川的大部分地区及靖边的大理河，这一地区是典型的黄土高原丘陵沟壑区，沟壑密度较大，土壤侵蚀较为严重，降水形成洪水的危险性较大，村镇密集，管道破裂后会对周围环境形成较大危害。5 级风险区是该段风险最强区域，主要是子长和延川两县的河流及河谷平原，包括秀延河、永坪川、清涧河及黄河的周围地区，两侧沟谷陡峭，暴雨时极易形成洪水，冲刷沟底，冲淘两侧沟岸，对管道造成破坏，同时子长东部和西部地区由于植被盖度较低，村镇密度大，也是风险最大的地区。

7.3.6.2 油气管道建设工程在西部地区的滑塌风险分析

西气东输工程陕西段地质地貌最为复杂，也是全线地质灾害最多的地段，洪水、滑塌、泥石流等地质灾害威胁着管道的安全运行，其中滑塌灾害最为严重。黄土滑塌灾害使土体中的管道弯曲变形甚至断裂，造成天然气的泄漏，如果在地形不开放或人口密集的地区发生爆炸，将会危及人们的生命安全并造成社会财产的损失，其爆炸冲击波和燃烧热辐射最大危害距离可以达到 1.5km。在西气东输的运行期管理中，需要通过滑塌危险性评价，从空间分布上明确其分布特征，有针对性地加强滑塌地段的监测，采取相应的工程及生物措施。同时针对可能的事故点，制订相应的风险决策管理措施。

1）基本概况

西气东输工程沿线所经过的陕北地区是主要的滑塌区之一，由于以往对其研究不深、分类不明，而常常把它作为“滑坡”或作为“崩塌”灾害来进行研究。黄土滑塌灾害是指黄土斜坡特别是高陡斜坡在自然因素或人为工程活动影响下所引起的突发性、兼有滑动与倒塌、崩塌特点的特殊黄土地质灾害类型。黄土滑坡、滑塌是黄土高原重力侵蚀，造成水土流失产沙的主要方式之一。滑塌灾害雨季比旱季发生的频率高。

2）方法和因子选择

（1）因子筛选。诱发滑坡的因子有很多，包括构造、岩性、地震烈度、气候、河网、植被覆盖、坡度、坡向、土壤、地下水和人为等。但滑塌不同于滑坡，其诱发因子有所不同。从构造来看，研究区无大型剧烈褶皱和断层，长期以来是一个稳定的地区。从地震来看，滑坡、崩塌受地震影响，但一般都是在地震烈度Ⅵ级以上地区，更大可能是在Ⅶ级以上地区，规模巨大、破坏力强的塌滑多发生在Ⅸ级及以上地区，研究区的地震烈度等于或小于Ⅵ级。

根据以往学者的研究，滑塌有如下特点：滑塌主要发生在高度10m以上，由厚层马兰黄土组成的斜坡带，黄土斜坡的坡度通常在50°以上；雨季发生的频率比旱季高；自然条件下，在川地和大型冲沟两侧因河水侧向侵蚀、洪水冲刷或蓄水浸润黄土坡脚易诱发滑塌灾害；在黄土塬边和其他黄土斜坡地带，坡高、坡比过大易发生强烈滑塌灾害；它的发育程度受黄土颗粒组成的控制，具有明显的地域性。因此根据黄土滑塌的以上发生特点，西气东输工程陕西段滑塌危险性评价因子选取降雨因子、地形因子、河网因子和土壤因子4个指标。其中地形因子选取了坡度。评价的范围选取管道两侧各5km。

（2）数据来源。黄土高原1∶5万DEM，全国1∶100万土壤分类数字化图，坡度图由DEM图提取，河网图通过SWAT模型从DEM中提取，降水资料源于《西气东输工程陕西段环境影响评价报告书》。

（3）分析方法。采用层次分析法构造层次模型，确定各影响因子的权重，层次模型见图7-28。

根据下文中对各因子的分析，按其相对重要程度构造矩阵，得到特征向量作为权重值，一致性检验值RC=0.016＜0.1，见表7-27。

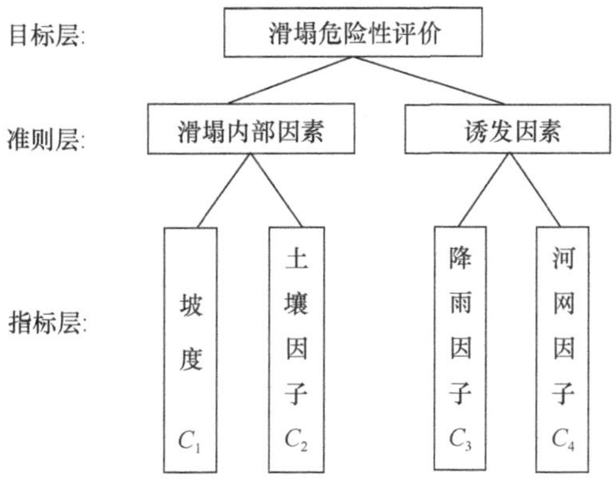

图7-28 滑塌危险性评价层次模型

表 7-27　滑塌影响因子判断矩阵

	C_1	C_2	C_3	C_4	权重值
C_1	1	3	3	5	0.519
C_2	1/3	1	1	3	0.201
C_3	1/3	1	1	3	0.201
C_4	1/5	1/3	1/3	1	0.079

通过各因子的权重值与各影响因子的不同分类值相乘得到各因子的影响分值，最后在 ArcGIS 支持下进行各图层的叠加运算，并对运算结果的分值范围进行等差值分类，得到危险性分级结果。

（4）各因子赋值。降水因子：降水是影响斜坡稳定的自然因素中最活跃的因素。降雨的作用常和其他一系列的外动力作用及力学作用机制相关联，如降雨使岩石饱和，增大其容重，坡体中的软弱层受湿后力学强度大幅度降低；降雨可以使河水暴涨暴跌，不仅冲刷岸坡、淘蚀坡脚，而且造成岸坡的附加载荷，改变斜坡的应力状态；冲沟的冲刷不仅破坏坡体，还可能破坏保持坡体平衡的关键部位。降水因子权重确定如表 7-28 所示。

表 7-28　降水因子影响划分标准

年暴雨日数（降水＞30mm/d）	年平均降水量/mm		
	＜350	350～400	＞400
＜2	1	3	5
2～4	2	4	6
＞4	3	5	8

地形因子：滑坡的发生通常有一个临界角。滑坡发生的有利地形是斜坡，25°～45°的斜坡发生滑坡的可能性最大，45°以上的斜坡发生滑坡的可能性也大，但发生的多是崩塌性滑坡，55°以上发生滑塌的可能性就很大了。因此坡度对于滑塌发生具有最重要的控制影响，借鉴有关崩塌坡度的赋值划分方法，对滑塌的坡度进行了分类赋值（表 7-29）。

表 7-29　坡度因子赋值

坡度	＜25°	25°～45°	＞45°
影响值	3	6	9

河网因子：黄土地区，由于黄土含水量低、立壁性较强，坡脚受外界因素（受水浸润、水流冲蚀、人工开挖掏空或地震）的作用或影响，在冲沟沟壁或陡坡上，沿其垂直节理发生崩塌。山西隰县午城附近的高陡边坡常发生崩塌。新疆库米什南山山间高陡基岩边坡，长期遭受风化剥蚀作用发生崩塌。工程施工开挖管沟或修路，高陡边坡失稳也会造成崩塌。陕西靖边阳沟水库蓄水，库岸坡脚黄土浸水湿陷，致使黄土岸坡坍塌破坏。西气东输沿线的河流及河谷两岸也是滑塌的高发区。通过 SWAT 模型从 DEM 中提取的河网图，根据确定的权重（表 7-30），对它进行左右各 1km 缓冲区分析，生成河流缓冲区图。

表 7-30 河网因子赋值

河网	缓冲区外	缓冲区内
影响值	4	8

土壤因子：不同地域黄土黏粒含量不同，黄土滑塌地质灾害的发育程度也不同，即黄土滑塌灾害具有地域性。砂黄土区，黄土成分中粒径小于 0.005mm 的黏粒含量仅为 4.5%～8.5%。极低的黏粒含量导致此类黄土黏聚力极低，低黏聚力导致坡体在滑移过程中因应力场的变化而发生结构解体破坏，而不是整体滑动，即表现出滑塌特征。

我国黄土颗粒组成具有地带性分布规律，即西北粗、东南细，自西北向东南依次可以划分为 3 个带：最北部 I 带为砂黄土带（粒径小于 0.005mm 黏粒的含量小于 10%），第Ⅱ带以南，渭源—临汾一线以北的典型黄土区，即黏粉质黄土区（粒径小于 0.005mm 黏粒的含量为 10%～20%），黏聚力 c 值为 25～35kPa。第Ⅲ带为包括西安、宝鸡、天水、洛阳在内的黏黄土带（粒径小于 0.005mm 黏粒的含量为 20%～30%），黏聚力 c 值高达 40～45kPa，罕有滑塌地质灾害。

西气东输工程陕西段沿线的主要土壤类型有黄绵土，黄绵沙土，粗骨土，盐土，盐渍化潮土，焦黑垆土，石灰性新积土，灰钙土，固定风沙土，潮土。按照黄土区发生滑塌的规律，土壤类型对滑塌的影响赋予权重如表 7-31 所示。

表 7-31 土壤因子赋值

土壤类型	粗骨土、盐土、盐渍化潮土、焦黑垆土、石灰性新积土、灰钙土、固定风沙土、潮土	黄绵沙土	黄绵土
影响值	3	6	9

3）黄土丘陵沟壑区油气管道建设滑塌风险评价

根据叠加运算的结果，进行了等差值分类，西气东输工程沿线陕西段滑塌危险性共分为 5 级（表 7-32），从 1 级到 5 级滑塌危险性逐渐增加（图 7-29）。

表 7-32 滑塌危险性分类及面积统计表

危险性级别	分类范围	面积/km^2	面积比率%
1 级	11～14	784.83	25.77
2 级	15～19	1572.01	51.62
3 级	20～24	616.31	20.24
4 级	25～29	69.91	2.30
5 级	30～34	2.08	0.07

1 级和 2 级危险区属于低危险区，是滑塌灾害的弱发育区，它们占评价区面积的 75%以上，主要分布在管道西段的定边和靖边县境内，这一段的主要地貌是风沙地貌，分布着较多的固定、半固定沙丘，降雨量较小，土壤以风沙土为主，基本上不会发生滑塌灾害。

3 级危险区是滑塌灾害的中等发育区，面积占了评价区的 20%，主要分布在子长县和延川县的大部分地区，另外在靖边县的东部和定边东部的沿河沙黄土区也有分布，这些地区一般坡度 25°以上，存在进一步发育的可能性，特别是在水土流失严重的情况下，沟道进一步被冲切，就会使坡度变陡。

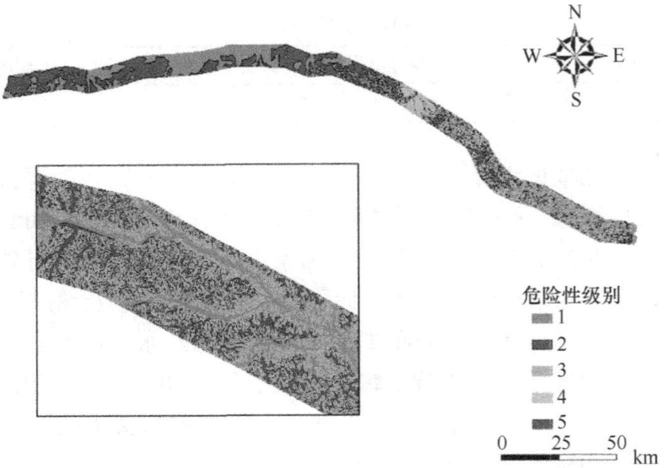

图 7-29　西气东输工程陕西段滑塌危险性分级图（另见图版彩图）

4 级危险区是滑塌灾害的重度发育区，虽然占的面积只有 2.3%，但绝对面积不小，为 69.91km²，主要分布在靖边县东部和子长县西部，在延川县则主要分布在大的河谷周围。子长和靖边县是工程沿线黄绵沙土的主要分布区，沟谷密布，许多地方由于侵蚀剧烈，坡度较陡，在强降雨诱发下，发生滑塌的可能性很大；另外秀延河及大理河的沿河两侧，也是滑塌的重度发育区。

5 级危险区是滑塌极重度发育区，总面积只有约 2km²。由于 5 级危险区总体面积较小，且各个滑塌危险性斑块的面积也很小，因此把小斑块进行了放大显示。从图 7-29 中可以看到 5 级危险区主要分布于靖边县青阳岔和子长县的安定镇之间，这里沟谷密布，坡陡，而且是黄绵沙土的主要集中分布区，滑塌随处可见。另外在秀延河的河流凹岸陡坡，极易在河水的淘蚀下发生滑塌。

7.3.7　油气管道工程周边生态环境稳定性评价

1）研究区概况

考虑到管道工程周边地区之间的相互作用，生态系统稳定性评价区域侧重于西气东输管线及其伴行公路两侧共 20km 宽的范围，在 84°～96°E 和 41.5°～42.5°N 区域内。管道所经过的新疆干旱荒漠区属于温带干旱荒漠区，干旱少雨，蒸发强烈，气温年变幅和日变幅均较大。土壤类型主要为盐土、棕漠土、风沙土，在山前河流冲积扇扇缘地带分布有少量的草甸土，局部有灌耕潮土。植被主要为暖温带的灌木、半灌木荒漠，植被极度稀疏，种类贫乏。该区常见大面积的裸露戈壁、沙漠及剥蚀丘陵，风沙危害十分严重，大风和沙尘暴天气较多。

2）研究方法

（1）生态系统稳定性和施工干扰的关系。稳定性包括了两个方面的含义：一是系统受干扰后保持目前状态的能力，即抗干扰的能力；二是系统受扰动后回归原有状态的倾向，即受干扰后的恢复能力。考虑到西气东输管道工程项目的特点，本研究从生态系统的恢复能力角度（resilience）进行稳定性评价。

施工干扰可以分为以下几个不同的类型。

伴行公路修建：新疆段伴行公路长达 660km，公路作业带宽于管道作业带，自然生态系统永久转变为公路，不具有恢复性。

管沟所在的 2m 宽的条带：在这个条带范围内，土壤和下面的母质层都受到翻动干扰，地上植被也全部被破坏。

管沟和伴行公路作业区：由于重型机械碾压和掘土机翻动，土壤表层稳定结构被破坏，土壤紧实化，植被地上部分基本被破坏。

管道和伴行公路附近地区：距离管道或公路不同，受到的干扰强度也不同。这种干扰主要是在施工的时候发生，如机械噪声和废气，管道运行期间，这种干扰强度很小。

生态系统稳定性评价针对生态系统单元，研究某种类型生态系统受到一定强度干扰后的恢复能力，研究不针对具体的地点，因此同一类生态系统受干扰的空间差异将被忽略。把生态系统受到干扰统一归纳为：重型机械碾压和掘土机翻动，导致土壤表层稳定结构被破坏，土壤紧实化，植被地上部分基本被破坏。

（2）生态系统稳定性评价方法。生态系统受到了气候、植被、土壤、水文、地形地貌等多种因素的影响，其中土壤和植被是在特定的生境条件下长期演变进化的结果，其特征反映了所在地的生态系统的基本特点，土壤植被也是施工干扰的直接对象。水分条件（土壤水分、地下水位）是影响荒漠区生态系统恢复的重要因子，作者认为现有的植被类型分布格局和特征很大程度上代表着水分的分布格局和基本特点，因此评价中不单独考虑水分因子，而把水分因子整合到植被因子中。同时考虑到研究区生态系统的相对简单性和研究区气候的相对一致性，这里只选择土壤和植被作为评价因子。

在 GIS 支持下，用图层权重叠加模型，研究沿线生态系统类型在管道施工干扰下的稳定性。借助生态系统稳定性指数，作为对生态系统稳定性的描述，稳定性指数由下面的公式计算得出：

$$V = n_1\mathrm{Ds} + n_2\mathrm{Dv} \tag{7-22}$$

式中，V 为生态系统稳定性指数；Ds 为土壤稳定性指数；Dv 为植被稳定性指数；n_1、n_2 分别为 Ds 和 Dv 所占的贡献系数。结合当地具体生态环境情况与专家判断，n_1、n_2 均设为 0.5。

将生态系统稳定性等级分为不稳定、欠稳定、稍稳定、稳定 4 种，等级划分原则如下（表 7-33）。

表 7-33 稳定性等级划分标准

稳定性指数	指数分级
1～3	不稳定
3～6	欠稳定
6～9	稍稳定
＞9	稳定

（3）土壤和植被稳定性指数赋值。研究区域内主要的土壤类型包括棕漠土、盐土、石质土和风沙土，施工导致盐土表层的盐结壳被破坏，盐土很容易被风蚀，稳定性弱；

对棕漠土，在规范施工（施工后的地表铺上砾幕）的前提下，土壤能在砾幕的保护下不被侵蚀，棕漠土受干扰影响小，较稳定；石质土土层极其稀薄，而且基本没有植被在石质土上生长，基于这种情况作者认为从生态系统功能角度来说，管道施工对石质土产生影响可以忽略，认为石质土是稳定的；对风沙土翻动导致土层松动，极容易使土壤被风蚀或水蚀，风沙土是不稳定的。综合土壤抗侵蚀能力和恢复能力，通过专家评判，给每一种土壤类型进行稳定性打分，结果见表 7-34。

表 7-34 土壤的稳定性指数赋值结果

土壤类型	稳定性指数	指数分级
风沙土	1	不稳定
盐土	4	欠稳定
灌溉潮土	7	稍稳定
草甸土	7	稍稳定
潜育土	7	稍稳定
棕漠土	10	稳定
石质土	10	稳定

研究区域内植被类型简单，灌木荒漠占了 63%以上的植被面积，优势种包括灌木植物麻黄、半灌木琵琶柴和盐生矮半灌木盐节木。这 3 种植物都有根系极其发达等适应干旱的生理特征，琵琶柴和盐节木还有抗强盐碱的能力，三者都兼有种子生殖和营养生殖的功能，比较而言，麻黄根系最为发达，又有较强的刈割再生能力。这类植被生长地区生境恶劣，植株一旦被破坏死亡，新的植被就很难形成，植被恢复能力差。草甸生态系统中的优势种是芦苇，芦苇地下的匍匐茎有繁殖功能，即使管渠开挖破坏了芦苇的地下部分，只要条件适合，管渠两旁的茎也能很快延伸，并重新生长出地上部分，恢复能力是较强的。综合群落优势种的抗干扰生理特征和植株再生能力，对不同类型的植被进行稳定性权重赋值，结果见表 7-35。

表 7-35 植被稳定性指数赋值结果

土地覆被/植被类型	稳定性指数	指数分级
矮半灌木荒漠	1	不稳定
灌木荒漠	1	不稳定
多汁盐生矮半灌木荒漠	1	不稳定
半灌木-矮半灌木荒漠	1	不稳定
沙漠	1	不稳定
温带落叶灌丛	4	欠稳定
温带丛生禾草草原	4	欠稳定
禾草、杂类草盐生草甸	4	欠稳定
禾草、杂类草沼泽化草甸	7	稍稳定
沼泽	7	稍稳定
一年生粮食、经济作物	7	稍稳定
石漠及高山岩屑	10	稳定

3）研究结果

（1）生态系统稳定性等级划分。通过叠加分析得出研究区域生态系统稳定性等级。

面积比例超过 1%的生态系统及其稳定性如表 7-36 所示。

表 7-36 管道沿途主要生态系统的稳定性等级

生态系统类型	稳定性	面积比例/%
剥蚀平原棕漠土灌木荒漠	欠稳定	12.80
剥蚀丘陵石漠	稳定	11.43
剥蚀平原石漠	稳定	8. 94
冲积平原盐土灌木荒漠	不稳定	8.70
剥蚀丘陵棕漠土灌木荒漠	欠稳定	7.81
冲积平原盐土草甸	欠稳定	6.43
洪积平原棕漠土灌木荒漠	欠稳定	5.56
剥蚀山地石漠	稳定	5.41
沙漠	不稳定	4.26
剥蚀山地棕漠土灌木荒漠	欠稳定	3.26
洪积平原石漠	稳定	3.01
冲积平原灌耕潮土绿洲农田生态系统	稍稳定	2.67
剥蚀山地石质土灌木荒漠	欠稳定	2.49
剥蚀山地石质土半灌木、矮半灌木荒漠	欠稳定	2.36
剥蚀丘陵棕漠土半灌木、矮半灌木荒漠	欠稳定	1.77
洪积平原棕漠土半灌木、矮半灌木荒漠	欠稳定	1.47
洪积平原石质土灌木荒漠	欠稳定	1.26
冲积平原草甸土草甸	欠稳定	1.24
剥蚀平原石质土半灌木、矮半灌木荒漠	欠稳定	1.13
冲积平原风沙土灌木荒漠	不稳定	1.07

不稳定生态系统类型主要是轮南和库尔勒之间的盐土荒漠生态系统类型，以及博湖南岸的固定或半固定沙丘。

欠稳定的生态系统类型占了 53%，主要包括分布在轮南附近的草甸生态系统类型，库鲁克塔格山区、哈密盆地、焉耆盆地及嘎顺戈壁的灌木荒漠。

稍稳定的生态系统类型主要是库尔勒附近的绿洲农田生态系统类型。

稳定的生态系统类型包括库米什、鄯善附近的石漠及高山岩屑，这些区域的土壤主要是石质土，地表基本无植被覆盖。

（2）不稳定生态系统分析。不稳定生态系统主要包括冲积平原盐土灌木荒漠生态系统、冲积平原风沙土灌木荒漠生态系统、冲积平原盐土多汁盐生矮半灌木荒漠生态系统。这类生态系统存在的主要问题是：①受到施工干扰后的土壤很容易被侵蚀；②受破坏后的植被很难恢复。自然状态下的盐土表层有一层盐结壳，它能保护下层的土壤，减少土壤被风蚀的危险，一旦表层盐结壳被破坏，下层松散的细颗粒土壤就很容易被风蚀。盐结壳也容易被恢复，只要有一定数量的降水后，强烈的蒸发作用能把被雨水溶解的盐分从土壤下层带回上层，重新形成新的盐结壳。由于干旱荒漠区里，降雨非常难得，而大风干旱却是经常出现，因此盐土结构一旦被破坏后，土壤被风蚀的可能性远远超过土壤稳定结构重新形成的可能性。

由于盐土含盐量高，只有少数耐盐的植物中能在盐土环境下存活。在含盐较轻的盐土上，混生有耐盐的禾本科草类和部分盐生植物，覆盖度较大；在含盐很重的盐土上，一般只生长稀疏的盐生灌丛，或者没有高等植物，而呈现一片独特的盐质荒漠景观。盐土上的植被一旦被破坏就很难再重新恢复。在这类地区施工时，因为机械进入很难保证土壤表层结构不被破坏，这种情况下应重点考虑保护原有的植被，至少保证植被的地下部分少受伤害，这样有助于植被恢复。

（3）欠稳定生态系统分析。欠稳定生态系统包括各种草甸生态系统和灌木、半灌木、矮半灌木荒漠生态系统。大面积分布于管道沿线地区。

草甸生态系统的土壤表层 20cm 都是草根层，密集的草根相互联结能很好地保护土壤不被侵蚀。管道施工将表层的草根层破坏后，由于草根死亡，表层土壤不再被固定，变为容易被侵蚀的对象，原本受保护的下层土壤将直接受到被侵蚀的威胁。

灌木、半灌木、矮半灌木荒漠主要分布在洪积平原、剥蚀山地和剥蚀丘陵地段。洪积平原生境条件恶劣，土壤的土层薄（甚至大面积无土壤）、有机质含量低。这类地段生长的荒漠植被种类贫乏、覆盖度低（常小于 10%）、高度矮（通常小于 50cm）。植被通常在积沙处成簇随机分布或者沿地表网状冲沟呈条带状分布。植株基部的积沙与植物之间建立共生关系，由于植被的存在保护积沙不被风蚀，积沙存在又为植被的生存提供温度、水分和营养条件。这种共存关系对外界的干扰很敏感，一旦被破坏也很难重新形成。由于生境恶劣，植被的恢复更新能力很差，这类生态系统的稳定性差。

（4）稍稳定生态系统分析。稍稳定的生态系统主要是绿洲农田生态系统。分布在库尔勒市和 29 团场的农田生态系统本身就是受人为控制的生态系统，加上有基本的水分条件保障，因此农田生态系统是比较容易恢复的生态系统。绿洲恢复也就是农田生产力的恢复，而农田生产力很大程度上取决于土壤性状，因此最大限度地保护土壤质量是农田生态系统施工作业时应该重点考虑的问题。

（5）稳定生态系统分析。稍稳定的生态系统主要指石漠，石漠本身是很简单的生态系统类型。石漠地段无土壤、无植物，地表覆盖粗粒径、厚度不一的无磨圆砾石，砾石下层是基岩。因为石漠基本不能保持水分，只有极少数动物能在石漠地段生存。石漠由于其自身的简单性，而成为对施工干扰不敏感的稳定生态系统类型。

7.3.8 油气管道工程绿洲荒漠化累积效应评价

土地荒漠化是气候变化和人类活动等多种原因造成的干旱、半干旱地区的土地退化。绿洲是一种特殊的非地带性地理景观，它存在于荒漠之中，有稳定的水源，适于人类生存和发展。绿洲荒漠化是由水环境恶化、土壤干燥化、植被退化、生物多样性衰减、土地沙漠化和土壤盐碱化等变化构成的地表动力学过程。在干旱区、半干旱地区，工程建设破坏地表植被，活化沙丘，导致绿洲荒漠化加剧。工程建设作为绿洲荒漠化的驱动力，多条工程并行穿越可能产生生态环境影响的累积效应，导致绿洲荒漠化程度加剧。

1）研究区选择

黑河中游在河西走廊中部，黑河流经甘肃山丹、民乐、张掖甘州区、临泽、高台等区县，属于典型的温带大陆性气候，降水量小，而蒸发量很大，年均气温 7.6℃，年均降水量 113.8mm，主要集中在 5～9 月，占全年降水量的 70%～80%。黑河中游的绿洲受人类活动影响强烈，绿洲区属灌溉农业，荒漠区主要以沙地和裸岩戈壁为主。

选择 3 条油气管道并行穿越的张掖甘州区绿洲作为研究区域（图 7-30）。3 条管道分别是西气东输Ⅰ线、西部原油管道和西气东输Ⅱ线，其中西气东输Ⅰ线建设期为 2002～2003 年，西部原油管道建设期为 2005～2006 年，西气东输Ⅱ线管道建设期为 2008～2010 年。3 条管道在此区域并行穿越，相距 50m 左右。

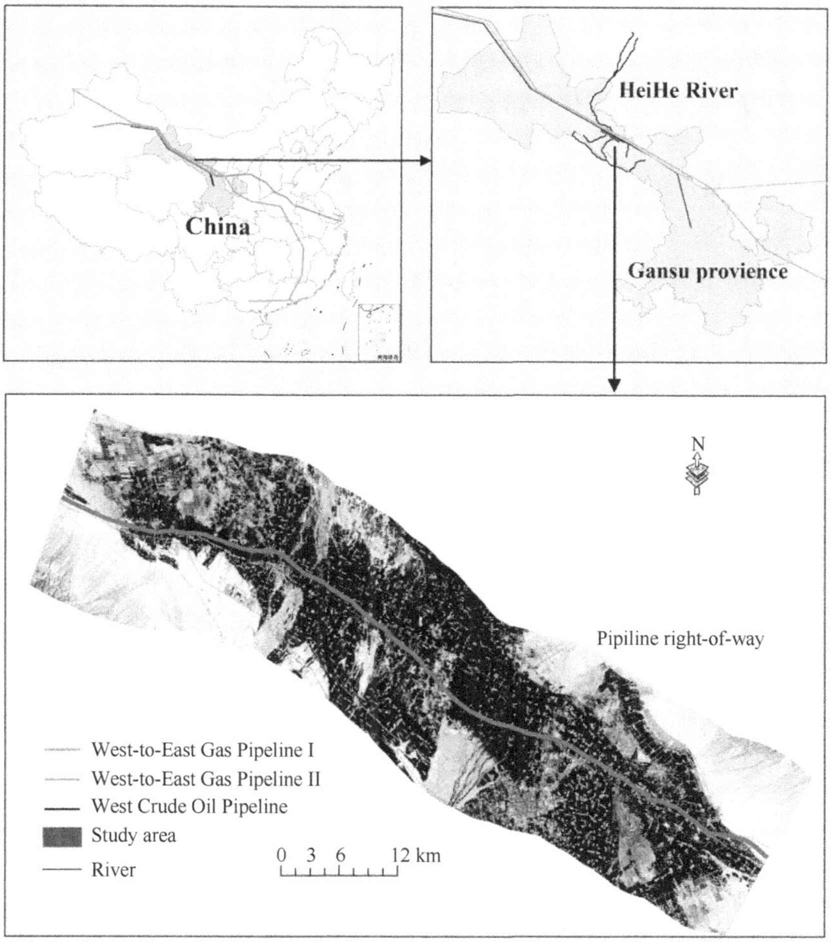

图 7-30 3 条油气管道并行穿越黑河中游绿洲农业区（另见图版彩图）

2）土地利用/土地覆被解译

在黑河中游研究区，选择 Landsat TM5 遥感影像解译土地利用/土地覆被变化，共选择本研究区 4 期影像：2001 年 7 月 20 日、2004 年 9 月 14 日、2006 年 8 月 3 日和 2010 年 8 月 14 日。其中 2001 年，该地区油气管道工程尚未建设；2004 年 9 月，该区西气东输Ⅰ线工程已经建成；2006 年 8 月，该区西部原油管道工程已经建成；2010 年 8 月，西气东输Ⅱ线工程已经建成。

在油气管道两侧各建立 6 个缓冲区，研究管道建设的生态环境累积效应。缓冲区包括：0～500m、500～1000m、1000～2000m、2000～3000m、3000～4000m 和 4000～5000m，将 9000～10 000m 设置为对照区。土地利用/土地覆被划分为耕地、林地、草地、沙地、戈壁、水体、建设用地和滩涂。沙地和戈壁为荒漠化土地。

3）土地荒漠化相对增长率

为识别管道建设对绿洲荒漠化的影响，需要剔除土地荒漠化自然增长率，本研究建立土地荒漠化相对增长率指数，通过设置对照区，排出管道干扰区土地荒漠化的自然增长因素。

假设区域背景一致，在未受工程建设干扰的情况下，研究区内每年的土地荒漠化增长率相似，即对照区土地荒漠化年增长率（t）：

$$(1+t)^n A=A_n \tag{7-23}$$

式中，A 为管道建设前的荒漠化土地面积；A_n 为管道修改 n 年后的荒漠化土地面积。

在缓冲区 0～5000m，土地荒漠化相对增长率（r）计算公式如下：

$$r=\frac{L_n-(1-t)^n L}{L} \tag{7-24}$$

式中，L 为缓冲区土地荒漠化面积；L_n 为管道建设 n 年后的缓冲区土地荒漠化面积。

4）油气管道建设绿洲荒漠时间累积效应评价

多条并行管道建设对生态环境产生累积影响，累积效应表现在空间上的累积和时间上的累积。由图 7-31 可见，第一条管道建设后，土地荒漠化相对增长率在 2000m 外保持较低、稳定的状态，表明第一条管道对绿洲荒漠化产生的影响在 2000m 的范围内。而第二条管道和第三条管道建设后，土地荒漠化相对增长率在 3000m 外才保持较低、稳定的状态，表明第二条、第三条管道对绿洲荒漠化产生的影响达到了 3000m。并行工程的建设扩大了工程的影响范围，第二条管道建成后对绿洲荒漠化的影响范围增加了 1000m 左

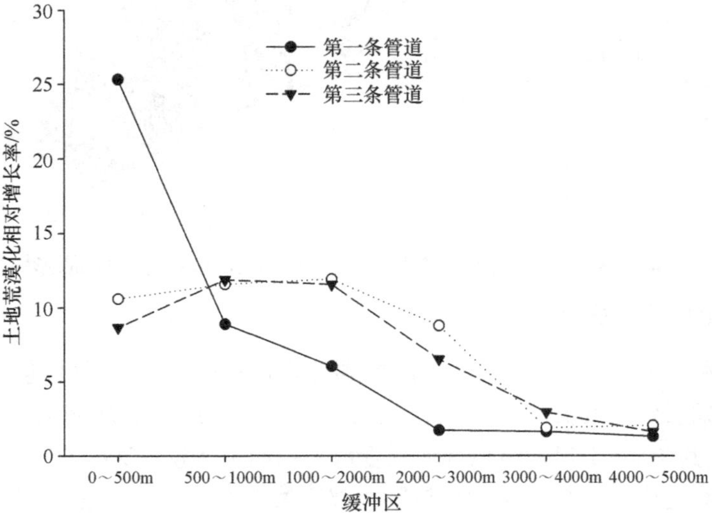

图 7-31 并行管道建设对绿洲荒漠化影响的累积效应

右。因此，并行工程建设对绿洲荒漠化在空间范围上产生了累积效应。第一条管道建设后，500～2000m 土地荒漠化相对增长率在 8%之下，而第二条和第三条管道建设后，此缓冲区内土地荒漠化相对增长率达到了 11%。因此，在多条并行工程叠加的空间影响范围内，产生了时间累积效应。

5）工程建设导致绿洲土地荒漠化驱动力分析

油气输送管道建设对绿洲生态系统的干扰主要发生在施工期，干扰途径既有直接影响也有间接影响（图 7-32）。线性建设工程建设影响土壤质量，降低了植被物种丰富度和多样性。油气输送管道建设期间，宽约 30m 的施工带清除上方表土和植被，将直接影响到绿洲生态环境的稳定（图 7-33A）。因为缺少植被覆盖，以及沙丘的活化，风力侵蚀的加剧，导致施工带上方土地荒漠化程度加剧。施工期间会挖一条 2～3m 的管沟，在部分地段会阻碍地下水的循环，导致地下水水位下降（图 7-33B）。油气输送管道穿越河流，会阻断河流，影响区域水资源的补给。管道周边因为植被稀疏，加上强烈的蒸发作用，导致土壤盐渍化现象明显（图 7-33C）。油气输送管道建成后，会修建一条伴行路用于维护和监管管道正常运营（图 7-33D）。由于伴行路没有封闭管理，间接扩大了人类的活动范围，沿途居民利用伴行路乱砍滥伐、大量开垦土地、过度放牧等破坏活动加剧了绿洲土地荒漠化。

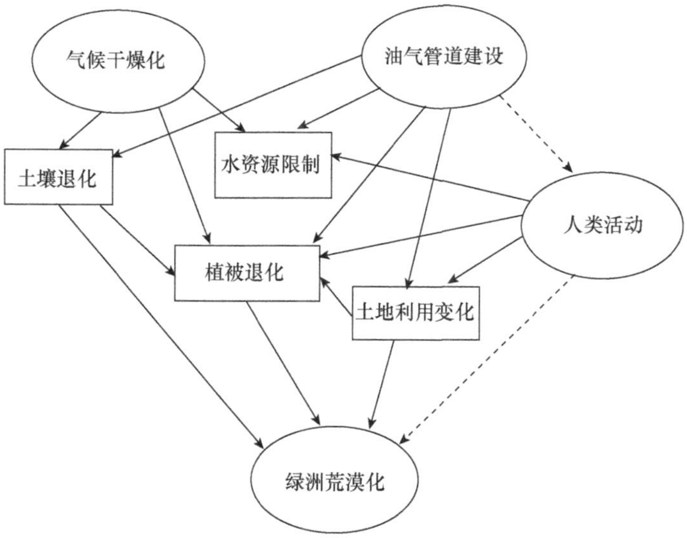

图 7-32　油气管道建设绿洲土地荒漠化驱动力分析

7.3.9　油气管道工程生态环境影响阈值判定

油气管道工程建设对野生动植物栖息地的影响突出表现在栖息地破碎化，由此导致承载物种数量的下降。识别工程建设对动植物栖息环境及其核心生境斑块的影响，其根本在于结合核心生境斑块的物种承载能力来判断生物的生存是否受到影响。评价过程包括 4 个步骤：工程建设影响范围识别；核心生境斑块的确定；目标保护物种是否可以生存的判断；国家尺度上目标保护物种灭绝风险的识别。具体评价流程如图 7-34 所示。

图 7-33　油气输送管道建设对绿洲的强烈干扰

A. 管道施工带上方表土和植被剥离；B. 深 2～3m 的管沟用于安放油气输送管道；C. 植被破坏地区，土壤盐渍化现象严重；D. 伴行路用于管道的维修和监管

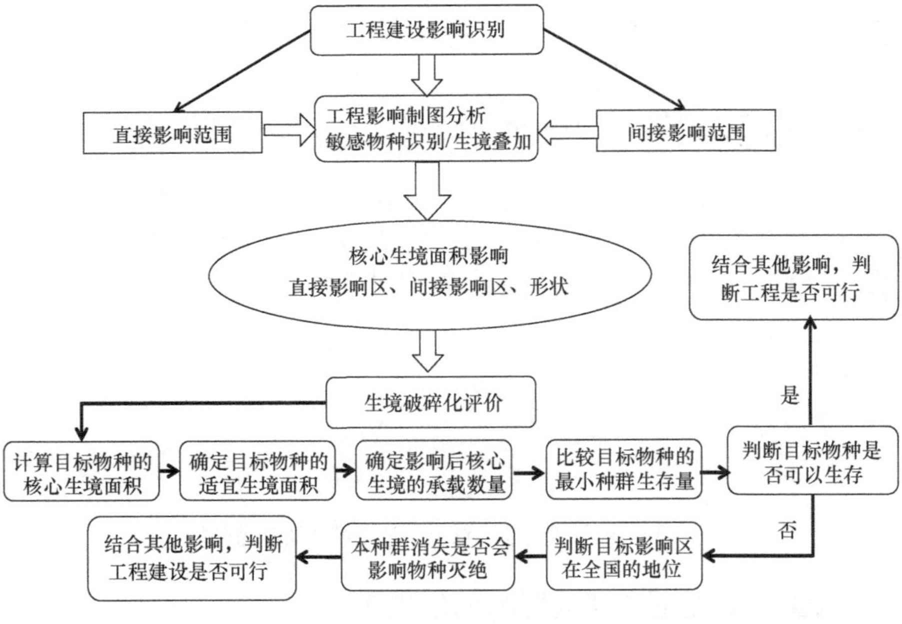

图 7-34　油气管道工程建设影响栖息地破碎化的评价流程图

7.3.9.1　油气管道工程影响范围的识别

为了确定油气管道工程建设的影响范围，首先需要确定工程所经过地区最为敏感的目标保护物种，其所受到的影响应该包含了其他物种可能受到的影响。

1）敏感保护目标（种群）的确定

如何确定最为敏感的目标物种？首先，需要列出工程通过地区所有需要保护的目标物种；其次，根据各种群的生态习性，比较不同被保护目标种群的生境需求，生境需求最为严格的那个保护目标将是最为敏感的目标保护种群。也可以参考工程穿越自然保护区的珍稀濒危野生动植物物种，来识别工程建设可能影响到的敏感目标物种。

2）工程建设影响范围的确定

油气管道工程建设造成的生态环境影响有直接影响和间接影响。工程通过占用土地、破坏植被、水土流失等方式将直接影响沿线的生态系统。直接影响一般发生在工程的施工作业带，可以直接识别出来，油气管道建设工程的直接影响发生在施工带上方，为0～28/30m。工程建设会导致一些生态环境因子的内在变化，如气温、湿度、地表和地下水文过程的变化，同时工程建设会带来更多的人类活动，从而在较长时间内给区域的生态系统带来影响，这些影响在短期内无法识别，但是随着时间的演替，将会愈演愈烈。油气管道建设工程带来大量的人类活动影响，扩大了工程的影响范围，对地表植被的间接影响范围达到了200m。由此，可以结合敏感保护目标，根据工程类型、地形地貌单元、生态系统类型等影响因素，按区域和评价因子分别确定工程建设的影响范围。

7.3.9.2 核心生境斑块影响程度的确定

1）编制针对敏感保护目标的生境类型图

根据工程类型、区域生态敏感性、敏感保护目标等特点，编制生境类型图。图件要充分反映目标保护物种的空间分布和生态因子构成，基本图件主要由项目区域地理位置图、敏感区分布图、敏感物种核心生境面积图、土地利用现状图、地形地貌图、地表水系图、植被类型图、敏感物种分布图等构成。图件需要选择适当的成图精度，充分反映栖息地生境的地理空间信息。

2）根据工程选线方案，编制工程建设影响的范围图

根据野外生态布点监测和查阅文献资料，识别出工程建设的直接影响范围和间接影响范围，依据工程路由、项目区域位置构建工程影响范围的空间分布图，包括直接影响范围图和间接影响范围图。

3）识别工程建设影响涉及的核心生境面积

利用 GIS 中的图形叠加和空间分析功能，叠加上述生境类型图和工程建设影响范围图，识别工程建设影响的栖息地生境空间分布和类型，确定工程建设直接影响和间接影响作用下目标种群的核心生境斑块的变化及其面积，确定受工程影响后的最大核心生境斑块面积（S_m）。

7.3.9.3 判断工程建设后的生境是否可以满足目标保护物种生存

1）确定单个物种适宜的巢域面积（S_s）

单个物种适宜的生境面积是目标物种种群在斑块中栖息、觅食所需要的最小生境面积，一般认为是单个物种活动的范围。物种的巢域面积直接影响种群的生存和灭绝。维持一个种群生存的最小物种数量所需要的生境斑块的面积，为种群的最小生境面积，即灭绝阈值。可以通过模型模拟计算该阈值：种群的长期繁殖率与死亡率之差为 0 时的最小生境面积或者种群存活概率为 1 时的最小生境面积。也可以查阅已有的文献资料或调查结果，确定维持单个目标物种生存的最小适宜面积。

2）确定工程影响后最大核心生境斑块的承载能力（N_p）

生态系统承载力被认为是特定时期内，生态系统所能容纳的最大种群数。根据单个目标物种巢域面积和最大核心生境斑块面积，确定工程建设影响后生境斑块的物种承载能力。

$$N_p = S_m \;/\; S_s \tag{7-25}$$

3）判断目标物种是否可以生存

最小可存活种群（N_{mp}）主要用于研究干扰对种群灭绝的影响，在种群统计学上是指以一定概率存活一定时间所需的最小隔离的种群大小。物种最小可存活种群数量取决于物种的迁移、扩散能力和栖息地的环境质量，如果物种有较强的迁移能力，可以增加不同种群间的遗传基因交流，避免近亲繁殖，扩大物种的分布范围，增加个体和种群存活的机会，该物种的最小可存活种群数则小于迁移能力差的物种。维持物种生存的最小种群数量可以通过种群生存力分析模拟来确定。最小可存活种群数量也可以参考已有的研究结果来确定。

通过目标物种生存阈值，判断工程对动植物栖息地破碎化影响，为下一步决策工程在栖息地建设是否可行提供参考。理论上，如果 $N_p > N_{mp}$，则意味着工程建设对目标物种栖息地的影响没有超出其生存的阈值，可以认为工程建设是可行的，否则，工程建设不可行。但是为了工程建设不会对目标物种产生灭绝性的影响，也考虑到潜在生态环境影响的不确定性，需要适当扩大影响判断的阈值。因为目标物种对工程的敏感性不同，生存阈值也会存在差异，这里假定目标物种生存阈值为 x。则可以比较 N_p 与 N_{mp}，如果 $N_p > xN_{mp}$，则工程建设可行，否则，需要作进一步研究。此处的 x 是一个大于 1 的数值，作者在这里建议为 1.2（即提高 20%的物种生存保险），也可以通过调研和查阅文献或者咨询专家来确定其具体数值。

7.3.9.4 国家尺度上判断目标保护物种灭绝的风险

如果工程影响区目标保护物种无法正常生存，此时工程建设是否可以通过环评还需要从全国尺度上进一步开展工作。

1）判断该保护区或种群在国家尺度上的重要性（I_p）

如果一个地区的目标种群在国家尺度上所占地位很低，即使因受到工程建设影响该区的种群面临灭绝时，工程建设也不会对国家尺度上的种群生存产生严重的影响，那么就意味着这样的工程建设也可以通过环评。作者认为可以通过以下公式计算该保护区或种群在全国的重要性。

$$I_p = (1 - S_i)\frac{N_p}{N_{tp}}\frac{S_a}{S_{ta}} \tag{7-26}$$

式中，S_i 表示目标种群与全国所有种群的基因相似程度；N_p、S_a 分别表示目标保护区的种群数量和面积；N_{tp}、S_{ta} 分别表示全国该类保护区或种群的数量和面积。

2）判断工程建设是否可行

如何判断工程是否可以建设，需要结合目标保护物种给出一个阈值。阈值 y 就是在综合考虑了物种的濒危程度、对外界干扰的敏感性和重要性后，结合具体物种给出的一个判断。如果该保护区或目标种群在国家尺度上的重要性很低，即 $I_p<y$，则工程建设可行，可以结合其他影响评价，给出准确的判断结果。否则，工程建设不可行，不能通过审批。此处作者建议 y 的默认值为 0.1，保护目标物种种群（或生态系统）在国家尺度上的重要性低于 10%，地位微不足道，可以忽略不计。

8 输水管道工程生态环境影响定量评价

8.1 工 程 概 况

8.1.1 输水管道工程规模和特点

水是生命的源泉、农业的命脉、工业的血液、环境的要素。随着我国社会主义经济的飞速发展，对水资源的开发利用不断强化和扩大。我国属于水资源相对匮乏的国家，如何优化水资源的配置，高效利用水资源已成为一个战略性课题。管道输水，作为一种快捷、高效的输水方式，早在20世纪初期就已经在英美等发达国家得到了应用，目前我国也正在推广和普及。

输水管道工程是人类为了改善生存环境、发展经济而实施的一项大规模的人工输水工程。它使水资源在一定程度上按照人类的意志在时间和空间上重新分配，从而促进人类的生存和发展，使人们获得巨大的社会效益、经济效益和生态环境效益。但是跨流域输水人为地改变了地区水情，势必会改变原来的生态环境，打破原有的生态平衡，如果规划决策不当，将造成严重的、不可逆转的生态环境破坏，进而威胁人类的生存和发展。

输水管道建设工程是从远距离水源输水到用水地点的管道和渠道的统称。广义上是指长距离的整个输水系统，包括管道、明渠、暗渠和隧洞等。狭义上仅指跨越山谷、河谷或低洼地的输水构筑物。输水管道有各种不同的形式：按供水情况分有重力供水和水泵供水（或称压力供水）；按水力条件分有重力流和压力流；按水流形式分有满流和非满流；按构筑物类型分有地面渠道、高架渠道（包括渡槽）、管道和隧洞等。大型输水管道建设工程往往是多种输水管道形式的组合。

我国的输水管道工程，材料大都采用中低强度的钢管和混凝土管，在梁式跨越输水工程中多采用焊接钢管，少数为无缝钢管，输送介质压力为 0.1～1.0MPa。管径一般为100～2000mm 甚至以上，根据工艺设计确定流量。整个结构由管道、管座、支架和基础四部分组成。管线支架主要采用钢支架或钢筋混凝土支架。管座起连接管道与支撑构件的作用，其有固定式和活动式两种类型。

南水北调中线工程从汉江丹江口水库引水，向黄淮海平原供水，横跨汉江、淮河、黄河、海河流域，主要解决我国华北地区包括京、津、冀、豫四省（市）水资源严重短缺问题。南水北调中线干渠管道工程以明渠为主，局部渠段采用泵站加压管道输水的组合方案。

南水北调中线工程的工程建设主要包括：①水源工程，将丹江口水库坝顶高程由162m 增加到176.6m；正常蓄水位由157m 提高到170m；相应库容由174.5亿 m^3增加到290.5亿 m^3，增加116亿 m^3；库区水域面积由745km^2增加到1050km^2。水库新增淹没及影响面积307.7km^2，规划生产安置人口27.62万人，搬迁总人口32.8万人，补偿或复建161

家工业企业及各类专业设施。②总干渠工程，从加坝扩容后的丹江口水库陶岔渠首闸引水，沿线开挖渠道，经唐白河流域西部过长江流域与淮河流域的分水岭方城垭口，沿黄淮海平原西部边缘，在郑州以西李村附近穿过黄河，沿京广铁路西侧北上，可基本自流到北京、天津。输水干线全长1432km，其中从南阳陶岔渠首至北京团城湖总干渠1276.4km，天津干线155.5km。③汉江中下游治理工程，在汉江中下游建设兴隆水利枢纽、引江济汉、部分闸站改造和局部航道整治工程，缓解中线输水对汉江中下游的不利影响。

8.1.2 输水管道工程生态环境影响分析

输水管道工程在获得巨大的社会效益、经济效益和生态环境效益的同时，一定程度上按照人类的意志在时间和空间上重新分配，从而促进人类的生存和发展，但是由于输水工程巨大，涉及社会、经济、环境和技术等多方面问题，特别是难以预见的生态环境问题，可能会给人类带来危害甚至是灾难。

8.1.2.1 对土壤和农业的影响

对土壤的影响首先是扰动表土。工程穿越河流冲积平原，将表土层结构破坏，造成土地沙石化，发生不可逆转的变化。一旦土层结构遭受破坏，失去表土，植物、农作物将难以正常生长。工程建设临时占地导致农业减产，损坏节水灌溉设施。因此，施工开挖，不仅破坏局部被占地段的管网，而且会截断整个村庄的管网系统，影响农田灌溉。输水后改变了土壤的水盐平衡状况，土壤盐碱化的潜在危害仍不可忽视。供水区的土壤盐分状况目前仍处于脆弱平衡，特别是河北省黑龙港及运东有浅层咸水区，即使是非盐碱地或已改好的盐碱地，往往在心土或底土层仍含有较多的盐分，如引水灌溉不当、排水系统堵塞或不完善，可能使地下水位迅速上升到临界深度以上而引起土壤盐碱化。

南水北调中线供水区常干旱缺水，大量未经处理的污水被作为灌溉水源，直接或与清水混合后灌入农田，对土壤造成污染。输水后供给工业及生活的用水量约 6317 亿 m^3，将有大量的污废水排放，若不加处理再用于灌溉，将带来新的土壤污染。另外，发展灌溉后，农作物产量提高，往往也会增加化肥和农药的施用量，给灌区土壤带来新的污染源。

8.1.2.2 对水质的影响

输水工程将水资源从一条河流调向另一条河流，也意味着伴随其的物理化学性质也会随之转移。例如，底克索玛湖（Lake Texoma）与盐度较高的红河（Red River）相接导致底克索玛湖的电导率较高（电导率 1300～1500S/cm），底克索玛湖湖水注入相对的淡水湖莱温湖（Lake Lavon）（电导率 300μS/cm），从而改变了莱温湖的电导率。在干旱地带电导率的变化常常会引发各种问题。又如，南卡罗来纳州从杉迪河（Santee River）到库珀河（Cooper River）的输水工程，导致杉迪河受到盐水入侵，并给库珀河带来了较大的泥沙负荷，需要从查尔斯顿港口清除淤泥。此外，由于建设输水工程，墨累河（Murray）和马兰比吉河（Murrumbidgee）河流的浊度、碱度、pH 也降低了。

美国中央河谷工程和加利福尼亚州水道工程给南部三角洲水源地及沿线河道水质带

来一些问题。目前比较显著的问题包括水体中低溶解氧、富营养、金属及杀虫剂等在鱼类中的累积、水生生物毒性、高盐分等。在夏季，当水位较低时，由于水温升高、营养物混合及水库表面的旺盛水藻等多种因素的综合影响，水源地水库中的水质恶化。水库水面非常宽广而相对而言水深浅的特点是导致水库水面水藻旺盛生长状况形成和持久的重要原因。

南水北调东线一期工程输水后，对洪泽湖的影响是由于湖水水位提高而淹没低位滩地，也加剧对湖岸尤其是结构松散的湖岸土壤侵蚀；长期输水导致湖水中无机氮化合物亦将增加，这是因为江水中无机氮总量比湖水高。透明度、pH、营养盐等变化不大，但由于长期连续输水营养盐中无机氮和可溶性磷将有所增减。

南水北调中线输水后汉江中下游的水环境容量将有一定程度的减少，水体自净能力降低。南水北调中线北京干渠除终点入团城湖前有一段 800m 的明渠外，其余均为全封闭式管涵输水。此种输水方式对水质存在有利和不利两方面的影响：有利因素是避免了沿途水质污染；不利影响是造成水流与大气隔绝，水体复氧减弱。封闭性管道输水对水质影响不大，不会明显改变水质。

8.1.2.3 对植被生态系统的影响

河岸生态系统是陆地和水生生态系统之间的过渡地带，具有复杂性、动态性、多样性等特点。它包括低水位和高水位之间的河槽，以及高水位以上的地面景观。河岸生态系统最先接触到跨流域输水带来的变化的生态系统。

1）地下水位的变化导致河岸植被发生变化

在坝址上游地区及输水渠道两岸，植被会受到升高的地下水位及土壤的持水能力等因素的影响。例如，巴基斯坦西水东调工程中有 3 条灌溉渠，其水位平均高出两岸 1m，渗漏补给地下水竟达 35 亿～45 亿 m^3/a。结果引起两岸各数百米宽的地带沼泽化。而在坝址下游地区，径流量的减少势必引起地下水位的降低。同时还可能减少蒸发量和降雨量，从而影响植物的生长。

南水北调西线一期工程输水主要影响植物生长的小气候和水文条件。坝址以下的雅砻江支流鲜水河江段属典型的峡谷形河道，流量对地下水的侧渗影响不大，对植物生长的地下水位条件影响相对也不太显著。水位下降，地下水位降低对陆生植物可能产生不利影响。

2）水流模式的变化引起植物群落变化

科学界普遍认为河水流动模式是河流形态的主要构造因子，并且由于它在时间和空间上的变异性使水流模式成为河岸栖息地形成的驱动因子。流动的水流可以重新分配河岸区域的有机物质和无机物质，并且能够决定河岸生态系统的养分动态和植物生产。由于跨流域输水破坏了原有的水流模式，进而引起河岸栖息地重新构造及营养物质重新分配。这样的变化就会导致河岸植物群落的变化，形成新的植被模式。

3）原有的地域界限被打破，导致外来植物入侵

跨流域输水打破了原有的地域界限，流域之间的水源及各种物质（如盐分、有机物、无机物及各种生物）发生转移。目前对复杂的河岸植物群落来说，还不能确定生境改变会对其产生怎样的影响。但各种实例证明了入侵者往往会带来一些负面效应，如加利福尼亚州水道工程就是一个例子，那里的河水水质受到了严重的影响，造成不良植物的生长，形成优势种群，打乱了原有的生态平衡，给环境带来了不良影响。

4）对陆生动物的影响

南水北调西线一期工程输水工程的建设，对陆生动物的直接影响是建库淹没生境，水面扩大，导致某些不易迁徙的种类个体减少及与水有关的种群数量的增加。因水域生境范围扩大，水热条件改善，饵料增加，为两栖类如大鲵、倭蛙，爬行类如青海沙蜥和水禽的发展提供了有利条件。由于输水工程浩大，输水线路沿程施工活动将对沿线分布的珍稀动物群落造成一定程度上的影响。

8.1.2.4 对水生生境的影响

水使河流流量和泄流周期发生了变化，这严重影响了水生生境。有一些流域过去是间歇性水域，由于输水变成了永久性水域，大鱼河（The Great Fish River）在进行跨流域输水之前就是由一系列分离的河池组成的，如今大鱼河已经被改造成为一个永久的流动水体。目前尚不清楚这样的改变会对当地洄流鱼类产生怎样的不良影响，有67%的大鱼河底栖无脊椎动物类群在调查前后发生了变化，而这些变化主要是跨流域输水引起的水情变化所导致的。还有实例显示，河流水情的变化改变了水生生物的生境，从而严重影响了它们的生存。美国底克索玛湖中罕见的一种鱼类即条纹鲈就是一个例子：水库中的条纹鲈在夏季大量死亡是因为适合其生存的栖息地减少了。在那里湖水变温层水温超过25℃，均温层溶解氧水平低于2mg/L。为输水而设置的深度取水口是导致理化生境改变的关键。此外，输水也使墨累河和马兰比吉河河流的浊度、碱度、pH降低了。这些水质上的变化似乎已影响到本土鱼类品种的产卵。不难看出，在输水工程的建设和使用过程中，水生生物相对比较脆弱，因输水可能带来的理化性质的改变都有可能对其生存造成影响。

加利福尼亚州输水工程由于中央河谷工程和加利福尼亚州水道工程都以加利福尼亚州北部的萨克拉门托河为取水水源，而且输水量又比较大，大大降低了南部三角洲河口处淡水的入流量，造成了河口海水倒灌的现象，不仅对旧金山湾的水质和鱼类资源产生不利影响，造成海湾水质恶化，影响海湾水生生物，而且使得旧金山湾地区的土地盐渍化，给生态环境带来了不良影响。过量的取水和淡水出流的减小，使得圣华金河数次出现倒流，在这种情况下，溯河产卵的鱼类很难与在正常情况下一样回到海洋或者是源头河流。由于改变了栖息地的适宜性及产卵方式，American River 下游渔业和水生栖息地所受的影响比较显著。尤其是在夏季及早秋季节，水温的改变对虹鳟鱼具有十分不利的影响。

南水北调东线一期工程输水后，对水生维管束植物造成的后果是：全湖水生植被的总面积缩小，总生物量亦将相应地降低。输水后，湖水交换周期缩短但水位提高，水生维管束植物的分布面积和生物量减少，草鱼等草食性鱼类和以水生维管束植物为栖息场所或产卵基质的鲤、鲫鱼类产量将下降。洪泽湖作为调蓄湖泊后，水位波动较小，有利于底栖动物的繁衍，因此南水北调对底栖动物的影响是利大于弊。

南水北调对汉江中下游水体富营养化影响逐年加剧，最突出的表现是在 20 世纪 90 年代发生的 3 次严重水华现象。经研究发现，导致水华发生的主要原因为：汉江中游进入城区的排污量日趋严重，藻类生长所需的氮、磷等营养物质严重过量（水质因子）；春季气温偏高，阳光充足（气候因子），水流情势变化，汉江水枯同时长江水位增高使汉江流速变缓，影响汉江中下游水生生物与鱼类资源。丹江口水库大坝加高输水后，水库下泄水量减少，使河道水位下降，流速减缓，部分河道变窄，水生生物栖息空间相应缩小，部分生物如绿藻、硅藻，其生物量将大大提高，而生物多样性下降。南水北调工程对来水来沙的减弱作用将削弱对河口区营养盐和痕量物质的稀释、吸附作用，东线输水使扬州至长江口江段的污染物以更高的浓度进入河口，如无相应的污染控制措施，将对河口生态系统及其生物多样性产生严重的影响。水中悬移质泥沙的减少将改变目前悬沙对初级生产力的生长限制作用，加上水体中过剩的营养盐，将导致赤潮的发生率上升，严重威胁长江口的渔业资源现状及生物多样性。

南水北调影响长江河口水质的变化，在一定程度上也影响着生物的物种变化，据长江口生态环境现状特征及修复工程研究，水生生物群落结构发生显著变化，物种减少。1998 年与 1983 年相比，浮游生物减少 69%；1998 年与 1992 年相比，底栖生物减少 54%；底栖生物生物量 1998 年比 1982 年减少 88.6%。

南水北调西线一期工程输水工程的建设输水前，雅砻江（达曲、泥曲）在坝址附近的江段不适合浮游生物的生活，其种类和生物量都较少。大坝建成后，库区的水流速度减缓，水体透明度有所提高，库水变得清澈，有利于浮游植物的光合作用，种类和数量将会增多。大渡河（色曲、杜柯河、玛柯河、阿柯河）江段由于地势相对平坦，水流缓慢，建设大坝后对浮游生物的影响较小。底栖生物、水生植物的种群结构及生物量都会发生改变，种群缩小、生物生产力降低，从而引起鱼类生产力降低。

8.2 生态环境影响评价指标选择

8.2.1 分析筛选油气管道对土壤影响的敏感因子

输水管道工程是解决淡水资源短缺、水资源分布不均匀及城市供水污染的重要举措。工程形式一般使用原有河道或者运河进行输水，或者新开渠道输水，必要时修建泵站或采用管道运输。输水管道工程在建设期与运行期分别对输水区、管道沿线、受水区等区域产生不同程度的影响。输水管道工程对沿线生态系统的影响主要表现在以下几个方面。

第一，工程永久性地占用农田、草地等生态系统，对土壤环境产生影响。输水管道工程建设的工程形式主要包括明渠与暗渠渠道工程，以及渡槽、倒虹吸等节点工程。输水管道工程建设对区域土壤的影响表现在：一方面管道工程及配套工程的建设永久性地占用大量的土地，导致农业减产等；另一方面工程建设扰动了表土，开挖将表土以下的沙石层翻上地面，将破坏表土层结构，造成土地沙石化，发生不可逆转的变化，一旦土层结构遭受破坏，失去表土，植物、农作物将难以正常生长。

第二，管道工程建设对岸边生态系统的影响。岸边生态系统是陆地和水生生态系统之间的过渡地带，具有复杂性、动态性、多样性等特点。输水管道工程对岸边生态系统的影响主要是：一方面输水管道工程引发的地下水位变化导致河岸植被发生变化；另一方面调水管道工程改变了原有的水流模式，包括时间、持续时间、频率、变动率、震级等关键因素的改变，进而引起河岸栖息地重新构造及营养物质的重新分配，导致出现新的植被模式。

第三，工程对植被与生物多样性的影响。工程建设占用耕地、草地、林地及其他土地等将使项目区内的生物量减少，工程建设过程中渣场、料场及施工临时用地等也会使生物量减少，这些都将影响植物群落的生态完整性。生物量减少将使项目区内自然体系的平均生产能力降低，因此应采取人工植被恢复措施缓解工程建设对自然生态系统的压力，减少工程对自然体系生产能力的影响。

第四，工程对景观格局的影响。工程建设使项目区生境破碎化，斑块面积减小，生物的栖息地遭到破坏，生物的栖息地面积缩小和片断化。片断化的生境对原生境的物种影响较大，导致物种不易扩散，残存的斑块变成生境的岛屿。生境的缩小，种类和种群数量减少，形成新种的自然条件遭到破坏，影响其景观生态功能，使生物多样性地域减少。

第五，工程对水生生态系统的影响。水生生物群落的完整性指数是衡量鱼类种群质量的指标。鱼类生活环境质量与河流小潭的百分比、宽深比、细小沉积物的百分比、掩蔽率等有密切的关系，这些因素对水量及河岸区的土地利用方式具有高度的敏感性。大量细小沉积物填充小潭，改变河道形状，覆盖河底的岩层，填充河底岩层的裂缝和树木碎片之间的间隙，使鱼类的主要食物、产卵区和栖息地减少，同时使它们失去了掩蔽的作用。河道的宽深比直接影响鱼类的生存，河岸的不稳定和来自工程建设方面的沉积物往往会增大河道的宽深比。大坝修建、水量调出、工程施工和输水线路的修建，将改变水生生物栖息环境，阻隔鱼类洄游通道，影响水生生物群落的完整性。

关于输水管道工程建设期的文献共 40 篇，其中 28 篇是关于明渠建设，12 篇是关于暗渠的建设。关于输水管道运行期的文献共 54 篇（表 8-1，表 8-2）。

表 8-1　输水工程建设期结果汇总

地下水	沿线水域生态平衡	湿地面积	水质	水生动物	坡面生态系统				水土流失	土壤环境		环境质量	地质灾害
					陆生动物	植被覆盖	景观多样性	净初级生产力		理化性质	盐碱化		
8	4	3	4	5	6	13	4	22	18	3	2	24	2

表 8-2　输水工程运行期结果汇总

地下水	沿线水域生态平衡	水文					水质	水生动物
		水文情势	泥沙	生态流量	湿地面积	水生生态系统		
40	35	8	3	15	11	42	33	36

坡面生态系统				水土流失	土壤环境		区域气候		环境质量	地质灾害
陆生动物	植被覆盖	景观多样性	净初级生产力		盐碱化	降水	年均温	大气干燥度		
6	8	2	2	28	14	1	1	1	14	6

8.2.2　输水管道工程生态环境影响评价指标筛选

输水管道工程生态环境影响评价指标见表 8-3。

表 8-3　输水管道工程生态环境影响评价指标

生态系统类型	影响对象	干扰类型	影响范围	评价指标
农田生态系统	农田	永久性及临时性占地导致的农田面积减少	施工作业带	占用耕地面积
	土壤	土壤肥力下降、土壤温湿度扰动、土壤重金属污染	施工作业带与外延 200m	土壤养分指标、土壤容重、土壤粒径、土壤温度、土壤水分、土壤重金属
水生态系统	生物	水生生物物种种类数量变化		水生生物物种及数量
	植被	植被覆盖度减少、种群数量减少、多样性变化、外来物种入侵		植被覆盖度、生物量、丰富度指数、均匀度、相对多度、香农-维纳指数、辛普森多样性指数
	景观	景观破碎化		斑块数量、斑块密度、破碎度、连接度、聚合度、最大斑块面积指数、分维数
岸边生态系统	土壤			坡度
	植被	植被覆盖度减少、种群数量减少、多样性变化、外来物种入侵		植被覆盖度、生物量、丰富度指数、均匀度、相对多度、香农-维纳指数、辛普森多样性指数
	景观	土地利用改变、景观破碎化		斑块数量、斑块密度、破碎度、连接度、聚合度、最大斑块面积、分维数
河流生态系统	物理	河流水生物理指数改变	施工作业带	流速、水深、土壤侵蚀模数
	化学	河流水化学指数改变	施工作业带	水温、河流曲度、河道纵向连通度、溶解氧、生物需氧量、总磷、总氮
	生物		施工作业带	鱼类种群数量、特有物种、浮游生物
湿地生态系统	植被	覆盖度降低、多样性下降	—	植被覆盖度、丰富度指数、均匀度、相对多度、香农-维纳指数、辛普森多样性指数
	水文	地下水位下降、水流方向改变	—	地下水位、河流流速和流量
	水质	水质浑浊、水体污染	—	COD、水体悬浮物、总氮、氨氮、总磷、pH
	生物	种群种类、种群数量、多样性下降	—	种类组成、群落特征生物数量、优势度

8.3　生态环境影响定量评价

跨流域输水工程是解决水资源时空分布不均的有效途径之一，是在两个或两个以上的流域系统间，通过调剂水量余缺所进行的合理开发利用和配置水资源的方式。跨流域输水工程是优化我国水资源时空配置的举措，是解决我国各地水资源严重短缺问题的可行方法，是未来我国可持续发展和整个国土整治的重要手段，有利于解决我国北方地区一系列因水资源短缺而产生的生态环境问题。

通过对当前输水管道工程的环境影响评价、生态影响方面研究的梳理，作者发现在输水管道工程的生态影响定量评价中存在问题。评价等级与评价范围如何确定生态影响评价的评价要素及范围方面：第一，一般的评价内容均包括陆生生态系统、水生生态系统、水土流失 3 个方面，没有针对具体的工程内容对生态要素进行确定，以至于评价的重点不明显；第二，评价要素的时空范围与生态影响不匹配。因而，如何准确评价工程的影响范围、影响的时间长短需要技术导则给出更加精确的规定与说明。

评价方法存在的问题：第一，定性描述的方法居多，定量分析的方法应用较少；第二，定量评价方法存在的固有问题为精度与可行性的问题，即要求评价结果精度越高，评价所缺乏的资料越多，存在的不确定性越多，评价工作的可行性越低；第三，成熟的评价方法不能应用于重要且敏感的生态问题的评价方面；第四，技术导则中提到的方法（列表清单法、类比分析法等）没有较为明确统一的规范，对于评价结果会产生较大的误差影响。

生态监测体系不完善：输水管道工程生态影响评价中的生态监测一般只是一种“状态监测”而非“过程监测”，以至于评价结果并不能真实反映工程建设引发的生态环境的变化过程与规律，对评价结果的准确性产生影响。此外，由于评价工作中生态监测体系的不完善，导致了输水管道工程建设的生态影响评价缺乏相应的对评价结果的反馈机制。

评价结果的阈值识别：由于当前输水管道工程对沿线生态系统的影响评价所用的评价方法以定性评价方法为主，定量评价方法集中在对沿线景观、植被、生物多样性的影响，但对于评价结果的阈值识别缺乏相应的实验设计与验证，使得定量评价结果对于工程生态影响评价结论的贡献不大。

8.3.1 输水管道工程生态环境影响评价范围

生态环境影响评价的范围应包括开发建设全部活动的直接和间接影响的范围。生态因子之间的相互影响和相互依存关系是确定评价范围的重要因素。所确定的生态环境影响评价范围应包括所有受影响的生态系统，并能够充分体现生态系统的完整性和特点，还应包含所有可能受影响的敏感保护目标。按照受影响因子的性质，可有植被、动物及其生境、土壤等不同因子相应的调查与评价范围。

生态完整性是评价工作范围的确定原则和依据，但没有规定具体的范围。这种刚性与柔性相结合的原则性规定方式，优点在于可移植性，与实际情况的可切合性高等；但这也造成了其评价的模糊性，因为需要提出输水项目评价范围确定的具体方法，以使输水项目环境影响评价的生态影响评价的确能够对输水工程项目对生态系统的直接与间接影响、短期与长期影响进行全面、合理、科学的评价，也就是实现从气候单元、水文单元、生态单元、地理单元到生态影响评价单元的过渡。

在输水渠沿线土壤调查情况的基础上，根据不同土壤类型（潮土、褐土和砂姜黑土），以干渠为中线设立一条样带，距离渠道 20m、40m、60m、80m、100m、120m、150m 各设置 5 个监测点。测定 0～10cm、10～20cm、20～30cm 土层的土壤含水量、pH、有机质、总 N 和总 P（图 8-1）。分别统计距离建设管理区（施工带）0m、20m、40m、60m、80m、100m、120m、150m 采样点各土壤要素的均值。农田生态系统结果见图 8-2，森林生态系统结果见图 8-3。

输水管道工程对农田生态系统的影响主要表现在：输水管道建设工程对土壤的影响首先是扰动表土。在工程穿越的河流冲洪积平原上，将破坏表土层结构，造成土地沙石

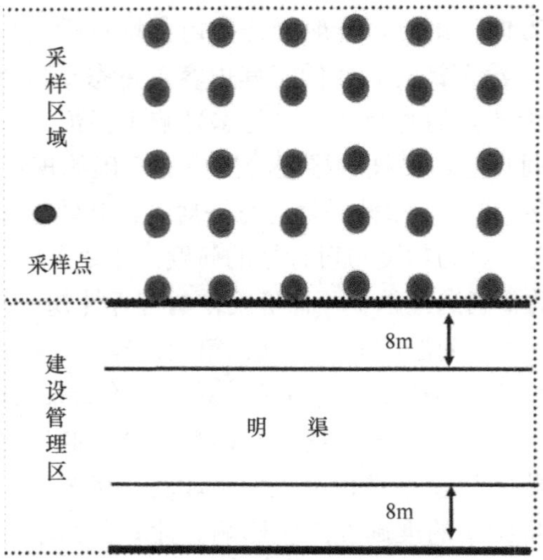

图 8-1　管道沿线监测方法示意图

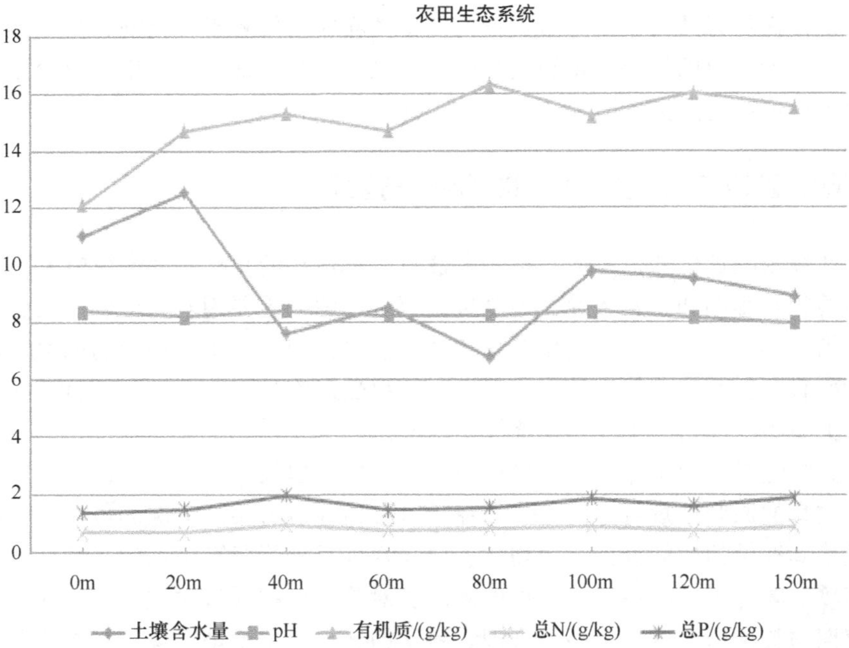

图 8-2　农田生态系统监测结果

化，发生不可逆转的变化。一旦土层结构遭受破坏，失去表土，植物、农作物将难以正常生长。工程建设临时占地导致农业减产，损坏节水灌溉设施。影响农田灌溉。调水后改变了土壤的水盐平衡状况，土壤盐碱化的潜在危害仍不可忽视。供水区的土壤盐分状况目前仍处于脆弱平衡，即使是非盐碱地或已改好的盐碱地，往往在心土层或底土层仍含有较多的盐分，如引水灌溉不当、排水系统堵塞或不完善，可能使地下水位迅速上升到临界深度以上而引起土壤盐碱化。供水区常干旱缺水，大量未经处理的污水被作为灌溉水源，直接或与清水混合后灌入农田，对土壤造成污染。调水后供给工业及生活用水的同时，将有大量的废水排放，若不加处理再用于灌溉，将带来新的土壤污染。另外，发展灌溉后，农作物产量提高，往往也会增加化肥和农药的施用量，给灌区土壤带来新的污染源。

根据图 8-2 农田生态系统的监测结果，对于土壤含水量而言，靠近输水管道的监测点，包括管道施工带与农田的交界处（土壤含水量的均值为 11%）、距离施工带 20m 处（土壤含水量的均值为 12.5%）、距离施工带 40m 处（土壤含水量的均值为 7.5%），在这个距离内土壤含水量出现明显扰动；同时，在距离施工带边界 100m 之后，土壤含水量分别为 9.75%、9.5%、8.9%，没有明显扰动。

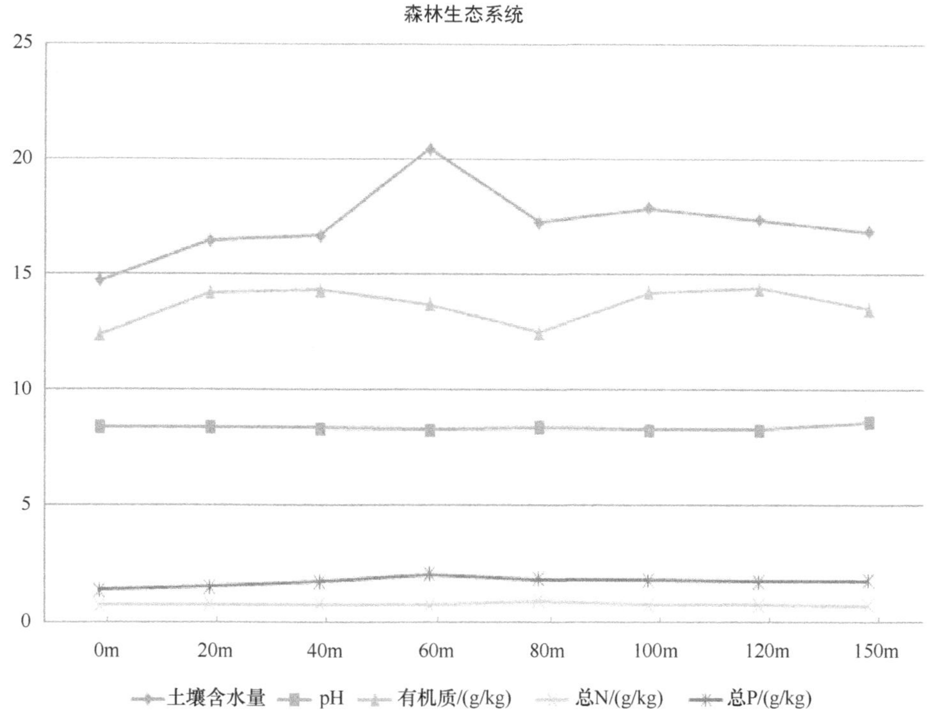

图 8-3　森林生态系统监测结果

本研究对沿线森林生态系统也进行了类似的分析：当输水管道工程（明渠）穿越森林生态系统时，土壤含水量在距离施工作业带边缘 100m 以内，发生了较为剧烈的扰动，在施工带与森林的交界处土壤含水量的均值为 14.7%，20m 处为 15.5%，40m 处为 15.7%，60m 处为 20.5%，80m 处为 17.5%，100m 处为 17.9%。其他土壤要素扰动均不明显。

综上所述，本研究认为：通过沿管道垂直方向布设样点，对沿线生态系统的敏感要素，如土壤含水量、pH、有机质含量、氮元素、磷元素的要素进行监测，通过找出要素扰动的分界线，以确定评价范围的方法是可行的。同时，结合已有的生态影响评价工作等级的划分标准，本研究提出输水管道工程评价范围的综合确定方法（图 8-4）。

第一，将评价范围根据工程类型分为明渠段评价范围、暗渠段评价范围、节点工程（建设管理站点、与现有河道正交点）评价范围三大类，其中明渠段评价范围再分为新建渠道工程评价范围与原有河道改造工程评价范围两类。

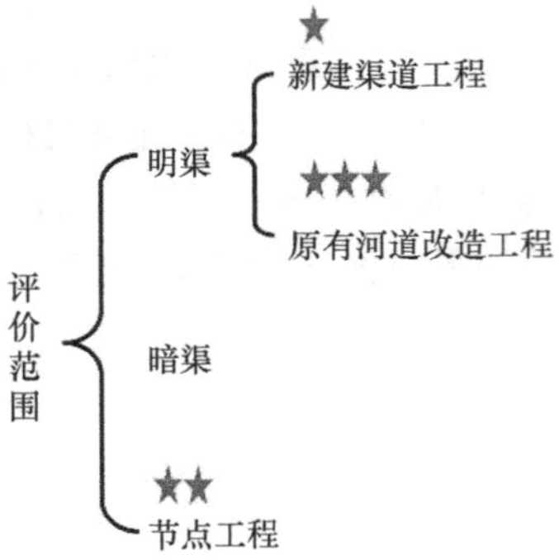

生态系统	建设期	运行期
农田	永久性与临时性占地面积	永久性占地面积 土壤理化性质
森林	永久性与临时性占地面积 陆生动植物种类与数量	永久性占地面积 土壤理化性质
湿地	永久性与临时性占地面积 陆生动植物种类与数量	永久性占地面积 土壤理化性质
城市	永久性与临时性占地面积	永久性占地面积 土壤理化性质
水生	浮游动植物、水生动植物种类与数量	浮游动植物、水生动植物种类与数量
生态敏感区	永久性与临时性占地面积 动植物种类与数量	永久性占地面积 土壤理化性质 陆生动植物种类与数量

图 8-4　输水管道工程生态环境影响评价范围

第二，在以上 4 个子类评价范围中，根据其生态功能（水源保护等）确定的保护线以内主要的生态系统类型（农田、森林、湿地、城市、生态敏感区、水生），将评价范围划分成评价的基本单元，并确定每一单元内建设期与运行期的评价因子。

8.3.2　输水管道工程生态环境影响的定量评价方法

8.3.2.1　输水管道建设工程对植被与生物多样性影响的评价

本研究以南水北调中线工程河北保定易县段为研究对象，对输水管道建设工程对沿线植被的影响进行了定量评价研究。

根据易县输水管道工程评价区立地类型，抽样采取大样本调查，根据最大代表性原则总调查样地数为 36 个。植被调查采用英美学派的方法进行调查。对比项目区的植被和邻近周围 3 个不同的植被群落类型（次生林、农用地及撂荒地中设置的样方各不少于 3 个）。森林植物群落样地面积设置为 20m×20m、灌丛 5m×5m、草地 1m×1m。

从地带性植被来看，南水北调输水管道工程经过易县样地的大部分植被类型属于落叶灌丛，但从植物区系上来说带有一些温带植物的成分在里面，植物的种类较为单一。例如，在保定易县东罗村，灌木层和草本层有明显的分层现象，灌木层的主要植物有豆科胡枝子属胡枝子，高达 1.6m，偶尔还有榛、山杏、鬼箭锦鸡儿等植物，平均高度 1.2m。灌木层的总盖度达到 40%。在草本层，主要为三裂绣线菊，高达 30cm，总盖度可达 30%。

在保定易县中高村，海拔为 62m，经度和纬度分别为 115°26′19.8″和 39°16′53.0″，这种植被类型为平原山地干性灌草丛，主要植物有紫花苜蓿、板蓝根、红豆草、沙打旺、黄花草木犀等。平均高度可达 80cm，总体盖度可以达 80%。整个样地内草本植物生长稀疏、不规则，还有一些灌木和草丛有砍伐或者被火烧的痕迹（图 8-5）。

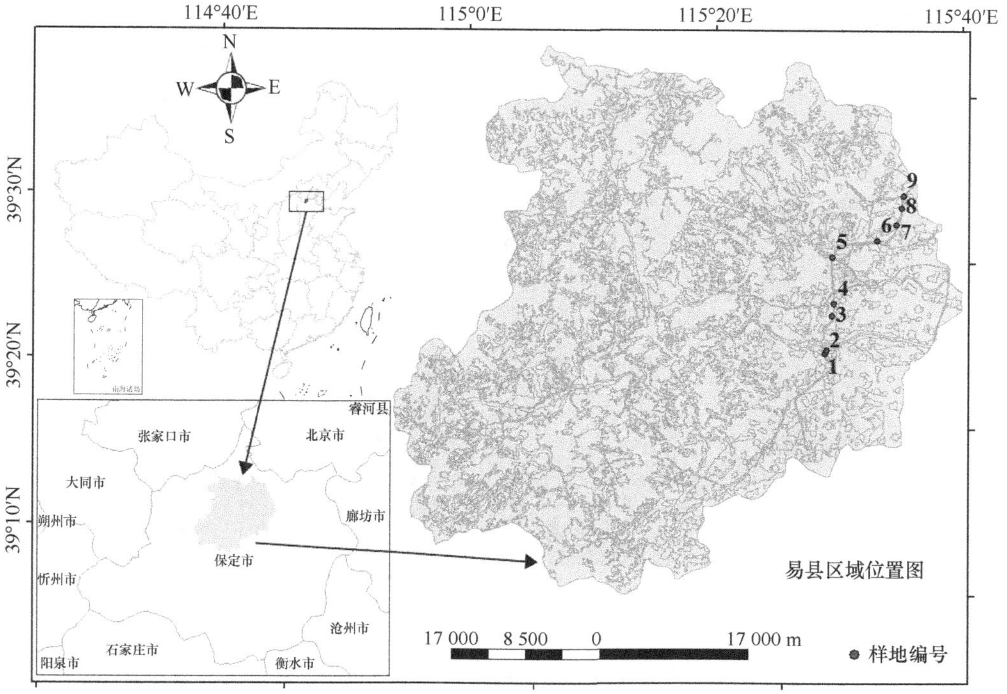

图 8-5 项目区植被样方调查点位图

本次调查的样地所处的植被类型属于亚热带落叶灌丛及草原植被。在海拔较高的地区为落叶灌丛，在中海拔地区为落叶灌丛与农用地混交林，低海拔地区为草原植被等。落叶灌丛层的优势种主要为胡枝子等，例如，样方 5，灌木层优势种主要有沙棘等。样方 7，草本层植物有羊草和兔毛蒿等。

关于南水北调输水管道工程施工地的群落结构及各层植物的生活状况，现以样地 5（保定易县荆轲山村）为例进行说明，样方 5 的海拔为 57m，植被类型为山地干性灌草丛，主要的植物有裂叶堇菜、点地梅、白头翁和藜芦等，土壤类型为褐土，坡度坡向为 SE 13°，经度和纬度分别为 115°27′35.3″和 39°21′16.7″。该样地位于路边，草本层植物的高度基本一致，这层植物不明显。草本层以藜芦为优势种，平均高度达 0.4m，总盖度可达 70%，整个灌草层的总盖度可达到 90%。

在样方 5 附近，选择了一个同样立地因素（坡度、坡位和海拔等）的次生林。该次生林为落叶灌丛，其中存在的植物有榛、胡枝子、山杏、鬼箭锦鸡儿、三裂绣线菊等，平均约为 4.5m，该群落表现出明显的次生性，可见一些较大的树桩，该群落是经过反复砍伐后萌生起来的。该群落的灌木层和草本层植物较为密集，灌木层次和灌草层次的差别不像施工地里灌木层和草本层次的高度差异。灌木层的优势种为榛，平均高度达 4.5m，建群种有山杏。灌木层有鬼箭锦鸡儿，平均高度 1.5m，盖度达 40%。整个样地的草本层不发达，其优势种为三裂绣线菊等，草本层总盖度达 5%。

在施工地附近，对比研究一个类似立地条件（同上）的农用地（图 8-6）。该农用地是当地农户进行农事活动的场所，种植有柏树、白菜，群落系统层次结构简单，与施工地相似，灌木层与灌草层之间的高度差异较大。灌草层分层不明显，植物种类稀少，草本层总盖度达 10%。

在施工地附近，选择了一个同样立地因子（同上）的撂荒地（图 8-6D），撂荒 3 年。该撂荒地没有灌木层和层间植物层，偶见灌木层和草本层。草本层植物发达，有类芦和茅草等。有的地方草本层植物发达，草本层总盖度达 80%，植物密集，人在其中行走困难，但是未见动物活动的迹象。

图 8-6　4 种植被类型植物的生长状况
A. 次生林；B. 施工地；C. 农用地；D. 撂荒地

汇总所有样点内 4 种类型植被的灌木层、草本层和层间植物层的科数、属数和种数，调查结果显示，对于次生林，总共有 16 科 27 属 47 种，其中灌木层为 3 科 6 属；灌木层 4 科 8 属；草本层 9 科 13 属。次生林内灌木层的科属数目均大于其他层的科属数目，这也反映出次生林的灌木层是最发达的。在施工地，总共有 7 科 9 属 13 种，其中灌木层有 2 科 4 属；草本层 5 科 5 属。在农用地，总共有 6 科 8 属 10 种，灌木层有 3 科 3 属，草本层 3 科 5 属。胡枝子的草本层也相对比较发达，但是总体水平上基本和施工地的各层科属数基本相当。在撂荒地，它的灌木层和层间植物层基本没有植物，而只有灌木层和草本层，总的科为 2 科 3 属和 6 种，撂荒地的科属数目较人工林内的科属数多，而种的数目基本上相差不大，这说明在撂荒地的科属数更加趋于变化，这可能是因为撂荒地内的植物受到较少的人为干扰因素，因此，有更多的植物物种能在撂荒地生长（表 8-4）。

为了定量地描述 4 种土地类型植被的生物多样性状况，利用 Shannon-Wiener 指数、Pielou 指数（均匀度指数）和 Simpson’s 指数（优势度指数）计算林内各种植物的多样性状况。现在在各个海拔层面上选取一个有代表性的样地进行植物多样性指数比对。

表 8-4 4 种土地类型内的科属种数目表

项目		次生林	施工地	农用地	撂荒地
灌木层	科数	3	0	0	0
	属数	6	0	0	0
灌木层	科数	4	2	3	21
	属数	8	4	3	43
草本层	科数	9	5	3	48
	属数	13	5	5	59
物种数		47	13	10	6

从表 8-5 可以看出，在不同的海拔层面上，次生落叶阔叶林地的 Shannon-Wiener 指数均高于其他 3 种土地类型的 Shannon-Wiener 指数，这说明次生林的植物多样性高于其他 3 种的植物多样性，落叶灌丛植物的物种更为多样化。

表 8-5 同一海拔层面上 4 种土地类型的多样性指数

海拔/m	评价指标	施工地	次生林	农用地	撂荒地
50～60	Shannon-Wiener 指数	1.99	4.86	2.7	3.64
	Pielou 均匀度指数	0.64	1.21	0.79	1.04
	Simpson's 优势度指数	0.65	0.93	0.72	0.84
60～70	Shannon-Wiener 指数	1.6	3.65	1.71	1.91
	Pielou 均匀度指数	0.46	0.98	0.56	0.66
	Simpson's 优势度指数	0.48	0.84	0.49	0.63
70～80	Shannon-Wiener 指数	3.57	4.81	2.26	2.56
	Pielou 均匀度指数	0.99	1.22	0.71	0.82
	Simpson's 优势度指数	0.77	0.95	0.64	0.64

易县湿地植被依其生态环境和群落特征可被划分为水生群落、沼泽、草甸和沙洲 4 个类型 60 余个群系。在管道工程区，调查易县管道工程周边水生植被有 27 科 31 属 98 种，这些植物按生活型可分为：挺水植物 62 种（占 63.3%），漂浮植物 9 种（占 9.2%），浮叶植物 11 种（占 11.2%）和沉水植物 16 种（占 16.3%）。其平原湖泊现有水生植物群丛 42 个，其中湿生植被群丛 11 个、挺水植被群丛 6 个、浮水植被与沉水植被群丛分别为 11 个和 14 个；有种子植物 443 种，隶属于 304 属 115 科，其中蕨类植物 11 科 11 属 12 种，裸子植物 5 科 10 属 11 种；被子植物 99 科 283 属 420 种（双子叶植物 80 科 215 属 317 种；单子叶植物 19 科 68 属 103 种）。其中：莎草科（Cyperaceae）71 种，禾本科（Gramineae）67 种，菊科（Compositae）40 种，唇形科（Labiatae）25 种，蓼科（Polygonaceae）28 种，毛茛科（Ranunculaceae）10 种，菱科（Trapaceae）15 种，眼子菜科（Potamogetonaceae）12 种，水鳖科（Hydrocharitaceae）10 种。水生维管束植物占绝大多数，莎草科和禾本科植物约占 1/4，外来植物入侵后表明其区内有外来入侵植物 12 科 16 属 19 种，其中菊科最多。

沿水位梯度植被种类在一些人为破坏较少的地方呈现环状或带状分布，但是湖里堤坝太多破坏了这种结构。挺水植物有芦苇、荻、茭白、毛荸荠、碎米莎草、苍耳等，浮水植物有菱、荇菜，沉水植物有苦草、轮叶黑藻等，梯度明显。

在管道工程的施工范围这个尺度上，施工地对湿地植物的多样性和生物量较大，但是，野外调查并没有发现国家相关部门所明文规定的野生保护植物，管道工程在整个区域尺度上相对面积较小，因此影响较小，在区域尺度上这种影响甚至可以忽略不计。

按照输水管道工程沿西南向东北一线布设的样方，草地群落的地下生物量总体上呈逐渐升高的趋势。在纬向上，随纬度的升高，地下生物量呈先升高后相对下降的趋势，回归分析表明纬度的变化可以解释地下生物量方差量的 51.66%（$P<0.001$）。地下生物量的最大值出现在针茅草原，所涉及的 10 个样地的平均总盖度在 75%以上，主要种为针茅（*Stipa capillate*）和大针茅（*Stipa grandis*）（平均盖度在 55%以上），地下生物量平均为 2721g/m^2，往南进入荒漠草原后，地下生物量开始呈明显下降的趋势。相对而言，地下生物量在经向上的变化趋势则显得更具规律性，属于线性递增的关系，经度对地下生物量的回归方程可以解释地下生物量方差量的 48.69%（$P<0.001$）。地上生物量在经向和纬向上也表现为递增趋势，变化趋势类似于地下生物量，但其变率要低于地下生物量，且变率的变化方向与地下生物量相反。而总生物量沿经向和纬向的变化趋势则与地下生物量非常相似。

在不同的土地利用方式上，在管道输水工程沿线，地上生物量：次生林＞施工地＞农用地＞撂荒地（n=9）。地下生物量：次生林＞农用地＞施工地＞撂荒地（n=9）。管道输水工程因为挖掘土施工等造成沿线局部地上、地下植物生物量和生产力减少，但是在整个县域大尺度上，这种影响可以忽略不计。

通过对比分析 9 个样地的景观指数的变化情况，在景观尺度上评价了易县输水管道工程总体规划方案的合理性。计算发现，工程实施前 9 个样地的均匀度指数（E）为 0.56±0.08（n=9）；而在工程施工后，9 个样地的均匀度指数（E）为 0.76±0.05（n=9）；施工地的均匀度指数（E）增加了 0.2，这说明工程施工后造成了均匀度指数的增加，这可能是因为管道工程的实施可造成同质化与当地景观的趋同性（表 8-6）。

表 8-6　施工地的均匀度指数（*E*）、多样性指数（*D*）和相似度指数（*S*）在施工前后的对比

样地	工程实施前			工程实施后		
	均匀度指数（E）	多样性指数（D）	相似度指数（S）	均匀度指数（E）	多样性指数（D）	相似度指数（S）
1	0.52	0.76	0.63	0.76	0.66	0.81
2	0.43	0.75	0.54	0.74	0.65	0.76
3	0.65	0.67	0.57	0.78	0.61	0.87
4	0.66	0.66	0.75	0.79	0.62	0.78
5	0.57	0.65	0.43	0.67	0.61	0.88
6	0.58	0.76	0.67	0.83	0.42	0.82
7	0.49	0.67	0.61	0.81	0.62	0.76
8	0.52	0.52	0.81	0.76	0.51	0.91
9	0.66	0.55	0.74	0.71	0.52	0.88
平均值±标准差	0.56±0.08	0.67±0.09	0.64±0.12	0.76±0.05	0.58±0.08	0.83±0.06

工程实施前，9 个样地的景观多样性指数（*D*）为 0.67±0.09（*n*=9）；而在工程施工后，9 个样地的多样性指数（*D*）为 0.58±0.08（*n*=9）；施工地的多样性指数（*D*）减少了 0.09，这说明工程施工后造成了景观多样性指数减少，这可能是因为管道工程的实施可造成当地景观的同质化和格局的趋同性，可能使一些样地的特色景观消失了，造成工程前后的景观多样性指数下降。

工程实施前，9 个样地的景观相似度指数（*S*）为 0.64±0.12（*n*=9）；而在工程施工后，9 个样地的相似度指数（*S*）为 0.83±0.06（*n*=9）；施工地的相似度指数（*S*）增加了 0.19，这说明工程施工后造成了景观相似度指数增加，这可能是因为管道工程的实施可造成当地景观的同质化和格局的趋同性及同一性，较长的输水管道的铺设，导致沿线很多管道周边的景观类型较为一致，造成工程前后的景观多为趋同和一致，景观相似度指数（*S*）升高。

综上所述：通过定量计算工程施工地的景观均匀度指数、景观多样性指数和景观相似度指数，发现工程实施导致样地的均匀度指数增加，多样性指数减少和相似度提高，这在一定程度上说明管道工程的施工导致了施工地景观指数的变化，但是这些变化都是局限于施工地的小范围内，而在较大的尺度上，在易县区域尺度上这种影响对植被格局的影响较小，这种影响不会改变整个生态系统的完整性。

此外，随着时间的推移，即使不考虑以后有可能在这些施工地种植的人工林，这些新铺设的输水管道工程处将有一些野生植物的种子或者幼苗开始在新翻的土地上生长和长期占领土地，虽然输水管道工程将导致植物多样性在短期内下降，但是从长期的植被自然恢复的角度，植物多样性和景观多样性将会慢慢增加，这种缓慢的自然植被恢复也会促进整个生态系统的完整性。

在大规模种植农用地速生丰产人工林后，引起原有生态系统组成、结构的变化，并由此引起生态功能的改变。从原来的多样化生态系统变为农用地人工林生态系统，即从多样化变为单一化，降低了生态系统的多样性。生态系统多样性降低后其生态功能也发生变化，可能降低对外来物种入侵、病虫害入侵等的抵御能力。

在造成大面积人工林生境面积变化的同时对原有生态系统的大小和数量也产生影响。改变生态系统的间隔距离，生态系统间连接性减弱，产生另一个较为封闭的系统，在很大程度上阻碍了生态系统之间的物种交流，这对系统内部生存的群落会产生一定影响。原来生长在中心的植物现在却变为生长在边缘地带了，动物的交配、觅食等活动场所变小。生境面积的改变造成系统的破碎化、缩小化，生态系统数量增多，但系统的规模变小，生态系统的抗干扰能力和恢复能力也相应降低。

通过与对照样地的植物多样性的比较发现易县农用地林灌木层结构单一，生长情况参差不齐，与林地的海拔和立地条件有一定关系。易县的农用地灌木和草本植物长势较优良，各项指标值都达到峰值，这说明以上海拔段是农用地在该地区生长的最适地区。

易县对照样地的丰富度比农用林地样地普遍偏高。8 块农用林地样地与 8 块对照样地中对照样地有 5 组样地的丰富度比农用林地林中的大。在对照样地中，丰富度最大的是 54 种物种，比相对应的农用林地样地里多 41 种物种；丰富度最小的是 16 种物种，比相对应的农用林地样地少 6 种物种。相同面积的样地总株数最高的是样地 24 的 2987 株，与之对应的农用林地人工林样地总株数为 2369 株；最少的是 727 株，与相对应的农用林地样地有 142 株（样地 5），也有少数样地农用林地中的植物总株数比对照样地的多。

易县的对照样地 Shannon-Wiener 指数和 Simpson 多样性指数较高，Shannon-Winener 指数最高的是 2.6580，与之相对应的农用地样地为 1.5506，最低为 1.5944，与之相对应的农用林地样地为 1.377 80。Simpson 多样性指数最高为 0.8935，与之相对应的农用林地样地为 0.6519；最低为 0.6356，与之相对应的农用林地样地为 0.5654。与同地区的农用林地相比，对照样地的多样性要比农用林地的高。两个多样性指数测度表明：在种植农用地前无论原有生态系统属于何种类型其物种多样性都高于农用林地。

易县对照样地的植物物种丰富度高于农用林地样地，这说明在易县的农用林地里，植物物种的丰富度没有原来未种农用地时高。易县的 Shannon-Wiener 指数和 Simpson 多样性指数显示：一般情况下对照样地的比农用林地的稍高，对照样地中 Shannon-Wiener 指数最高的为 3.2480，与之相对应的农用林地样地 Shannon-Wiener 指数为 2.9025；最低的是石漠化严重的样地，为 1.1396，与之相对应的树林样地为 1.1573，其余的在 2 以上。大部分农用人工林地的 Simpson 指数比对照样地的低，但两者相差不大。

综上所述，从植被样方调查结果来看：施工地的植物群落结构的确比次生林简单得多，它的物种种数（47）比次生林的物种种数（13）增加了 33，但是，这种南水北调输水管道工程的施工选址都没有经过易县的这些次生林地，而占据较多的是农用地和撂荒地。从分析结果来看，植物种类的大小依次为，施工地（13，n=9）＞农用地（10，n=9）＞撂荒地（6，n=9），施工地和农用地的植物多样性基本持平，这从另一个侧面说明施工地对当地农用地的植物多样性影响较小。

施工地的 Shannon-Wiener 指数（1.99）比次生林的 Shannon-Wiener 指数（4.86）减少了 2.87。但是，施工地的植物群落结构比撂荒地的植被群落复杂，它的物种种数（13）比撂荒地（6）种多出 7 种，它的 Shannon-Wiener 指数也比撂荒地多出 0.34。这样看来，施工地与次生林相比减少了植被类型和生物多样性，而与农用地和撂荒地相比却增加了植被类型和生物多样性。迄今为止，建立在撂荒地上的施工地几乎对本地的物种没有什么大的影响。因为这些原本生存在撂荒地上的生物物种，它们也适于生存在施工地内。

在大的景观尺度上考虑保护目标并对残存的自然栖息地进行保护是在种植人工林追求经济利益的同时，对生态平衡的一个考虑因素，把该保护的物种迁地或者设立自然保护区对这些保护物种进行保护，这也是生物多样性保护系统工程的一个重要部分。

事实上，易县的大部分公众认为输水管道工程能满足国家大趋势的需要并能促进当地的经济发展。在整个植物样方调查的过程中，并没有发现被林业局、环境保护部等相关部门明文规定的野生保护物种出现。虽然管道工程区可能造成管道沿线植物种类、植物多样性和生物量、生产力的减少，但是鉴于管道工程所占用的土地较小，这种对局部的植物种类和植物多样性的影响在整个区域大环境和大尺度上是局部地段性的，对区域的植被覆盖、植物多样性、生物量等影响较小。

8.3.2.2 输水管道工程对景观格局的影响

1）研究区概况

本研究选取南水北调中线一期工程河北省易县段作为重点研究对象（图 8-7）。中线总干渠工程于2013年竣工，是南水北调工程体系的重要组成部分，承担着链接中线总干渠和受水区地表水厂的牛胆作用。易县输水管道工程自南水北调中线总干渠荆轲山口门引水，穿越易水河后至规划地表水厂，采用单排DN900的HDPE管道，是输水工程第三、第四单元唯一一条采用HDPE管材的输水管道，利用重力自流输水，线路全长2.58km。

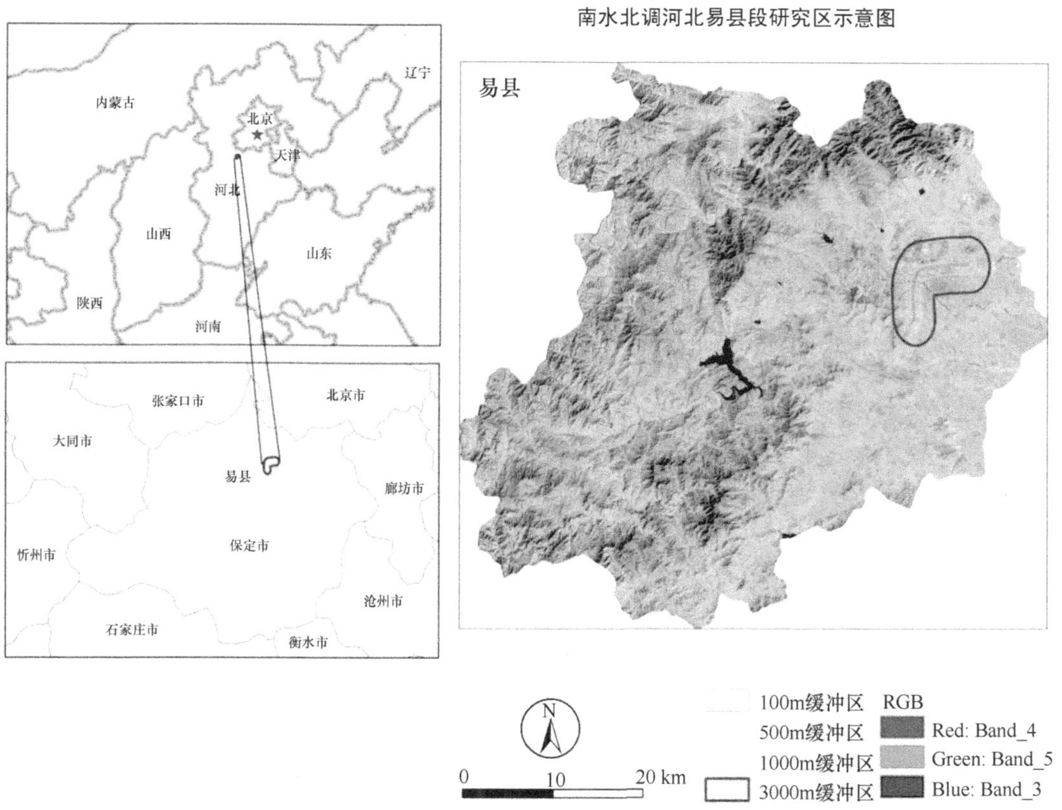

图8-7 研究区示意图（另见图版彩图）

易县段输水管道工程是研究区域中唯一的工程项目，可以较好地排除其他工程对沿线的影响。

2）研究材料及方法

根据南水北调中线河北省易县段输水管道工程施工期，选取施工前（2000年）、施工期（2008年）及施工后（2013年）作为研究时段。2000年该地区南水北调工程并未启动，沿线生态系统处于人为干扰较少的自然状态，2008年处于工程建设期，工程建设沿线地区的环境受到了工程建设的影响。到了2013年，该地区的南水北调一期工程已经建设结束，并且有了一段时间的自然恢复，选择这3个时期能够分别代表大型输水管道建设的不同时期。由于管线跨度较大，属于中尺度范畴，故选用Landsat TM5和Landsat 8数据遥感影像作为数据源，采集时间为3～5月，空间分辨率为30m，数据来源于中国科学院计算机网络信息中心地理空间数据云（http://www.gscloud.cn）和美国地质调查局

(http://earthexplorer.usgs.gov)。DEM 数据采用的是日本 METI 和美国 NASA 研制的 ASTER GDEM。

廊道式工程项目对周边区域景观结构的干扰可以通过缓冲区分析来辨析。在本研究中，利用106个 GPS 实测点确定管线走向，考虑到边缘效应的影响和数据的粒度大小，将管线两侧100m 内的区域作为工程建设影响的重点区，并扩展到500m、1000m 和3000m，进行缓冲区分析，以此来判断工程建设对沿线地区景观格局的影响。

3）土地利用类型变化

根据研究区内主要的土地利用方式，将土地利用类型划分为五大类：草地、耕地、林地、水域及建设用地。草地包括低覆盖度（5%～20%）和中覆盖度（20%～50%）的天然草地和改良草地，此类草地一般水分不足，草被比较稀疏。耕地包括无灌溉水源及设施，靠天然降水生长作物的耕地；有水源和浇灌设施，在一般年景下能正常灌溉的旱作物耕地；以及以种菜为主的耕地，正常轮作的休闲地和轮歇地。水域是指天然形成或人工开挖的河流及主干渠的常年水位以下的土地、人工渠（包括堤岸）。林地指郁闭度＞30%的天然木和人工林，包括用材林、经济林、防护林等成片林地。郁闭度＞40%、高度在 2m 以下的矮林地和灌丛林地也归于此类。建设用地包括农村居民点；大、中、小城市及县镇以上建成区用地；交通用地和独立于城镇以外的厂矿、大型工业区、油田、盐场、采石场等其他建筑用地。不同缓冲区历年土地利用类型变化如图 8-8 所示。

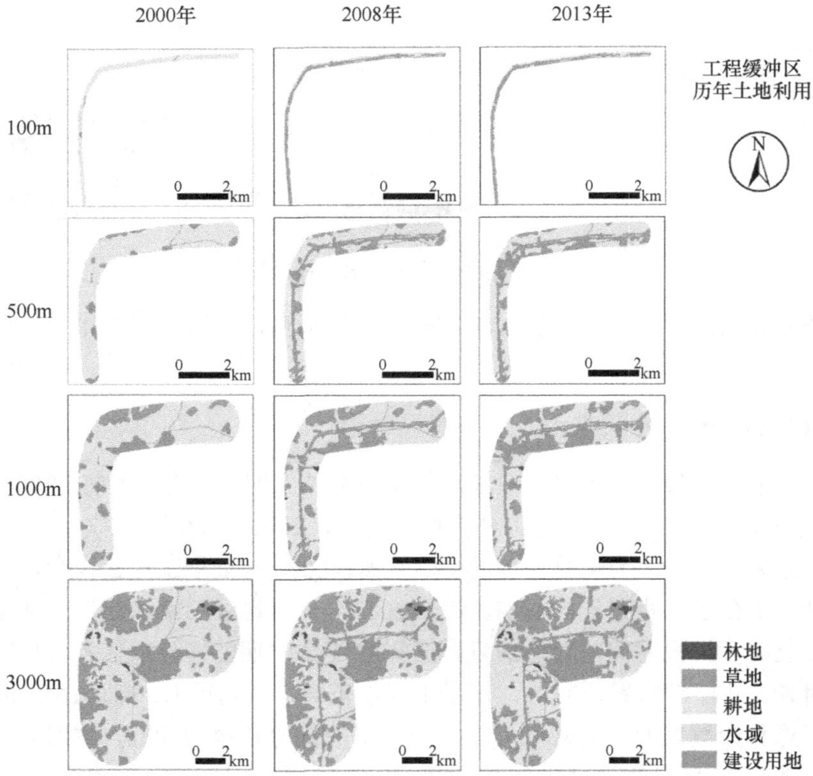

图 8-8　研究区土地利用类型变化示意图（另见图版彩图）

2000年该地区土地利用类型以草地和耕地为主，林地呈零星分布，在3000m缓冲区集中呈现的建设用地为县城所在地。到了2008年，随着南水北调中线工程输水管道的建设，认为干扰逐渐增强，其主要表现形式是管道上方出现了明显的施工作业带，建设用地呈条带状分布，并使管道两侧出现了弃置用地和裸露土地。同时，管道周边区域环境发生改变，耕地和草地的面积萎缩，建设用地面积增加较快，大部分是由耕地面积转化而来。2013年时情况类似，耕地和草地的面积持续减少，管道建设完成后成为主要建设用地，区域内破碎化程度加大，生态结构复杂化，说明人为活动对自然生态环境产生了持续性影响。

结合2000年、2008年和2013年3个年份土地利用类型数据，做出土地利用面积转移矩阵（表8-7，表8-8），以及易县土地利用变化图（图8-9）。

建设前该地区耕地面积最大，面积达1691.5hm^2，建设用地和草地面积大小类似，水域面积相对较小，为22.52hm^2，林地面积最小，仅为6.28hm^2，与其在较为潮湿的低洼区域零星分布的情况一致。到了2008年建设期，耕地、草地、林地和水域面积均有不同程度上的减小，其中，耕地面积急剧减小，有306.58hm^{2}转变为建设用地。建设用地面积增大，主要特点为聚集程度高，呈现出明显的条带状分布，可辨认为施工作业带。2013年时该区域土地利用类型变化程度减缓：耕地面积为3个时期的最低水平，有235.18hm^{2}转化为建设用地，但仍然为区域内的主要土地利用类型，为1219.69hm^2；建设用地面积

表8-7 2000～2008年土地利用类型转移矩阵 （单位：hm^2）

土地利用转移矩阵		2008年					
		草地	耕地	建设用地	林地	水域	总计
2000年	草地	232.68		2.61			235.29
	耕地		1384.92	306.58			1691.5
	建设用地			268.11			268.11
	林地			0.05	6.23		6.28
	水域			0.83		21.69	22.52
	总计	232.68	1384.92	578.18	6.23	21.69	2223.7
变化大小		−2.61	−306.58	310.07	−0.05	−0.83	

表8-8 2008～2013年土地利用类型转移矩阵 （单位：hm^2）

土地利用转移矩阵		2013年					
		草地	耕地	建设用地	林地	水域	总计
2008年	草地	211.62	21.04	0.02			232.68
	耕地		1149.74	235.18			1384.92
	建设用地	0.04	48.91	528.99	0.04	0.18	578.16
	林地				6.23		6.23
	水域					21.69	21.69
	总计	211.66	1219.69	764.19	6.27	21.87	2223.68
变化大小		−21.02	−165.23	186.03	0.04	0.18	

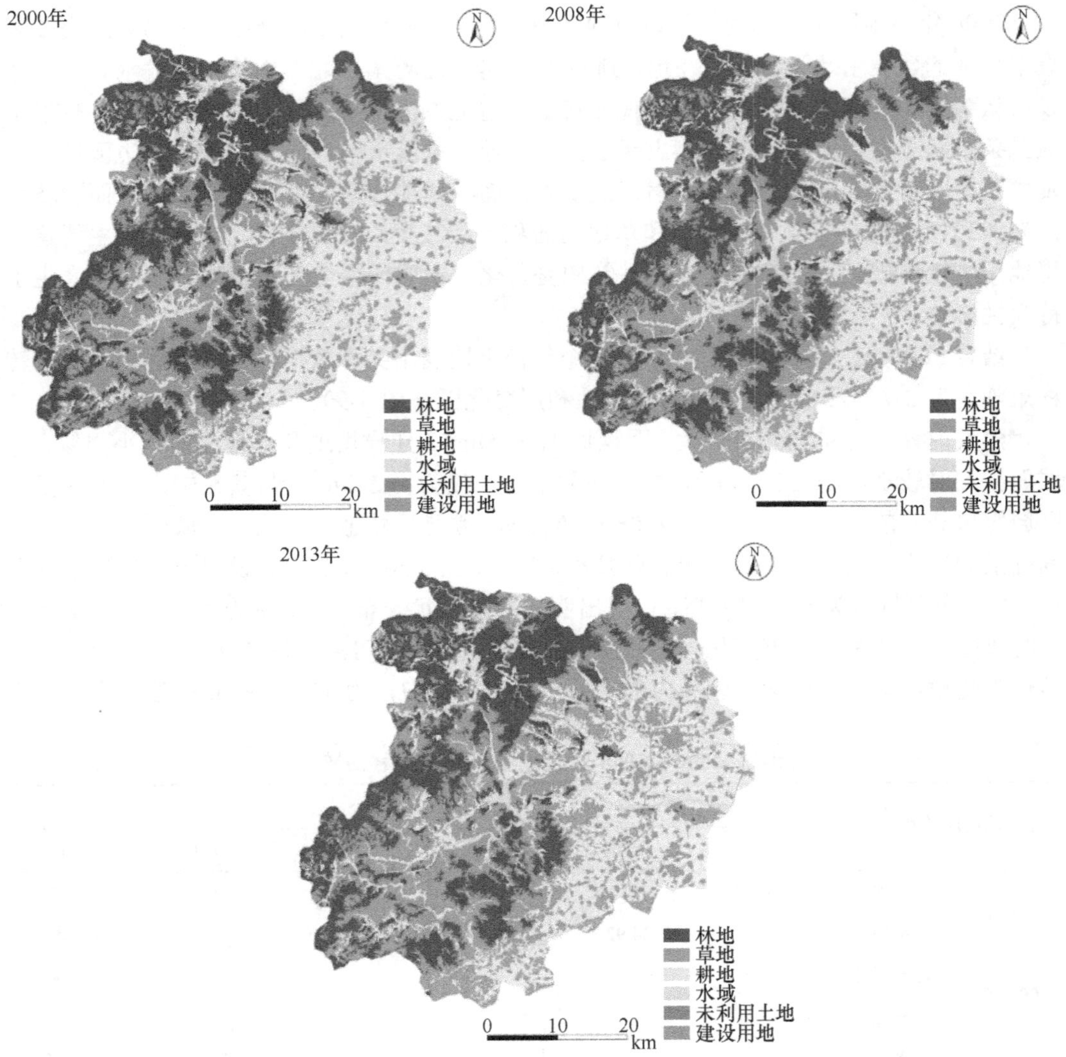

图 8-9　易县土地利用变化图（另见图版彩图）

持续增大，但有部分建设用地又恢复为耕地，有小部分转化为水域、草地及林地；草地面积仍然减少，减少部分大多转化为耕地，为 21.04hm^2；林地及水域有轻微增加，与工程建设关系不大。

可见管道建设对区域生态环境和土地利用方式产生了明显的影响，原有的占主导地位的土地利用类型所占比例下降，提高了其他土地类型的比例。主要增加的土地类型是建设用地。2013 年有部分建设用地转化为耕地、林地、水域和草地，而 2008 年并没有这种显现，可能是因为实施了植被恢复措施，加之自然恢复了几年时间，从而为植物生长提供了良好的条件。建设用地所处范围内的区域波动较大，更容易受到管道建设所带来的各类扰动的影响。

4）植被覆盖度变化分析

植被覆盖度和 NDVI 之间存在极显著的线性相关关系，通常通过建立二者之间的转

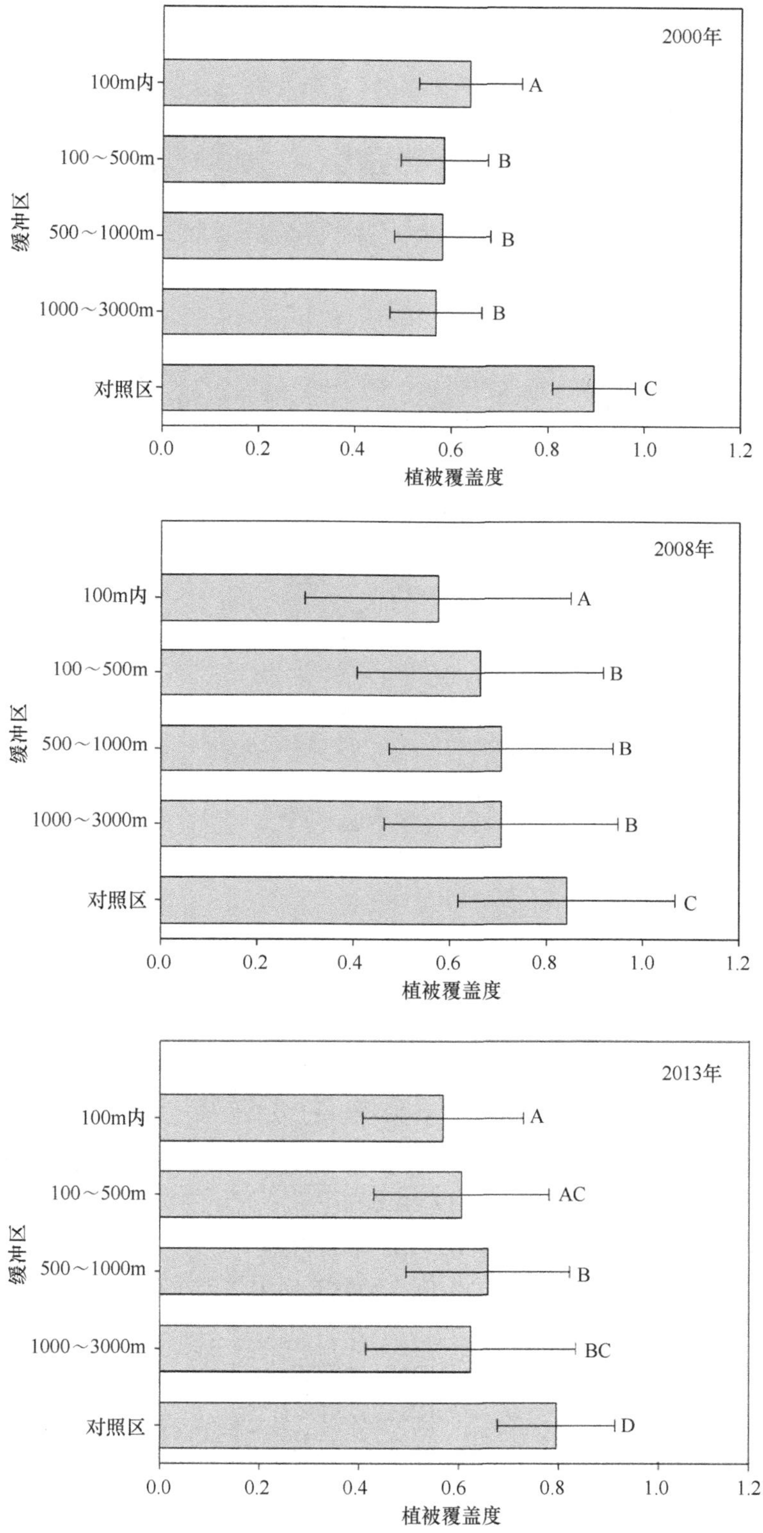

图 8-10 不同年份各缓冲区植被覆盖度变化

大写字母不同代表 P=0.05 水平的显著性差异

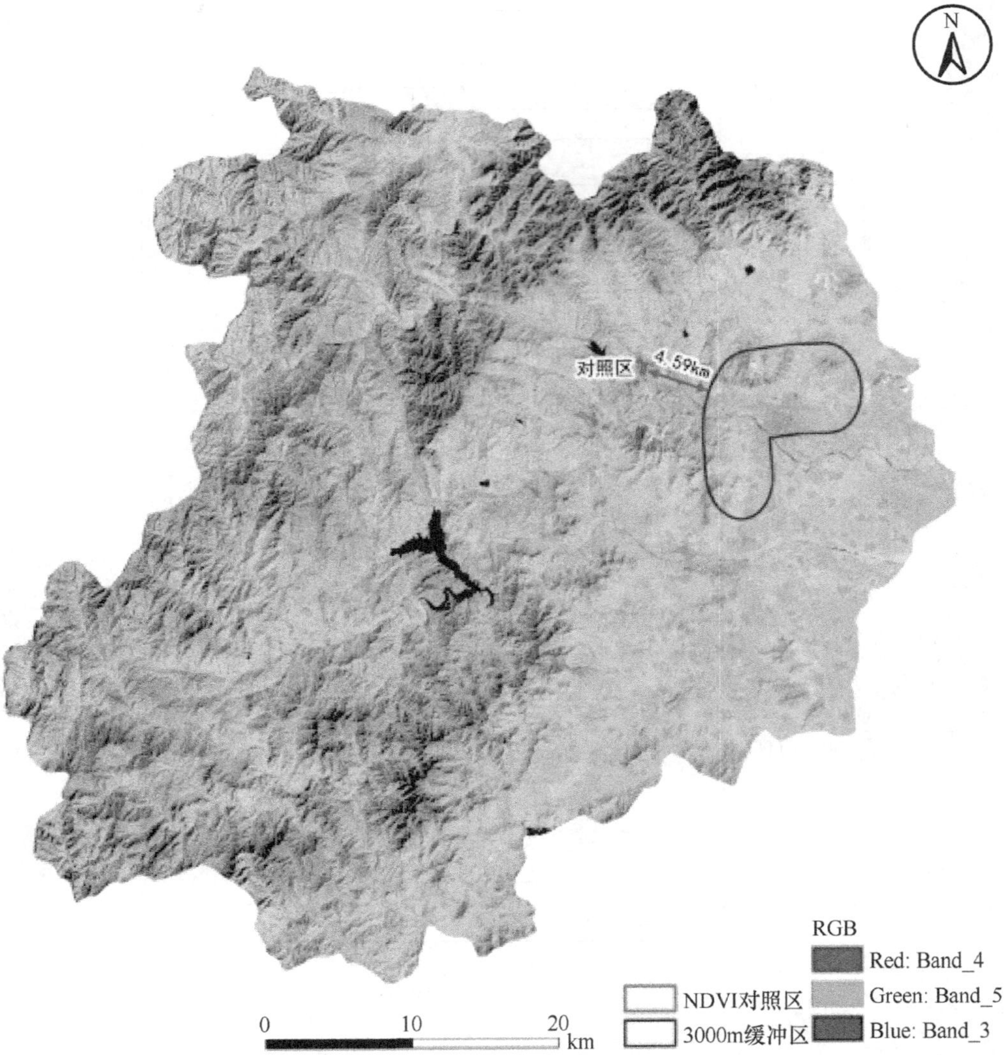

图 8-11 植被覆盖度计算对照区（另见图版彩图）

换关系，直接提取植被覆盖度信息。采用像元二分模型进行估算，假设每个像元的 NDVI 值可以由植被和土壤两部分合成，则其公式如下：

$$NDVI=NDVI_v C_i+NDVI_s(1-C_i) \tag{8-1}$$

式中，$NDVI_v$ 为植被覆盖部分的 NDVI 值；$NDVI_s$ 为土壤部分的 NDVI 值，C_i 为植被覆盖度。根据公式（8-1），C_i 的算式如下：

$$C_i=\frac{NDVI-NDVI_s}{NDVI_v-NDVI_s} \tag{8-2}$$

本研究在实际计算过程中，分别用生长季内植被 NDVI 最大值和最小值代替 $NDVI_v$ 和 $NDVI_s$，则植被覆盖度计算公式如下：

$$C_i=\frac{NDVI-NDVI_{min}}{NDVI_{max}-NDVI_{min}} \tag{8-3}$$

在每个缓冲区内随机抽取100个像元，分别计算 C_i，取其平均值代表该缓冲区的 C_i 值。另外，每个缓冲区随机设置6个 $1m^2$ 的方形样方，调查植被覆盖度情况，记录经纬度，对遥感解译结果进行校正，保证计算精度。

为了排除降雨、温度等气候因素的影响，定义植被覆盖度相对变化率来研究工程建设引起的植被格局变化，计算公式如下：

$$f=C_i(n)/C_i(0) \tag{8-4}$$

式中，f 为某一年份某一区域植被覆盖度的相对变化率；$C_i(n)$ 为该区域当年的植被覆盖度；$C_i(0)$ 为对照区当年的植被覆盖度。由于3个时相的对照区相同。因此可以认定为处于同一参照系，使得不同年份的植被覆盖度相对变化值具有可比性。计算植被覆盖度的对照区选取原则为：地形类似、距离工程建设地点较远和植被覆盖均匀。

比较各缓冲区植被覆盖度的变化可以发现（图8-10，图8-11），在管道还未建设的2000年，100m范围内植被覆盖度显著高于其他范围，但显著低于完全没有人为干扰的对照区植被覆盖度，其他各个缓冲区之间的植被覆盖情况没有显著差异。2008年是输水管道的建设期，缓冲区受人为扰动影响较大，植被覆盖度普遍降低，显著低于完全没有人为干扰的对照区植被覆盖度。尤其是100m范围内，植被覆盖度处于最低值，与其他区域相比有显著性差异，从500m缓冲带外到3000m内缓冲区之间没有显著性差异，说明这一范围内工程的影响强度类似，工程影响强度在500m范围以外显著降低。

2013年南水北调中线工程输水管道建设结束后已进行了将近4年的恢复，可以看出，在100m范围内，植被覆盖度仍然处于最低值，但是较2008年比植被覆盖度明显提高，甚至达到了500m范围的水平，而其他缓冲区也有所恢复，说明干扰强度下降，范围缩小，与2000年未建设期情况相同。

从得出的结果中，作者发现输水管道的建设对研究区植被覆盖度产生了明显的影响，直接影响范围主要是管道施工建设中心两侧的100m，间接影响范围能够达到作业带外侧500m以内。管道外侧100m的区域可以视作管道工程建设影响的缓冲区域：在这个区域内，生态环境和生态系统受到了较大强度的干扰；在这个区域以外，影响强度大幅降低。

8.3.2.3 植被覆盖度相对变化分析

根据本研究中定义的相对变化率的概念，缓冲区植被覆盖度相对变化率的大小可以指示输水管道建设对沿线区域植被的影响状况。当缓冲区的植被覆盖度相对变化低于1时，其值越小说明受到的工程影响越大。

比较3个年份相同缓冲区植被覆盖度相对变化率（表8-9）可以发现，在100m范围内，植被覆盖度有明显的先降低后增加的规律。该区域生态环境在受到输水管道建设人为干扰后，2008年管道100m缓冲区植被覆盖度的相对变化率为0.68，说明植被生长受到的抑制作用十分明显，覆盖度降低；而在2013年人工措施恢复及自然恢复的过程中，植被覆盖度得到了提高，植被覆盖度的相对变化率升高，达到0.71，同2000年施工建设之前相同，说明生态环境逐渐得到了良好的恢复，恢复措施的效果十分明显。其他区域范围内植被覆盖度有着先增加后降低的变化规律。

表 8-9　各缓冲区植被覆盖度的相对变化率

年份	缓冲区			
	100m	500m	1000m	3000m
2000	0.71A	0.65B	0.65B	0.63B
2008	0.68A	0.79B	0.84B	0.84B
2013	0.71A	0.76AB	0.79B	0.78B

注：大写字母不同代表 P=0.05 水平的显著性差异

比较各年份不同区域的植被覆盖度相对变化率可以发现，2000 年 100m 缓冲区的植被覆盖度相对变化率显著高于其他各区域，其他各区域的植被覆盖度相对变化率之间没有显著性差异；到了 2008 年，100m 缓冲区的植被覆盖度相对变化率显著低于其他各区域，说明管道建设对植被覆盖度的影响较大，工程建设给区域生态环境带来了负面影响。500m 的数值也略低于 1000m 和 3000m，说明影响范围能够达到管道施工作业中心两侧 500m 左右，强度随着距离的增加而降低；2013 年，100m 缓冲区的植被覆盖度相对变化率仍然低于其他各区域，但是较 2008 年数值差距缩小，说明经过一段时间的人工及自然恢复，该地区的植被覆盖有所好转。

1）斑块类型水平上格局指数分析

景观格局的空间特征是景观生态学的核心，是景观异质性的具体体现，可以通过基于土地利用/土地覆被的景观格局指数进行表征。景观指数是指能够高度浓缩景观格局信息，反映其结构组成和空间配置某些方面特征的简单定量指标。它包括景观结构、功能和变化 3 个主要方面的内容。

本研究中景观格局指标的计算是借助于软件 FRAGSTATS 4.1，FRAGSTATS 是由美国俄勒冈州立大学森林科学系开发的一个景观指标计算软件，它有两种版本，矢量版本运行在 ARC/INFO 环境中，接受 ARC/INFO 格式的矢量图层；栅格版本可以接受 ARC/INFO、IDRISI、ERDAS 等多种格式的格网数据。两个版本的区别在于：栅格版本可以计算最近距离、邻近指数和蔓延度，而矢量版本不能；另一个区别是对边缘的处理，由于格网化的地图中，拼块边缘总是大于实际的边缘，因此栅格版本在计算边缘参数时，会产生误差，这种误差依赖于网格的分辨率。FRAGSTATS 软件功能强大，可以计算出 59 个景观指标。这些指标被分为 3 组，分别代表了 3 种不同的应用尺度。

（1）拼块级别（patch level）指标，反映景观中单个拼块的结构特征，也是计算其他景观级别指标的基础。

（2）拼块类型级别（class level）指标，反映景观中不同拼块类型各自的结构特征。

（3）景观级别（landscape level）指标，反映景观的整体结构特征。由于许多指标之间具有高度的相关性，只是侧重面不同，因而使用者在全面了解每个指标所指征的生态意义及其所反映的景观结构侧重面的前提下，可以依据各自研究的目标和数据的来源与精度来选择合适的指标与尺度。

为了对不同施工阶段管道两侧不同斑块类型的景观格局指数进行分析，选取斑块数量（NP）、景观形状指数（LSI）及最大斑块指数（LPI）3 个指标，分析比较它们的变化情况。可以看出（图 8-12～图 8-14），施工前在 2000 年研究区的耕地、草地和建设用地的斑块数量极少，耕地呈现出片状分布，斑块数量少。到了 2008 年管道建设时期，建设用地斑块数量大幅提高，同时由耕地和草地的斑块数量没有较大幅度变化。而在管道建设恢复期 2013 年，建设用地呈带状及散点状分布在管道两侧，数量大幅增加，使研究区景观更加破碎化，其他斑块类型并没有出现较大的变化。景观形状指数用来反映某一斑块类型的离散程度，值越高说明其离散程度越大。从图 8-14 中可知，从 2000 年施工前直至 2008 年施工期，建设用地和耕地斑块 LSI 有明显的增加趋势，说明建设用地和耕地类型斑块离散程度加大，施工后到 2013 年恢复期，由于管道建设成带状，零散分布的建设用地减少，同时耕地得到了恢复，LSI 降低，说明离散程度降低。草地没有显著变化。

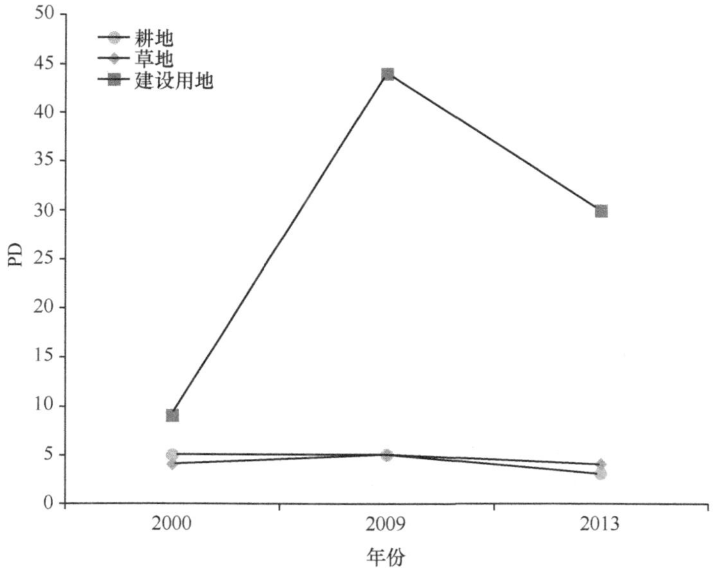

图 8-12　PD 指数

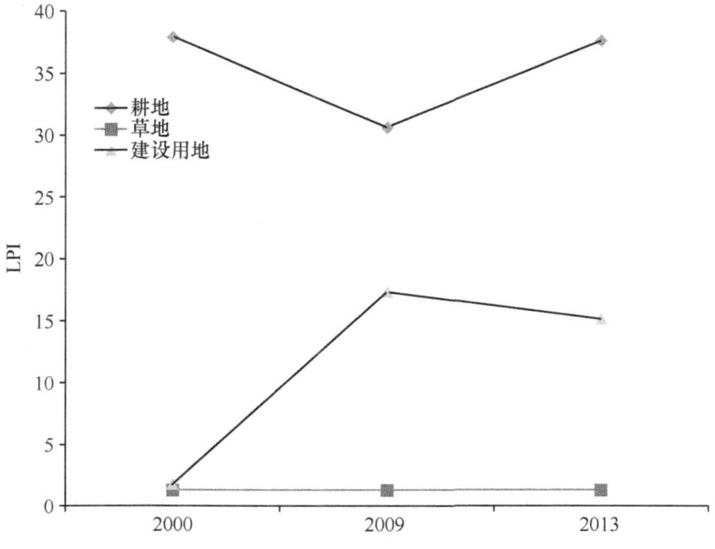

图 8-13　LPI 指数

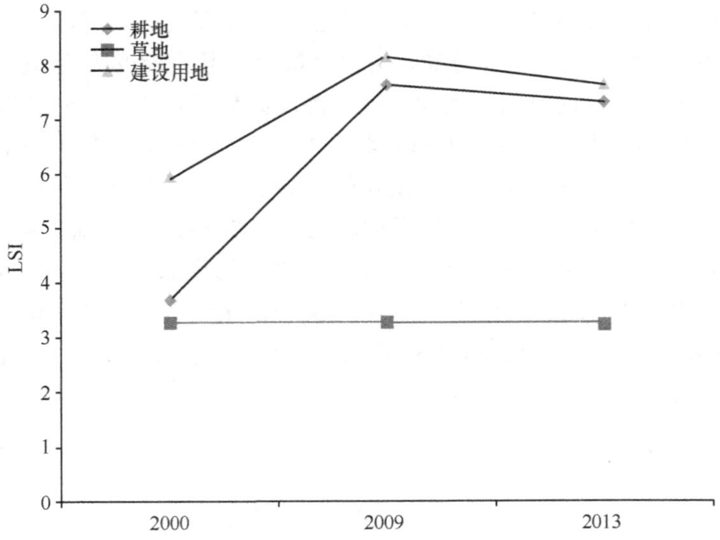

图 8-14 LSI 指数

最大斑块指数（LPI）是某一斑块类型在景观中优势度的简单度量，值越大优势度越高。在 2000 年也就是施工前，耕地的最大斑块指数接近 40，在景观中占有相对优势，施工阶段，耕地面积减少，LPI 降低，同时建设用地斑块 LPI 则相对提高；到了工程恢复措施阶段，破碎化程度有所缓解，建设用地 LPI 下降，耕地 LPI 大幅增加。

通过这 3 个指标的分析，能反映出输水管道建设不同时期管道周边斑块类型发生的一系列变化，可见管道建设对沿线生态系统内各景观类型的影响十分明显，自然及人为恢复措施对土地的植被覆盖恢复有较大促进作用，但是作为一种人类“干扰”，它不可避免地改变了原有生态格局和景观类型的分布。

选取了斑块类型所占景观面积比例（PLAND）和聚合度（AI）两个指标来反映不同缓冲区格局的变化情况（表 8-10）。不同缓冲区耕地和草地的 AI 无明显差异，其中，耕地和草地的 PLAND 和 AI 比较大，说明该景观类型在研究区中占据主导地位，而建设用地在整体景观中所占比例小，功能较弱。2008 年是管道建设期，各缓冲区景观指数有较大变化，其中主要体现在 500m 缓冲区中，耕地 PLAND 先升高后降低，草地持续升高，建设用地持续降低。除建设用地外，其他缓冲区内，草地和耕地的景观类型百分比与 2000 年相比均有所下降。建设用地的 PLAND 随着距管道施工作业带距离的增加而逐渐降低，并趋向于消失，表明施工作业带仍是建设用地的主要分布区域。聚合度体现了相同斑块的聚集情况，它反映了景观类型的离散程度。可以看到 3 个年份的聚集程度均比较稳定。在 100m 缓冲区内，耕地的 AI 持续降低，建设用地的 AI 持续增加，但是变化幅度均比较小。

对比 3 个年份景观格局指数的变化，可以认为研究区景观结构发生的变化较小，原有景观功能仍然存在，格局没有发生巨变，空间结构小幅度改变，完整性稳定。景观生态学通过考察景观的整体性和空间结构的变化来评判工程建设对生态环境的影响，通过上述分析可以认为，输水管道建设对区域生态环境并没有产生明显的作用，主要影响范围为管道附近 500m 以内，景观类型发生小幅度变化，稳定性降低，更易于受到破坏，恢复能力下降，景观格局没有较大改变；其他区域的稳定性和整体性都有不同程度下降，但影响强度明显低于管道两侧 500m 以内。

表 8-10 斑块尺度上不同缓冲区景观指数变化

景观类型	缓冲区	景观类型百分比（PLAND）/%			聚合度（AI）/%		
		2000 年	2008 年	2013 年	2000 年	2008 年	2013 年
耕地	100m	96.8441	31.0984	30.0427	95.8030	91.9277	91.9593
草地		—	—	—	—	—	—
建设用地		2.2911	68.2839	69.3284	79.9472	84.5729	84.5406
耕地	500m	88.6589	63.3165	57.5315	98.6766	94.1798	95.0250
草地		2.9193	2.9193	2.9128	93.6699	93.6699	93.8066
建设用地		7.5743	32.9938	38.7702	91.5361	96.1206	96.1242
耕地	1000m	76.0934	62.3089	54.8658	98.6789	94.8967	95.8582
草地		10.5561	10.4388	9.5060	97.4931	95.0723	95.0611
建设用地		12.0524	25.9937	34.3595	94.9888	97.2750	96.9249
耕地	3000m	61.3714	54.9032	52.7596	98.0170	96.2149	96.8364
草地		20.2778	18.8167	13.5166	98.3357	97.6357	97.5591
建设用地		16.4655	24.4255	31.9311	96.8748	97.6016	97.5243

2）景观水平上格局指数分析

管道修建后，管道周边整体景观格局发生了明显的改变，这些变化可以从景观格局指数的变化上反映出来（表 8-11）。

从 2000 年管道建设前到 2013 年，斑块密度逐年增加，最大斑块面积指数和聚合度变化不明显，说明研究区内整体景观破碎化程度加剧，周长面积分维数增加表明景观的复杂程度提高，这 4 个指标的变化说明研究区出现了较多的小面积斑块，景观的空间异质性增加；景观连接度降低则表明景观内部各斑块间连通性下降，系统内能量和物质的迁移和流动受到的阻力增加，说明研究区受到的切割作用十分明显；Simpson 多样性指数从 2000 年的 0.40 增加到 2008 年的 0.53，再到 2013 年的 0.57，说明景观内各斑块类型的面积比例更加均衡，管道建设前较少的景观类型数量提高，原有优势类型所占比例降低。

景观结构与其具有的生态功能之间是相互响应的，景观格局指数既能反映景观结构的变化，又能体现生态过程的改变，因此选取的这些指标可以从不同方面反映研究区生态过程变化的特点。总的来说，由于破碎化和异质性程度增加，景观的整体性下降，原有的景观功能削弱，而以人为干扰为主的高强度干扰因素使得系统稳定性骤降，整个景观格局处于持续性变化的波动状态中。

8.3.2.4 输水管道工程对水土流失的影响

工程水土流失主要发生在基本建设期。项目建设新增水土流失主要来源于土石方开挖和异地搬运、堆置，开挖后，征地区清除植被、地表裸露，由此导致土壤抗蚀性下降，引起土壤侵蚀量的增加。在项目运行期，由于工程区已基本恢复原土地利用类型，不会产生新的水土流失，且各项水土流失防治措施逐步发挥作用，新增水土流失将得到有效控制。

表 8-11　景观格局指数变化

年份	斑块密度（PD）	最大斑块面积指数（LPI）	周长面积分维数（PAFRAC）	聚合度（AI）	景观连接度（CONTAG）	Simpson 多样性指数（SIDI）
2000	1.348 9	10.455 025	1.074 6	94.674 1	73.139 9	0.395 2
2008	3.372 4	12.452 375	1.057 2	94.343 025	65.754 6	0.533 2
2013	13.976 2	13.643 4	1.119 3	94.620 25	58.821 2	0.571 8

100m 缓冲区景观尺度上不同年份景观指数变化

年份	景观面积（TA）/hm^2	最大斑块所占景观面积的比例（LPI）/%	总边缘长度（TE）/m	边缘密度（ED）/（m/ hm^2）	景观丰度（PR）	Simpson 多样性指标（SIDI）
2000	200.34	43.250 2	2 805	14.001 2	3	0.061 5
2008	200.34	62.264 2	186 75	93.216 5	3	0.437
2013	200.34	63.555 7	184 35	92.018 6	3	0.429 1

500m 缓冲区景观尺度上不同年份景观指数变化

年份	景观面积（TA）/hm^2	最大斑块所占景观面积的比例（LPI）/%	总边缘长度（TE）/m	边缘密度（ED）/（m/ hm^2）	景观丰度（PR）	Simpson 多样性指标（SIDI）
2000	1 051.29	37.899 2	23 850	22.686 4	4	0.207 3
2008	1 051.29	30.675 9	60 630	57.672	4	0.489 3
2013	1 051.29	37.638	57 630	54.818 4	4	0.517 8

1000m 缓冲区景观尺度上不同年份景观指数变化

年份	景观面积（TA）/hm^2	最大斑块所占景观面积的比例（LPI）/%	总边缘长度（TE）/m	边缘密度（ED）/（m/ hm^2）	景观丰度（PR）	Simpson 多样性指标（SIDI）
2000	2 223.967 5	26.130 3	57 105	25.677 1	5	0.395 2
2008	2 223.967 5	21.861 9	99 915	44.926 5	5	0.533 2
2013	2 223.967 5	29.274 7	100 710	45.283 9	5	0.571 8

3000m 缓冲区景观尺度上不同年份景观指数变化

年份	景观面积（TA）/hm^2	最大斑块所占景观面积的比例（LPI）/%	总边缘长度（TE）/m	边缘密度（ED）/（m/ hm^2）	景观丰度（PR）	Simpson 多样性指标（SIDI）
2000	8 118.18	16.848 6	228 585	28.157 2	5	0.554 9
2008	8 118.18	18.95	310 005	38.186 5	5	0.603 3
2013	8 118.18	26.334 2	305 145	37.587 9	5	0.601 3

在对水土流失影响进行全面分析和评价的基础上，对工程建设过程中人为水土流失进行预测，重点预测分析工程建设过程中扰动原地貌、破坏土地植被面积、弃土弃渣量、可能造成水土流失量和水土流失的危害性等。

本研究以南水北调中线工程河北保定易县段为研究对象。南水北调中线干线京石段（河北境内）易县段工程位于保定市易县境内，桩号 K394+205～K435+716，渠道长 41.511km。渠段内有河渠交叉建筑物 5 座、左排建筑物 24 座、公路渠交叉建筑物 1 座、隧洞 2 座、渠渠交叉建筑物 5 座、分水口 1 座、节制闸 2 座、退水闸 2 座、公路桥 22 座、生产桥 26 座、安全监测室 8 个，现场管理机构为易县管理处。

目前的水土流失评价多是参考了修正后的美国通用水土流失方程 USLE 模型即 RUSLE 模型的计算方法来进行的，该模型计算简单，所需的参数获得较为容易。其计算的基本方法如下：

$$A = R \times K \times LS \times C \times P \tag{8-5}$$

式中，A 为土壤侵蚀量 $t/(km^2 \cdot a)$；R 为降雨侵蚀力因子；K 为土壤可蚀性因子；LS 为地形因子，即坡长坡度因子；C 为植被覆盖因子；P 为农田管理措施因子。

采用 RUSLE 模型计算得到不同区域土壤侵蚀量，对比项目建设前后的土壤侵蚀量，利用 ArcGIS 进行空间统计分析，统计出不同土壤侵蚀等级空间分布和数量的变化。

但是，RUSLE 模型的评价结果存在一定的主观性，未能指出工程建设诱发的水土流失是否会影响到区域的生态安全。本项研究将在 RUSLE 计算结果的基础上，从空间尺度和环境地质灾害发生频率两个方面来分析工程建设对水土流失的影响。其具体判断方法如下：

$$Rs=(Sa-Sb)/Sb \tag{8-6}$$

式中，Rs 表示水土流失阈值判定指数，其计算结果将与区域生态系统的恢复年限或者区域可容许水土流失量比较，如果 Rs 大于生态系统恢复年限（区域许可水土流失量），将表示其影响具有破坏性，从区域生态安全角度是不可接受的；Sa 表示工程建设诱发的区域尺度水土流失量（或者环境地质灾害发生频率）；Sb 表示工程建设前区域尺度水土流失量（或者环境地质灾害发生的频率）。

本研究以河北易县作为研究区域，通过收集该地区的气候、地质、植被及水文等各方面数据，综合 RUSLE 模型计算结果及相关影响因子分析南水北调工程前后，其水土流失的变化情况，并对各类影响因子进行了深入分析，得出如下结论。

研究区位于以水力侵蚀为主的北方土石山区，2000 年时整个研究区域土壤侵蚀强度几乎全部都集中为微度及轻度两个等级，极少量为中度侵蚀强度。2013 年整个研究区域较 2000 年而言，土壤侵蚀强度变化较大，主要是微度及轻度侵蚀两个等级所占比例的变化，微度等级侵蚀面积减少，轻度等级侵蚀面积增加约 15%以上，中度等级侵蚀的增加也较为明显，相应的极强度及剧烈都有少量的增加。

县境地处于太行山区华北平原过渡倾斜地带，7/10 为山地，与定兴县相邻的高陌乡是全县唯一平原乡，地势西高东低，2013 年与 2000 年相比，缓坡、中等斜坡及斜坡（即坡度在 0°～15°）区域的侵蚀等级中，中度以上强度等级的面积都大幅增加，其主要是因为人类对土地的利用和对自然植被的破坏总是从平地向坡地、从坡度较小坡地向坡度较大坡地进行；这些区域为平原或者平原向山地过渡区域，由于坡度不大，有很多坡地被开垦为耕地，人类活动比较频繁，土地利用程度较高，对植被和土壤的破坏较大，因此容易造成土壤侵蚀。

河北易县 2000 年及 2013 年植物覆盖度分布变化较大，成为影响该地区水土流失强度的一个重要因素。该县境内西部山地地区，植物覆盖度极大降低，而东部平原地区，由于人类活动较多，农作物及城镇绿化工作反而整体覆盖度没有降低。北、中、南 3 条易水河和漕河、拒马河流域植被覆盖度较好的地域，保持着一定数目的林地与草地，其植被没有遭到破坏，使降雨被植被枝叶拦截，大大削弱了降雨动能，且植被根系可以疏松土壤、增加雨水入渗，提高了土壤抗蚀能力，因此产沙量低、土壤侵蚀较小。植被覆盖度较差的地方，由于人们生活中滥砍滥伐严重、毁林开荒，致使当地植被稀疏、森林覆盖率低，降雨可直接打击表土，破坏土体结构，因此土壤侵蚀严重。

河北易县耕地土地利用强度大、人类活动较为频繁，从而导致土壤侵蚀较为严重；林地及草地由于近些年来人类对林木的大量采伐，森林资源及草地的破坏，土壤侵蚀强度变化巨大，水土流失愈发严重，甚至超过了耕地区域的水土流失状况。建设用地由于城镇化及各类工程设施的建设等人类活动，其面积变化较大，土壤侵蚀强度变化也较为明显，但是与林地、草地相比而言，其水土流失状况还是比较乐观的。

针对上述结论，对于该地区水土流失的保护提出以下建议：该地区2000～2013年，土地利用类型变化中耕地减少，建设用地大幅增加，林地及草地两个地区的水土流失情况加剧。此外，整个地区的植被覆盖度在气候、地形、土壤及人为因素中是变化最为明显的，也就是说植被覆盖度的变化是影响该地区水土流失的一个极为重要的原因。因此，综合来讲，该地区的人为活动即耕种、砍伐、各类工程建设已经严重影响到该地区的生态环境，在土壤侵蚀的治理问题上，必须采取科学、合理的方式已经迫在眉睫。在考虑当地居民的生产、生活方式等社会因素的基础上，在遵循自然规律和经济规律的前提下，因地制宜地实施水土保持工程措施、植物措施、耕作措施，将三者进行科学、合理、有效的配置，实现由单纯治理到防治结合、由局部单项治理到区域综合治理、由单纯防护治理到以经济效益为核心的治理与开发相结合的发展过程，使其发挥最大的水土保持效益。

8.3.2.5 输水管道工程生态需水评价

1）评价原则

坚持**重点与全面相结合**的原则。既要突出输水工程项目所涉及的重点区域（如生态敏感区、水源保护区等）、关键时段（建设期、运行期的累积生态影响效应）和主导生态因子（水生动植物等），又要从项目整体上考虑流域生态系统的完整性。

坚持**预防与恢复相结合**的原则。预防为主，恢复补偿措施为辅。因此可对项目的生态监测措施、生态环境保护措施、生态补偿机制与措施准确地进行分析与评价。

坚持**定量与定性相结合**的原则。输水工程的生态影响评价应尽量采用定量评价方法，但应对项目是否满足定量评价使用的评价模型的前提条件进行论证分析。

纳入成熟成果的原则。输水工程生态影响评价应尽量将相关对象成熟的研究成果纳入评价过程中。

2）评价流程

输水工程定量评价首先要遵循环境影响评价的一般流程，见图8-15。

3）评价方法

生态需水量的计算方法包括：蒙大拿法、IFIM法等；具体操作中根据可收集到的数据，以及实际问题所侧重的内容进行选择。并在最后的报告中附以关于方法选择与数据的说明。

4）关键问题

问题一：确定生态需水评价范围的原则如下。

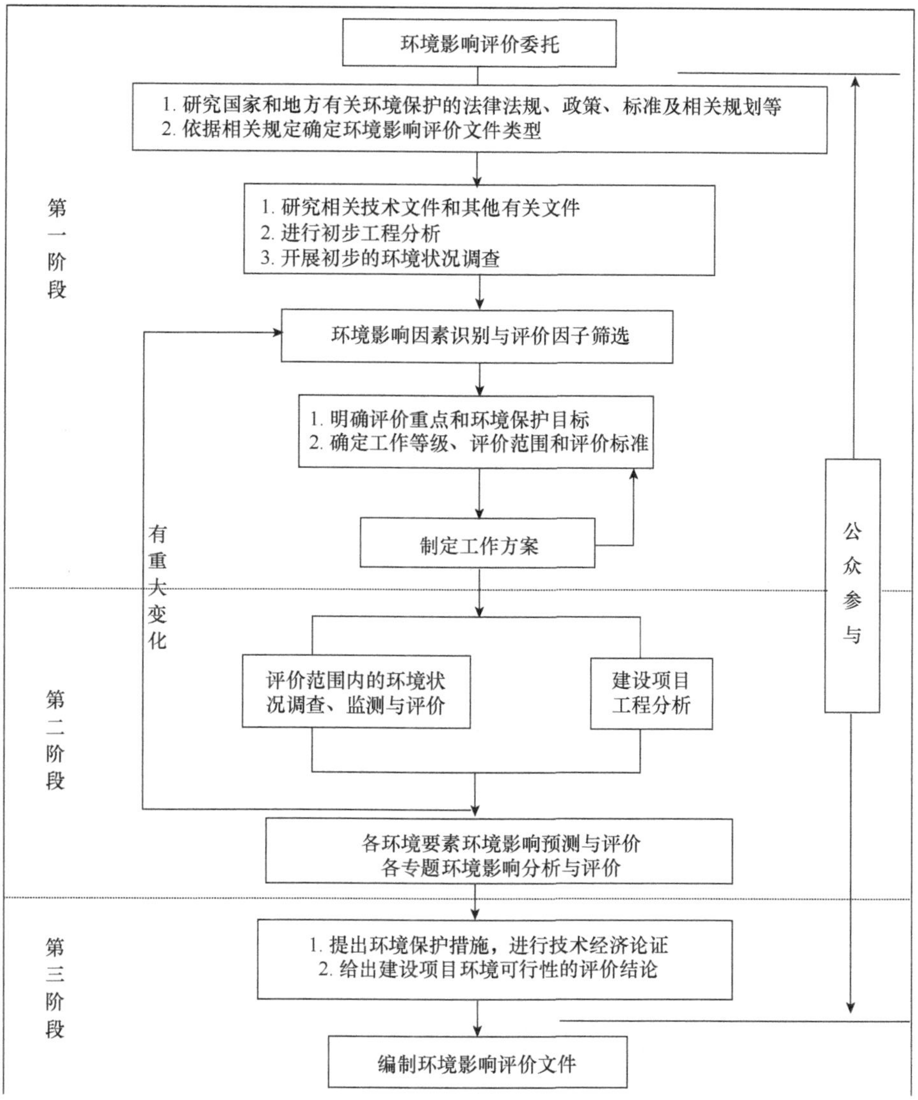

图 8-15 环境影响评价流程

第一，根据生态影响评价工作的等级与生态影响的范围，明确需要进行生态需水评价的范围。

第二，生态敏感区（水源保护区、自然保护区等）需进行生态需水评价。

第三，工程范围内若覆盖野生动植物的生境等，需采用生境法，综合考虑动植物生存的生境。

第四，若工程影响范围内河道内水文情势发生明显改变，则评价工作等级上调一级，且强制要求进行生态需水评价（图 8-16）。

问题二：关于评价方法的选取。

评价方法的选取需遵循以下原则。

第一，根据可收集到的水文数据、生态监测数据，选择可行性较高的计算方法，如

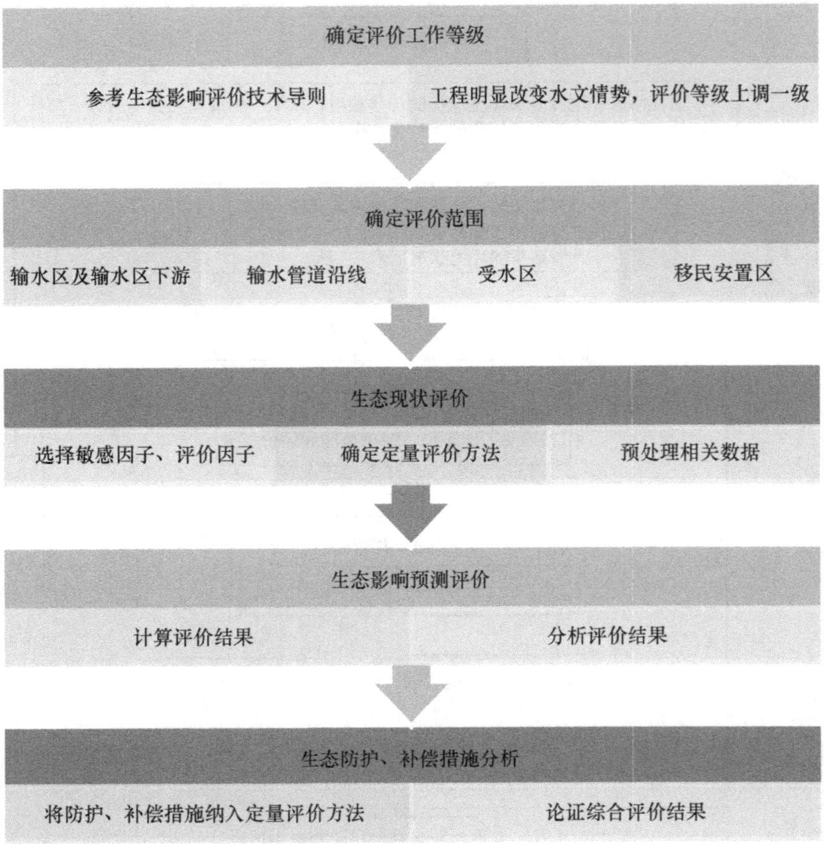

图 8-16　输水工程生态需水评价流程

必要，可进行多种方法计算，比对结果进行比较说明。

第二，计算河道类鱼类生存所需的生态需水量，需采用鱼类生境法。

问题三：关于最小生态需水量的选取。

第一，理论上最小生态需水量应该纳入成熟的研究成果，经环评专家商议确定。

第二，评价等级处于三级的建设项目可以直接采用蒙大拿法的 20%为最小生态需水量。

问题四：关于评价结论。

评价结论应遵循以下原则。

第一，评价结论的汇报应明显区分建设项目建设期前多年生态需水量、建设期生态需水变化态势、运行期生态需水量等。

第二，对评价结论所需收集到的数据与采用的生态需水量计算方法加以说明；南水北调中线工程对汉江中下游生态需水影响研究。

南水北调中线工程从加坝扩容后的丹江口水库陶岔渠首闸引水，沿线开挖渠道，经唐白河流域西部过长江流域与淮河流域的分水岭方城垭口，沿黄淮海平原西部边缘，在郑州以西李村附近穿过黄河，沿京广铁路西侧北上，可基本自流到北京、天津。输水干线全长 1431.945km（其中，总干渠 1276.414km，天津输水干线 155.531km）。规划分两期实施，一期年均调水规模 95 亿 m^3，主要解决我国华北地区包括京、津、冀、豫四省（市）水资源短缺问题。

南水北调中线工程的总体目标是在不降低丹江口库区、汉江中下游地区生态环境质量、不降低汉江中下游干流供水区供水保证程度的原则下，实现跨流域调水及水资源优化配置，缓解京津及华北其他地区水资源供需的尖锐矛盾，解决华北地区城市缺水问题，缓和城市挤占生态与农业用水的矛盾，基本控制大量超采地下水、过度利用地表水的严峻形势，遏制生态环境继续恶化的趋势，为可持续发展与生态文明建设提供可靠的支撑。

南水北调中线工程对汉江中下游的影响主要表现在：调水后，汉江干流河段的枯水流量有所加大；兴隆以下河段中水历时延长，沙洋河段、仙桃河段多年平均水位均有所上升，但部分河段中水历时减少，黄家港河段、襄樊河段水位有所降低；中下游河床总体上将向单一、稳定、窄深、微弯型发展，河床冲刷强度减弱，航运条件有所改善，但整治流量较现状有所降低，整治工程量将有所增加；干流供水区的供水保证率均有明显提高，但部分取水泵站的耗电量也将有所增加。因此，调水工程实施后对汉江中下游的影响有利有弊，且其不利影响都可以通过工程措施予以减缓或消除。

本研究案例的目的是利用生态需水理论，定量论证南水北调中线工程对汉江中下游河流、湿地等生态系统的影响，为南水北调工程生态影响评价与调水配置提供理论基础与指导方法。

以南水北调中线工程为例，生态需水的具体评价流程如下（图 8-17）。

汉江中下游生态需水评价需要收集的数据包括：调水前后多年径流量数据（表 8-12），湿周数据（表 8-13）。

图 8-17　南水北调中线工程生态需水评价流程

表 8-12 调水前后多年径流量数据

控制断面	多年平均流量/m^3	
	不调水	调水 95 亿 m^3
黄家港	1161.6	811.3
襄阳	1292.7	941.5
皇庄	1518	1172.9
沙洋	1497.8	1158.2
泽口	1341.5	1209.8
仙桃	1277	1154.5

表 8-13 调水前后多年湿周数据

控制断面	多年平均湿周/m^3	
	不调水	调水 95 亿 m^3
黄家港	654.6	555.3
襄阳	366.7	469.4
皇庄	452.9	432.1
沙洋	520.5	568
泽口	450.4	435.4
仙桃	346.1	339

生态需水评价结果如下。

第一，蒙大拿法计算结果。蒙大拿法计算采用多年平均径流量数据。最小生态需水量标准为调水前多年平均径流量 Rf 的 10%，记为 EcWR0；参考值选取调水 95 亿 m^3 后多年平均径流量 Rh 的 20%，记为 EcWR。

若 EcWR0＜EcWR，则工程对河道生态需水的结果可接受。

若 EcWR0＞EcWR，则工程对河道生态需水的结果不可接受，需要对工程对于生态需水的影响作进一步论证。

生态需水理论与评价方法在近十年得到了长远的发展，主要表现在概念内涵愈发明晰，边界凸显；评价方法多样但不失杂乱，因而生态需水的评价具有较高的可操作性，因此，将生态需水评价引入生态影响评价中的“必要条件”已经满足（表 8-14，表 8-15）。

表 8-14 多年平均径流量原数据

控制断面	多年平均流量/m^3	
	Rf 调水前	Rh 调水 95 亿 m^3 后
黄家港	1161.6	811.3
襄阳	1292.7	941.5
皇庄	1518	1172.9
沙洋	1497.8	1158.2
泽口	1341.5	1209.8
仙桃	1277	1154.5

表 8-15 蒙大拿法计算结果

河段	Rf	EcWR0	Rh	EcWR	结果	是否接受
黄家港	1161.6	116.16	811.3	162.26	<	是
襄阳	1292.7	129.27	941.5	188.3	<	是
皇庄	1518	151.8	1172.9	234.58	<	是
沙洋	1497.8	149.78	1158.2	231.64	<	是
泽口	1341.5	134.15	1209.8	241.96	<	是
仙桃	1277	127.7	1154.5	230.9	<	是

与此同时，随着影响评价学科的进一步成熟，对于生态影响评价的有效性的思考成为建设项目利益相关者、环境影响评价人员与公众所关注的焦点问题，由此也引发了对生态影响评价的众多挑战，如生态影响的定量评价、公众参与协调等，环境影响评价领域与生态学领域的专家学者也提出了一些应对办法，如进行生态累积影响评价、加强生态监测与生态影响后评价等，但是这些方法存在着诸如可操作性不强、定性分析的成分居多的问题。综上，对于生态影响评价定量、操作性高的评价内容与方法的需求稳定增长，即将生态需水评价引入生态影响评价中的“充分条件”也得到了满足。综上所述，作者建议：将生态需水评价作为生态影响评价的组成部分，尤其是针对水资源可开发与利用的项目。

第二，综合结果见表 8-16。

表 8-16 综合计算结果 （单位：m^3）

<table>
<tr><th colspan="4">计算项</th><th>黄家港</th><th>襄阳</th><th>皇庄</th></tr>
<tr><td colspan="4">多年平均径流量</td><td>381</td><td>412</td><td>505</td></tr>
<tr><td rowspan="6">河道内生态需水量</td><td rowspan="4">河道基流量</td><td rowspan="2">蒙大拿法</td><td>20%</td><td>76.2</td><td>82.4</td><td>101</td></tr>
<tr><td>30%</td><td>114.3</td><td>123.6</td><td>151.5</td></tr>
<tr><td colspan="2">最小月径流量法</td><td>72.7</td><td>90.4</td><td>101</td></tr>
<tr><td colspan="2">流量历时曲线法</td><td>68.5</td><td>80.6</td><td>94</td></tr>
<tr><td colspan="3">水沙平衡生态需水量</td><td>38.6</td><td>37.2</td><td>56.6</td></tr>
<tr><td colspan="3">生物平衡生态需水量</td><td>114.3</td><td>123.6</td><td>151.5</td></tr>
<tr><td>河道内生产需水量</td><td colspan="3">航运需水量</td><td>148.2</td><td>148.9</td><td>129.3</td></tr>
<tr><td colspan="4">河道内生态需水量</td><td>148.2</td><td>148.9</td><td>151.5</td></tr>
</table>

资料来源：南水北调中线工程水源区——汉江水文水资源分析关键技术研究与应用

近年来，特殊生态敏感区（指具有极重要的生态服务功能，生态系统极为脆弱或已有较为严重的生态问题，如遭到占用、损失或破坏后所造成的生态影响后果严重且难以预防、生态功能难以恢复和替代的区域，包括自然保护区、世界文化和自然遗产地等）与重要生态敏感区（具有相对重要的生态服务功能或生态系统较为脆弱，如遭到占用、损失或破坏后所造成的生态影响后果较严重，但可以通过一定措施加以预防、恢复和替代的区域，包括风景名胜区、森林公园、地质公园、重要湿地、原始天然林、珍稀濒危野生动植物天然集中分布区、重要水生生物的自然产卵场及索饵场、越冬场和洄游通道、天然渔场等）的生态影响评价愈发受到环境影响评价人员的重视，并且关于其生态影响评价也直接左右决策者的选择。近年来，国内外生态敏感区生态影响评价的范围、对象也逐渐从生态整体性、景观生态学指数等方面深入研究对动植物生境、生长机制的影响。生态需水量可以很好地反映生态系统健康、动植物生境的适宜程度。因此作者建议，在进行生态敏感区专项评价时，对敏感区内的稀有生物种的生境需水量进行评价，以保证物种健康发展，进一步为决策支持提供更完善的依据。

8.3.3 输水管道建设工程生态环境要素阈值确定

目前，关于生态系统“阈值”的概念，国内外尚没有统一的定义。Robert 在 1970 年时第一次提出生态阈值的概念，他认为生态阈值指的是不同程度的稳定状态普遍存在于生态系统的组成、功能、能量循环过程之中，不同的状态之间存在着阈值或者断点。Friedel 认为生态阈值是生态系统两种不同状态在时间和空间上的界限。Muradian 定义生态阈值为独立生态变量的关键值，在此关键值前后生态系统发生一种状态向另一种状态的转变。他认为生态阈值概念和生态的不连续性具有相同的含义，都是生态系统特性的突然改变。Wiens 等认为生态阈值是生态系统的转变带，而非一系列的离散点。Meyers 将同一生态系统在生态结构和功能之间发生变化的临界点定义为生态阈值，当超过这个阈值时，生态系统会出现不稳定状况。李和平等认为生态阈值是一个生物或生态系统与环境相对应的一系列质变点和由此发生的质变轨迹，而不只是死亡或存活的临界点，可以是点、线或面。Bennett 和 Radford 认为生态阈值是生态系统从一种状态快速转变为另一种状态的某个点或一段区间，推动这种转变的动力来自某个或多个关键生态因子微弱的附加改变，如从破碎化程度很高的景观中消除一小块残留的原生植被，将导致生物多样性的急剧下降。只有对生态阈值概念有比较全面的理解，并把这一理解妥善运用于生态系统管理，才能使生态系统持续健康发展。生态弹性学术联盟（Resilience Alliance）定义生态阈值为生态系统的不同生态特性、功能状态之间的分界点，当超出分界点时，生态系统就发生状态的跃变。Westoby 等基于生态系统并不是完全处于平衡状态，还有不平衡状态共存，首先提出状态转变模型，其认为平衡态与不平衡态之间存在一定的界限。有关生态阈值的定义公认的一点是：当生态因子扰动接近生态阈值时，生态系统的功能、结构或过程会发生不同状态间的跃变，这也是生态阈值最主要的特点。

生态阈值主要有两种类型：生态阈值点和生态阈值带。在生态阈值点前后，生态系统的特性、功能或过程发生迅速的改变。较为典型的例子是栖息地丧失或破碎化对生物多样性的影响。Hanski 等指出，栖息地丧失过程中存在一个阈值点，到达这一点时，种群灭绝的概率将迅速升高。生态阈值带暗含了生态系统从一种稳定状态到另一稳定状态逐渐转换的过程，而不像点型阈值那样发生突然的转变，这种类型的生态阈值在自然界中可能更为普遍。Muradian 用一种生态阈值假说来描述生物多样性与生态系统功能及其他 5 种变量之间的非线性关系，阈值带代表不同状态之间的转换区间。现代生态学对生态系统行为的认识还不够深入，因而生物多样性影响生态系统功能的阈值还存在很大的不确定性。Wiens 等指出生态阈值带内的点可能具有相似的变化速率，且高于阈值带之外点的变化速率，可能与生态系统的弹性有关。生态系统的弹性是指生态系统从干扰中恢复过来的能力或系统吸收外来干扰并保持其原有状态的结构和行为模式的能力，即系统吸收干扰并保持原有状态的能力。生态系统的弹性越大或吸收干扰的能力越强，这个阈值带可能越大，恢复到原始状态的可能性也越大。从这一角度来说，当过多的人类干扰使生态系统的弹性降低到一定程度时，生态系统的不连续性就会增加，发生不可逆转变化的概率将随之增加。这对于生态保护有重要意义，即通过严密监测物种或关键生态过程，可以觉察到这种快速变化，这时采取措施进行人为干预，有利于防止不可逆转情形的发生。也有些状态转变的初期是可逆的，但由于生态系统响应变化的滞后性，不易觉察到这种响应，可能导致向生态阈值逼近，从而发生不可逆转的变化，需要提高警惕，密切关注生态系统的变化。

生态阈值的评价方法多样，主要有如下几种。

1）目标规划法

解决资源的合理优化配置与利用，属于多目标决策问题，通过多指标与多方案比较相结合的方法，优化决策数学模型。

2）回归分析法

本方法是研究自变量与因变量之间的关系形式的分析方法。通过变量间相互作用关系与性质，建立回归分析模型，通过数学模型求出阈值。

3）频率分析法

利用数理统计中的频率直方图或频率表，分析长序列的数据，根据数据出现的高低频率得到判别标准，确定阈值。

4）仿真模拟法

通过建立和运行实际系统的仿真模型，通过系统仿真模拟确定阈值。

5）高斯模型

基于时间序列变量分析，运用数学方法建立预测模型，确定变量预测值的方法。此方法必须和其他方法结合才能保证其精度。

6）指标体系法

国内外对指标体系中指标的确定，主要有频度分析法、理论分析法、专家咨询法、层次分析法、主成分分析法和相关分析法等，这主要可以分为两类：一类为定性分析法；另一类为定量分析法。定性分析中频度分析法是对河流生态系统退化、健康评估和修复等方面的文献及研究报告中涉及的指标进行统计，筛选出频次较高的指标；理论分析法是对河流生态系统的特征进行分析，选取重要性的指标，便于生态系统修复的实施；专家咨询法是通过咨询专家，凭借其丰富的经验确定指标体系；层次分析法是通过建立河流水生生态修复的目标层、要素层和指标层，通过模糊量化的方法确定指标权重，以此筛选指标。定性分析方法筛选指标，主观性较大，可适用于指标的初步筛选，减少不必要的工作量。定量分析法中主成分分析法是将许多相关性很高的指标转化成彼此相互独立或不相关的指标。通常是在初选指标的基础上使用，选出比原始指标个数少，能解释河流水生生态修复阈值的新指标，主成分分析实际上是一种降维方法，把多指标转化为少数几个综合指标。相关分析法是在初步设置的分区指标基础上，分析指标之间的相关程度，将相关程度大的指标进行归并剔除，避免指标信息的重复表达。由此可见，定量分析法主要是在指标初步构建的基础上进行定量的筛选。因此，在河流水生生态修复阈值界定指标体系构建时，采用定性分析法中频度分析和理论分析法初步筛选指标，采用定量分析法中主成分分析法确定指标体系。

7）指示生物法

鉴于生态系统的复杂性，人们常需要采用一些指示种群（indicator taxa）来监测生态系统健康。指示生物法主要根据生态系统中指示物种的多样性和丰富度，确定丰富度指数或完整性指数（如生物完整性指数 IBI）。当生态系统受到外界胁迫时，生态系统的结构和功能受到影响，这些指示物种的适宜生境受到胁迫，它们的结构功能指标将产生明显的变化。因此，可以通过这些指示物种的结构功能指标和数量的变化来表示生态系统的健康程度，同时也可以通过这些指示物种的恢复能力表示生态系统受胁迫的恢复能力。Sonstegard 等提出可以用银大马哈鱼指示北美大湖区的生态系统健康。纽约环境保护部门使用的 EPT 指数评价标准则是在 100 种指示昆虫中，发现 10 种以上的水体无污染，6～10 种轻微污染，2～5 种中度污染，0～1 种严重污染。戴纪翠等研究了底栖动物，尤其是大型底栖无脊椎动物在水生生态系统健康评价中的作用及其角色。

虽然采用生物种群指示生态系统健康的研究取得很大进展，成为生态系统健康研究常用的基本方法，但不能作为唯一的方法单独使用。因为生态系统非常复杂，仅依靠某一类敏感物种表示系统变化不可能展现出清楚的因果关系。生物对生态系统变化的响应机制不同，指示生物只指示存在着一定的适宜指示物种的生态环境，至于指示物种的减少是否会对系统产生重要影响，指示物种在生态系统中的作用等确定均非常困难和复杂。因此，指示生物法不能全面反映生态系统的变化趋势。而且指示生物法还存在一些问题，如指示物种的筛选标准不明确，难以确定不同生物类群进行评价时的取样尺度与频度等。另外，指示物种的一些监测参数的选择不恰当，也会给生态系统健康评价带来偏差。

8.3.3.1　输水工程生态需水阈值确定——以南水北调中线工程为例

1）生态需水阈值的内涵

生态需水的概念强调的是维持生态系统健康所需要的水量与水质，生态需水的阈值指标应该包括水质要素与水量要素。鉴于环境影响评价中分工与生态影响关注的重点，本课题认为，生态需水的生态阈值可以通过最小生态需水量反映（图 8-18）。

首先，关于最小生态需水量的认识，国内外众多学者虽然提出了不同的见解，但主要集中在两个方面：一方面如果以生态功能确定生态需水量，最小生态需水量是指维持生态系统生态功能的生态需水量；另一方面从生态系统健康的角度出发，可以认为最小生态需水量是介于生态系统健康水平状态“开始退化”的过渡点或者过渡带。

综合生态需水评价的研究：现有的关于最小生态需水量确定的方法中，比较成熟的是在《河湖生态系统评估导则》中提出的，具体见表 8-17。

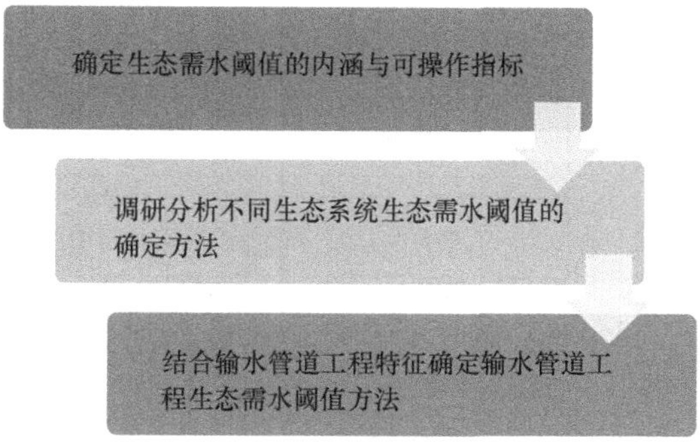

图 8-18　输水工程生态需水阈值评价

表 8-17　河湖生态需水阈值

栖息地等定性描述	推荐的流量标准（年平均流量百分数/%）	
	一般用水期（10～次年 3 月）	鱼类产卵育幼期（4～9 月）
最大	200	200
最佳流量	60～100	60～100
极好	40	60
非常好	30	50
好	20	40
开始退化的	10	30
差或最小	10	10
极差	＜10	＜10

数据来源：《河湖生态需水评估导则》

2）不同生态系统的生态需水阈值的确定方法

马洪涛等在对国内外生态需水研究进展调研与分析的基础上，对城市的水生生态系统最小生态需水计算方法进行了探讨与研究，提出了以外包络线为核心的计算方法。该方法首先认为城市水生生态系统最小生态需水量的计算目的是为城市水资源规划与城市水生态建设提供依据，在计算城市最小生态需水量时必须充分考虑城市生态需水所承担的功能。而城市水生生态系统的生态需水主要承担以下 3 个功能：提供水生生物栖息地空间，提供满足水生生物的水质要求而需要的稀释净化水，满足景观等社会需求。将此 3 项功能作为计算基础，在计算过程中，还要减去各功能间的重复量。具体的计算过程包括：①针对研究区域进行文献调研和现场调研，得到研究区域实际情况及规划目标、生态需水量计算公式库、生态需水量计算参数库、研究区域内生态需水主要承担功能划分情况及研究区域范围及子区域范围划分。②根据计算区域情况及研究区域的规划目标，划分计算时段，计算总目标和研究子区域；根据生态需水量计算公式库和计算参数库进行计算公式和计算参数的筛选。③综合计算区域划分情况、计算时段、计算目标、计算公式和参数，以及功能，得到各分区在各时段及各功能下的生态需水量。在此基础上，根据木桶效应原理，取各功能下生态需水量的外包络线，得到各分区在各时段下的生态需水量，并得到最终的生态需水量。

8.3.3.2　沿线生态系统阈值确定

植被覆盖度生态阈值评价指标体系见图 8-19。

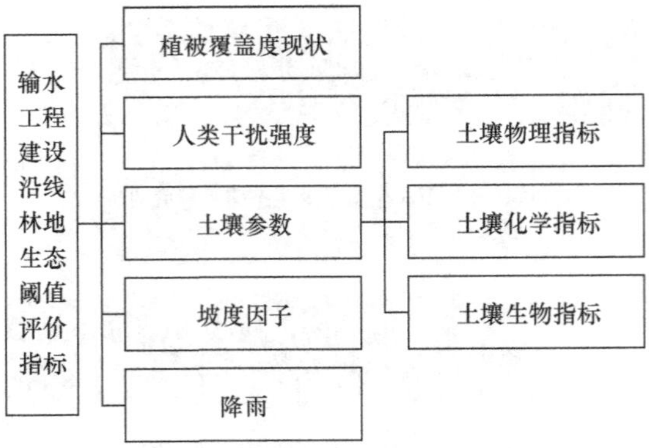

图 8-19 植被覆盖度生态阈值评价指标体系

湿地面积生态阈值评价指标体系见图 8-20。

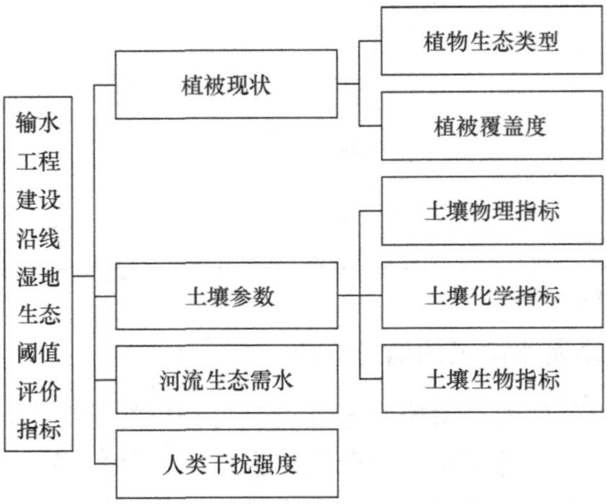

图 8-20 湿地面积生态阈值评价指标体系

生态阈值的确定仍然是一个复杂的系统问题，存在着诸多难点与不确定性。本课题从生态系统阈值识别的基本理论出发，结合输水管道工程的生态影响特征，梳理归纳了输水管道工程阈值确定的评价原则，并提出了输水管道工程生态需水、沿线生态系统、水生生态系统阈值确定的方法。主要结论如下。

第一，关于输水管道生态阈值确定的理论方面，生态阈值带的上下限确定对于输水管道工程而言并不能构建统一的标准，应当根据敏感物种、敏感因子等具体问题具体分析。

第二，总体而言，输水管道工程生态影响评价的阈值确定应当遵循科学性、整体性与代表性、实用性和可操作性、河流修复与社会经济协调发展原则、社会经济效益与生态效益相统一的原则。

第三，输水管道工程的生态需水的阈值选取评价等级为二级与三级，根据生态需水的评价方法，选取历史数据所确定的评价阈值；在评价等级为一级或者牵涉生态敏感区与重要生态功能区的输水管道工程，应当构建阈值确定指标体系。

第四，输水管道工程沿线生态系统阈值的确定应在生态系统类型阈值确定的基础上，结合生态影响的现状与预测分析，对于不同指标构架不同的阈值确定指标评价体系。

主要参考文献

蔡志洲. 1995. 论公路建设的生态影响. 公路交通科技, 12: 43-48.

曹力媛. 2002. 高速公路建设的生态环境问题及对策研究. 山西交通科技, (2): 7-8.

曾辉, 孔宁宁, 李书娟. 2001. 卧龙自然保护区人为活动对景观结构的影响. 生态学报, 21: 1994-2001.

曾雅娟, 海鹰, 陈济丁, 王云, 叶成银, 庞明, 陶双成, 王萌萌. 2012. 中国-巴基斯坦喀喇昆仑公路沿线植被调查初报. 干旱区研究, 29: 73-80.

陈斌, 魏庆曜, 金炜东. 2002. 公路建设环境影响评价系统的开发. 广西交通科技, 27: 11-14.

陈辉, 李双成, 郑度. 2003. 青藏公路铁路沿线生态系统特征及道路修建对其影响. 山地学报, 21: 559-567.

陈利顶. 2006. 西气东输工程沿线生态系统评价与生态安全. 北京: 科学出版社.

陈利顶, 吕一河, 田惠颖, 施茜. 2007. 重大工程建设中生态安全格局构建基本原则和方法. 应用生态学报, 18: 674-680.

陈利顶, 王计平, 姜昌亮, 张海萍. 2010. 廊道式工程建设对沿线地区景观格局的影响定量研究. 地理科学, 30: 161-167.

陈利顶, 李秀珍, 傅伯杰, 肖笃宁, 赵文武. 2014. 中国景观生态学发展历程与未来研究重点. 生态学报, 34: 3129-3141.

陈雨人, 朱照宏. 1997. 道路环境影响评价指标体系的研究. 同济大学学报(自然科学版), 25: 640-644.

成文连, 王飞飞, 刘钢, 关彩虹. 2010. 青藏铁路格望段工程生态影响的主要特征: 线型切割. 环境科学与管理, 35: 151-153.

程胜高, 鱼红霞, 殷坤龙. 2000. 高速公路生态环境评价的研究. 环境保护: 21-23.

崔保山, 贺强, 赵欣胜. 2008. 水盐环境梯度下翅碱蓬(*Suaeda salsa*)的生态阈值. 生态学报, 28: 1408-1418.

丁建林. 2003. 我国油气管道技术和发展趋势. 油气储运, 22: 22-25.

丁晓静, 王耕. 2010. 基于AHP和熵值法的辽宁省城市生态安全评价. 环境科学与管理, 35: 172-176.

董常晖, 徐燕. 2004. 公路工程环境影响评价的研究进展. 交通环保, 25: 44-47.

董仁才, 孙晓泽, 李春明, 刘涛, 苟亚青. 2011. 青藏铁路沿线生态环境敏感性评价GIS模型. 生态学杂志, 30: 2093-2098.

范敬龙, 徐新文, 雷加强, 赵景峰, 李生宇, 王海峰, 张建国, 周宏伟. 2008. 塔里木沙漠公路沿线地下水位的时空变化及其影响因素分析. 科学通报, 53(增刊Ⅱ): 43-51.

傅伯杰, 陈利顶. 1996. 景观多样性的类型及其生态意义. 地理学报, 5: 454-462.

高丽, 王继涛. 2008. 南水北调工程对生态环境的影响综述. 水利科技与经济, 14: 131-133.

高启晨, 陈利顶, 姜昌亮, 李国强, 丘君, 高安. 2003. 西气东输管道沿线河西走廊地区生态系统评价与生态安全保障体系建设. 干旱区地理, 26: 309-315.

高永年, 高俊峰. 2010. 南水北调中线工程对汉江中下游流域生态环境影响的综合评价. 地理科学进展, 29: 59-64.

关华. 2006. 道路建设中的生态问题——应用生态廊道设计降低生态冲击的新观点. 生态经济: 112-116.

郭广慧, 陈同斌, 宋波, 杨军, 黄泽春, 雷梅, 陈玉成. 2007. 中国公路交通的重金属排放及其对土地污染的初步估算. 地理研究, 26: 922-930.

郭丽新，郭书海，冷延慧，孙铁珩. 2004. 西气东输河南至上海工程段沿线土壤扰动及其对农田生态系统的影响. 农业环境科学学报, 23: 536-539.
国家林业局. 2011. 第4期中国荒漠化和沙化状况公报. 北京：国家林业局.
海热提，王文兴. 2004. 生态环境评价、规划与管理. 北京：中国环境科学出版社.
郝红彬. 2007. 生态公路建设环境损失经济评价的研究. 长沙：中南大学硕士学位论文.
何志恒，张全发. 2007. 南水北调中线工程对具入侵性植物传播的潜在影响评估. 武汉植物学研究, 25: 335-342.
河湖生态需水评估导则(试行). SL/Z 479—2010. 北京：中国水利水电科学研究院.
胡月明，万洪富，吴志峰，吴谷丰，李华兴. 2001. 基于 GIS 的土壤质量模糊变权评价. 土壤学报, 38: 266-274.
黄昌勇，徐建明. 2010. 土壤学. 北京：中国农业出版社.
黄春芳. 2008. 油气管道设计与施工. 北京：中国石化出版社.
黄高花，沈冰，张翼，董志平，石勇. 2005. 西气东输管线(陕西西段)工程对风蚀影响的监测评价. 水土保持通报, 25(4): 34-37.
金良俊，张强. 2006. ±500kV 直流输电工程环境影响评价. 环境科学与技术, 29: 51-53, 118.
孔国辉. 1988. 大气污染与植物. 北京：中国林业出版社.
李国艳，刘珊，李莉莉，王丽敏，冯月. 2009. 陕北脆弱生态区天然气管道的生态环境影响评价. 西安文理学院学报(自然科学版), 12: 59-61.
李和平，史海滨，郭元裕，沈佩君. 2005. 牧区水草资源持续利用与生态系统阈值研究. 水利学报, 36: 694-700.
李建基. 2004. 高压断路器及其应用. 北京：中国电力出版社.
李庆旭，刘光琇，卲麟惠. 2007. 层次分析法在高速公路生态环境影响评价中的应用. 冰川冻土, 29: 653-658.
李胜，陶章华，赵冬梅，童利忠. 1999. 道路交通环境影响评价的物元模型. 环境保护科学, 25: 37-41.
李修刚，王炜，李方，邓学钧. 1998. 用于道路环境影响综合评价的改进图形叠置法. 中国公路学报, 11: 89-93.
李修刚，王炜，李方，邓学钧. 2001. 用于道路环境影响综合评价的基于 GIS 的图形叠置法. 环境科学学报, 21: 448-453.
李影，李国义，马文鑫. 2009. 我国油气管道建设现状及发展趋势. 中国西部科技, 8: 6-8.
李月辉，胡远满，李秀珍，肖笃宁. 2003. 道路生态研究进展. 应用生态学报, 14: 447-452.
李中才，刘林德，孙玉峰，崔金荣. 2010. 基于 PSR 方法的区域生态安全评价. 生态学报, 30: 6495-6503.
刘建军. 1991. 大型公路工程生态环境影响的综合评价. 干旱区资源与环境, 5: 34-42.
刘杰，崔保山，董世魁，朱建军. 2006a. 公路建设干扰下的生态系统变化及其机理. 水土保持通报, 26: 31-36.
刘杰，崔保山，杨志峰，董世魁，姚维科. 2006b. 纵向岭谷区高速公路建设对沿线植物生物量的影响. 生态学报, 26: 83-90.
刘进琪. 2006. 大通河跨流域调水对生态环境的影响. 甘肃科技学报, 18: 49-52.
刘鸣. 2010. 系统评价、Meta-分析设计与实施方法. 北京：人民卫生出版社.
刘世梁，杨志峰，崔保山，甘淑. 2005. 道路对景观的影响及其生态风险评价——以澜沧江流域为例. 生态学杂志, 24: 897-901.
刘世梁，崔保山，杨志峰，董世魁. 2006a. 道路网络对澜沧江流域典型区土地利用变化的驱动分析. 环境科学学报, 26: 162-167.
刘世梁，崔保山，杨志峰，甘淑，董世魁. 2006b. 高速公路建设对山地景观格局的影响——以云南省澜沧江流域为例. 山地学报, 24: 54-59.

刘世梁，郭旭东，傅伯杰，连纲，王静. 2006c. 道路网络对黄土高原过渡区土地生态安全的影响. 干旱区研究, 23: 126-132.
刘世梁，崔保山，温敏霞，董世魁. 2008. 路域土壤重金属含量空间变异的影响因子. 环境科学学报, 28: 253-260.
刘燕华，李秀彬. 2007. 脆弱生态环境与可持续发展. 北京：商务印书馆.
鲁先龙，乾增珍. 2009. 输电线路基础工程中的环境岩土问题及设计对策. 武汉大学学报(工学版), 42(S1): 253-256.
马倩，张洋，赵枫. 2011. 基于PSR模型的干旱区绿洲城市生态安全评价——以乌鲁木齐市为例. 土壤通报, 42: 1225-1230.
马世骏，王如松. 1985. 边缘效应及其在经济生态学中的应用. 生态学杂志, 2: 38-42.
毛文永. 1988. 生态环境影响评价概论. 北京：中国环境科学出版社.
缪峰，杨国华，赵波. 2004. 南水北调对血吸虫病流行的影响及其控制策略. 生物学通报, 39: 18-20.
穆从如. 1994. 石油开发对黄土高原地区生态环境的影响研究. 地理研究: 19-27.
穆从如，杨林生. 1995. 石油长输管道工程对生态环境的影响. 环境科学, 16(2): 83-87.
潘荣叁. 2011. 浅析路基压实度的控制技术. 筑路机械与施工机械化, 28: 52-54.
裴源生，王建华，罗琳. 2004. 南水北调对海河流域水生态环境影响分析. 生态学报, 24: 2115-2123.
彭少麟，唐小焱. 1998. Meta分析及其在生态学上的应用. 生态学杂志, 17: 74-79.
蒲明. 2009. 中国油气管道发展现状及展望. 国际石油经济: 40-47.
钱亦兵，雷加强，徐新文. 2001. 吐乌大公路建设对生态环境的不良影响及对策. 干旱区地理, 24: 165-171.
丘君，陈利顶，高启晨，姜昌亮，樊自立，李国强. 2003. 施工干扰下的生态系统稳定性评价——以西气东输管道工程沿线新疆干旱荒漠区为例. 干旱区地理, 26: 316-322.
裘丽，冯祚建. 2004. 青藏公路沿线白昼交通运输等人类活动对藏羚羊迁徙的影响. 动物学报, 50: 669-674.
曲格平. 2002. 关注生态安全之一：生态环境问题已经成为国家安全的热门话题. 环境保护: 3-5.
沙占江，李玲琴，马海州，白艳芬，王明祥，马海英. 2008. 南水北调西线一期工程调水枢纽研究区景观空间格局现状分析. 南水北调与水利科技, 6: 8-12.
沈渭寿，张慧，邹长新. 2005. 青藏铁路生态影响预测与评价. 北京：中国环境科学出版社.
盛海洋. 2004. 中国南水北调工程进展综述. 地球科学进展: 140-146.
盛海洋，郭志永，翟秋敏. 2004. 南水北调工程规划、环境影响及生态环境保护. 水利与建筑工程学报, 2: 36-39.
施晓清，赵景柱，欧阳志云. 2005. 城市生态安全及其动态评价方法. 生态学报, 25: 3237-3243.
时鹏，汪亚峰，陈利顶. 2012. 廊道式工程建设对土壤生态环境影响的meta分析. 生态学杂志, 31: 2029-2037.
时鹏，陈利顶，肖峻，汪亚峰. 2015. 廊道式建设工程生态影响评价范围. 干旱区研究, 32(1): 132-139.
宋艾玲，梁光川，王文耀. 2006. 世界油气管道现状与发展趋势. 油气储运, 25: 1-6.
孙乔宝，甄晓云. 2000. 高速公路建设对生态环境的影响及恢复. 昆明理工大学学报, 25: 68-71.
陶福禄，冯宗炜. 1999. 中国南方生态系统的酸沉降临界负荷. 中国环境科学, 19: 14-17.
涂敏，邹家祥. 2000. 南水北调中线工程对土壤环境的影响. 水电站设计, 16: 52-56.
万本太，徐海根，丁晖，刘志磊，王捷. 2007. 生物多样性综合评价方法研究. 生物多样性, 15: 97-106.
王刚，袁国映. 2001. 西气东输工程塔里木气田开发建设区生物多样性(植被)及其影响评价. 新疆环境保护, 23: 15-19.
王建军. 2003. 公路建设项目后评价理论研究. 西安：长安大学博士学位论文.
王石春，陈光宗. 1998. 隧道水文地质环境变化及其对生态环境影响的评估. 世界隧道, 5: 8-13.

吴伟光. 2002. 森林环境价值评价与实现问题研究. 杭州: 浙江大学硕士学位论文.
武高林, 陈敏, 杜国祯. 2008. 营养和光照对不同生态幅风毛菊属植物幼苗形态可塑性的影响. 应用生态学报, 19: 1708-1713.
肖笃宁, 陈文波, 郭福良. 2002. 论生态安全的基本概念和研究内容. 应用生态学报, 13: 354-358.
肖峻, 汪亚峰, 时鹏, 陈利顶. 2013. 荒漠草原区油气管道建设对地表植被格局的影响. 中国环境科学, 33: 2027-2034.
肖峻, 时鹏, 汪亚峰, 陈利顶. 2014. 油气管道建设对干旱荒漠区景观格局影响的比较研究. 干旱区地理, 37: 767-776.
熊春平, 朱权云, 翁帮华. 2004. 天然气长输管道工程建设项目环境影响评价技术探讨. 石油与天然气化工, 33: 375-378.
熊婷. 2011. 天然气长输管道工程生态环境影响评价及脆弱生态环境保护研究. 兰州: 西北师范大学硕士学位论文.
徐宪立, 张科利, 孔亚平, 陈济丁. 2006. 重庆市骨架公路网规划生态环境影响评价. 长江流域资源与环境, 15: 107-111.
许申来, 陈利顶, 陈忱, 黄勇, 张镀光. 2008. 管道工程建设对沿线地区农业土壤养分的影响——以西气东输冀宁联络线为例. 农业环境科学学报, 27(2): 627-635.
闫海明, 战金艳, 张韬. 2012. 生态系统恢复力研究进展综述. 地理科学进展, 31: 303-314.
杨芳, 贺达汉. 2006. 生境破碎化对生物多样性的影响. 生态科学, 25: 564-567.
杨桂山. 2001. 三峡与南水北调工程建设及海平面上升对上海城市供水水质的可能影响. 地理科学, 21: 123-129.
杨生妹, 淮虎银, 张镱锂, 殷宝法, 周乐, 魏万红. 2006. 青藏铁路温性草原区铁路运营对啮齿动物群落结构的影响. 兽类学报, 26: 267-273.
杨士建. 2003. 灰色模型在确定关键污染因子中的应用. 中国环境监测, 19: 40-42.
尹忠东, 李一为, 辜再元, 赵方莹, 赵廷宁, 周心澄. 2006. 论道路建设的生态环境影响与生态道路建设. 水土保持研究, 13: 161-164.
余海龙, 顾卫, 姜伟, 张春禹, 刘永兵. 2006. 高速公路路域土壤质量退化演变的研究. 水土保持学报, 20: 195-198.
张新玲, 田爱军, 王水, 韩敏. 2011. 管道工程对敏感区的生态环境影响及对策分析. 环境科技, 24: 51-53.
张镱锂, 阎建忠, 刘林山, 摆万奇, 李双成, 郑度. 2002. 青藏公路对区域土地利用和景观格局的影响——以格尔木至唐古拉山段为例. 地理学报, 57: 253-266.
张振维, 李巍, 盖勇刚. 2000. 沈大高速公路环境空气污染现状研究. 环境保护科学, S1: 81-84.
章家恩, 徐琅. 1995. 道路的生态学影响及其生态建设. 生态学杂志, 14: 74-77.
赵慧, 崔保山, 白军红, 任华丽. 2007. 纵向岭谷区高速公路对沿线土壤-植物系统的影响. 科学通报, 52: 176-184.
赵静, 韩甜甜, 谢兴斌, 董彦, 吴曼, 梁爱新, 沈向. 2011. 酸化梨园土壤酶活性与土壤理化性质之间的关系. 水土保持学报, 25: 115-120.
赵敏, 常玉苗. 2009. 跨流域调水对生态环境的影响及其评价研究综述. 水利经济, 27: 1-4.
赵宁, 俞顺章. 1995. Meta-analysis(元分析)Ⅱ. Meta-analysis 方法比较与应用. 山西医学院学报, 26: 295-362.
赵勇, 李群, 吴明作. 2005. 生态影响综合评价方法在公路选线中的应用. 公路交通科技, 22: 163-166.
郑凤英, 彭少麟. 1999. 捕食关系的 Meta 分析. 生态学报, 19: 448-452.
中国石油规划总院. 2008. 西气东输 II 线工程(西段)环境影响报告书. 北京.
中华人民共和国水利部. 2013. 第一次全国水利普查水土保持情况公报. 北京: 中华人民共和国水利部.

宗跃光. 1999. 城市景观生态规划中的廊道效应研究——以北京市区为例. 生态学报, 19: 3-8.

左伟. 2002. 基于 RS、GIS 和 Models 的区域生态环境系统安全综合评价研究. 南京: 南京师范大学博士学位论文.

左伟, 王桥, 王文杰, 吴秀芹, 杨一鹏, 杨丽静, 朱晓华. 2005. 区域生态安全综合评价模型分析. 地理科学, 25: 209-214.

Abella, S. R., Newton, A. C., Bangle, D. N. 2008. Plant succession in the eastern Mojave Desert an example from Lake Mead National Recreation Area, southern Nevada. Crossosoma, 34: 25-35.

Andrews, A. 1992. Fragmentation of habitat by roads and utility corridors: A review. Biological Conservation, 59: 130-141.

Auerbach, N. A., Walker, M. D., Walker, D. A. 1997. Effects of roadside disturbance on substrate and vegetation properties in arctic tundra. Ecological Applications, 7: 218-235.

Benfenati, E., Valzacchi, S., Mariani, G., Airoldi, L., Fanelli R. 1992. PCDD, PCDF, PCB, PAH, cadmium and lead in roadside soil: relationship between road distance and concentration. Chemosphere, 24:1077-1083.

Benítez-López, A., Alkemade, R., Verweij, P. A. 2010. The impacts of roads and other infrastructure on mammal and bird populations: A Meta-analysis. Biological Conservation, 143: 1307-1316.

Bohemen, H. D., Laak, W. H. J. 2003. The influence of road infrastructure and traffic on soil, water and air quality. Environmental Management, 31 : 50-68.

Cai, M., Sun, Z., Li, X. L., Li, Y. 2011. A review on ecological and environment impact assessment of municipal power transmission and transformation system. Advances in Computer Science, Intelligent System and Environment, 106: 593-598.

Calabrese, J. M., Fagan, W. F. 2004. A comparison-shopper's guide to connectivity metrics. Frontiers in Ecology and the Environment, 2: 529-536.

Canadian Environmental Assessment Agency. 1996. A reference guide for the Canadian Environmental Assessment Act: assessing environmental effects on physical and cultural heritage resources. Hull, Quebec, Canada.

Carpenter, S. R. 1996. Drivers and dynamics of changes in biodiversity. Cambridge: Cambridge University Press.

Coiffait-Gombault, C., Buisson, E., Dutoit, T. 2011. Hay transfer promotes establishment of Mediterranean steppe vegetation on soil disturbed by pipeline construction. Restoration Ecology, 19: 214-222.

Cui, B., Zhao, S., Zhang, K., Li, S., Dong, S., Bai, J. 2009. Disturbance of Dabao highway construction on plant species and soil nutrients in Longitudinal Range Gorge Region(LRGR)of Southwestern China. Environmental Monitoring and Assessment, 158: 545-559.

Culley, J. L. B., Dow, B. K., Presant, E. W. 1982. Recovery of productivity of Ontario soils disturbed by an oil pipeline installation. Canadian Journal of Soil Science, 62: 267-279.

Daily, G. C. 1997. Nature's Services: Societal Dependence on Natural Ecosystems. Washington, DC: Island Press.

Desserud, P. A., Naeth, M. A. 2013. Natural recovery of Rough Fescue [Festuca Hallii (Vasey) Piper] grassland after disturbance by pipeline construction in Central Alberta, Canada. Natural Areas Journal, 33: 91-98.

Develey, P. F., Stouffer, P. C. 2001. Effects of roads on movements by understory birds in mixed-species flocks in central Amazonian Brazil. Conservation Biology, 15: 1416-1422.

Ducros, C. M., Joyce, C. B. 2003. Field-based evaluation tool for riparian buffer zones in agricultural catchments. Environmental Management, 32: 252-267.

Egbunike, O. N., Potter, A. T. 2011. Are freight pipelines a pipe dream? A critical review of the UK and European perspective. J Transport Geography, 19: 499-508.

Eigenbrod, F., Hecnar, S. J., Fahrig, L. 2008. Accessible habitat: an improved measure of the effects of habitat loss and roads on wildlife populations. Landscape Ecology, 23: 159-168.

Enea, M., Salemi, G . 2001. Fuzzy approach to the environmental impact evaluation. Ecological Modelling, 136: 131-147.

Fahrig, L. 2001. How much habitat is enough? Biological Conservation, 100: 65-74.

Fahrig, L. 2002. Effect of habitat fragmentation on the extinction threshold: a synthesis. Ecological Application, 12: 346-353.

Ferrary, C. 1995. The implications of environmental assessment procedures for the engineering of railway projects. Proceedings of the ICE-Transport, 111: 33-39.

Findlay, T., Scot, C., Bourdages, J. 2000. Response time of wetland biodiversity to road construction on adjacent lands. Conservation Biology, 14: 86-94.

Fiori, S. M., Zalba, S. M. 2003. Potential impacts of petroleum exploration and exploitation on biodiversity in a Patagonian Nature Reserve, Argentina. Biodiversity & Conservation, 12: 1261-1270.

Fischer, T. B. 1999. Comparative analysis of environmental and socio-economic impacts in sea for transport related policies, plans, and programs. Environment Assessment Impact Review, 19: 275-303.

Forman, R. T. T. 2003. Road Ecology: Science and Solution. Washington, DC: Island Press.

Forman, R. T. T., Alexander, L. E. 1998. Road and their major ecological effects. Annual Review of Ecology and Systematics, 29: 207-231.

Forman, R. T. T., Deblinger, R. D., 2000. The ecological road-effect zone of a Massachusetts(USA)suburban highway. Conservation Biology, 14: 36-46.

Gibbs, J. P. 1998. Distribution of woodland amphibians along a forest fragmentation gradient. Landscape Ecology, 13: 314-326.

Gjessing, E., Lygren, E., Berglind, L., Gulbrandsen, T., Skanne, R. 1984. Effect of highway runoff on lake water quality. Science of the Total Environment, 33: 245-257.

Glass, G. V. 1976. Primary, secondary, and meta analysis of research. Education Research, 6: 3.

Goosem, M. 2001. Effects of tropical rainforest roads on small mammals: inhibition of crossing movements. Wildlife Reseach, 28: 351-364.

Hansen, M. J., Clevenger, A. P. 2005. The influence of disturbance and habitat on the presence of non-native plant species along transport corridors. Biological Conservation, 125: 249-259.

Hardt, E., Pereira-Silva, E. F. L., Dos Santos, R. F., Tamashiro, J. Y., Ragazzi, S., Lins, D. B. D. S. 2013. The influence of natural and anthropogenic landscapes on edge effects. Landscape and Urban Planning, 120: 59-69.

Hopmans, J., Dane, J. 1986. Temperature dependence of soil hydraulic properties. Soil Science Society of America Journal, 50: 4-9.

Howgego, T., Roe, M. 1998. The use of pipelines for the urban distribution of goods. Transport Policy, 5: 61-72.

IUCN. 2001. IUCN Red List categories and criteria: version 3.1. Species Survival Commission, World Conservation Union(IUCN). Gland, Switzerland and Cambridge, UK.

Ivey, J. L., McBride, R. A. 1999. Delineating the zone of topsoil disturbance around buried utilities on agricultural land. Land Degradation & Development, 10: 531-544.

João, E. 2007. A research agenda for data and scale issues in Strategic Environmental Assessment(SEA). Environmental Impact Assessment Review, 27: 479-491.

Jones, M. E. 2000. Road upgrade, road mortality and remedial measures: impacts on a population of eastern quolls and Tasmanian devils. Wildlife Res, 27: 289-296.

Kooistra, L., Leuven, R. S., Nienhuis, P. H., Wehrens, R., Buydens, L. M. 2001. A procedure for incorporating spatial variability in ecological risk assessment of Dutch river floodplains. Environmental Management, 28: 359-373.

Kowaljow, E., Rostagno, C. M. 2008. Gas-pipeline installation effects on superficial soil properties and vegetation cover in northeastern Chubut. Ciencia del Suelo, 26: 51-62.

Landsburg, S. 1989. Effects of pipeline construction on chernozemic and solonetzic A and B horizons in central Alberta. Canadian Journal of Soil Science, 69(2): 327-336.

Lee, J. T., Elton, M. J., Thompson, S. 1999. The role of GIS in landscape assessment: using land-use-based criteria for an area of the Chiltern Hills Area of Outstanding Natural Beauty. Land Use Policy, 16: 23-32.

Lévesque, L. M., Dubé, M. G. 2007. Review of the effects of in-stream pipeline crossing construction on aquatic ecosystems and examination of Canadian methodologies for impact assessment. Environment Monitoring and Assessment, 132: 395-409.

Liu, H., Noble, J. S., Wu, J., Zuniga, R. 1998. Economics of coal log pipeline for transporting coal. Transportation Res Part A: Policy and Practice, 32: 377-391.

Liu, H., Chen, L. P., Ai, Y. W. 2009. Heavy metal contamination in soil alongside mountain railway in Sichuan, China. Environmental Monitoring and Assessment, 152: 25-33.

Lü, Y. H., Chen, L. D., Fu, B. J. 2008. Land-cover effects on red soil rehabilitation in China: A Meta-analysis. Progress in Physical Geography, 32: 491-502.

Ma, J. H., Chu, C. J., Li, J., Song, B. 2009. Heavy metal pollution in soils on railroad side of zhengzhou-putian section of Longxi-Haizhou Railroad, China. Pedosphere, 19: 121-128.

Mao, X., Wang, F., Wang, B. 2011. Nationwide desert highway assessment: a case study in China. International Journal of Environmental Research and Public Health, 8: 2734-2746.

May, R. 1977. Thresholds and breakpoints in ecosystems with a multiplicity of stable states. Nature, 269: 471-477.

McHarg, I. L., Mumford, L. 1969. Design with nature. American Museum of Natural History, New York.

Mladenoff, D. J., Sickley, T. A., Wydeven, A. P. 1999. Predicting gray wolf landscape recolonization: Logistic regression models vs. new field data. Ecological Applications, 9: 37-44.

Muradian, R. 2001. Ecological thresholds: a survey. Ecological Economics, 38: 7-24.

Nabulo, G., Oryem-Origa, H., Diamond, M. 2006. Assessment of lead, cadmium, and zinc contamination of roadside soils, surface films, and vegetables in Kampala City, Uganda. Environmental Research, 101: 42-52.

Naeth, M. A, McGill, W. B., Bailey, A. W. 1987 Persistence of changes in selected soil chemical and physical properties after pipeline installation in Solonetzic native rangeland. Canadian Journal of Soil Science, 67: 747-763.

OECD. 2001. Sustainable Development-critical issues. Organization for Economic Cooperation and Development, Paris.

Olander, L. P., Scatena, F. N., Silver, W. L. 1998. Impacts of Disturbance Initiated by Road Construction in a Subtropical Cloud Forest in the Luquillo Experimental Forest, Puerto Rico. Forest Ecology and Management, 109(1-3): 33-49.

Olson, E. R., Doherty, J. M. 2012 The legacy of pipeline installation on the soil and vegetation of southeast Wisconsin wetlands. Ecological Engineering, 39: 53-62.

Putwain, P. D., Gillham, D. A., Holliday, R. J. 1982: Restoration of heather moorland and lowland heathland, with special reference to pipelines. Environmental Conservation, 9: 225-235.

Qi, S. S., Hao, F. H., Ouyang, W., Cheng, H. G. 2012. Characterizing landscape and soil erosion dynamics under pipeline interventions in Southwest China. Procedia Environmental Sciences, 13: 1863-1871.

Radford, J. Q., Bennett, A. F., Cheers, G. J. 2005. Landscape-level thresholds of habitat cover for woodland-dependent birds. Biological Conservation, 124: 317-337.

Rapport, D. J., Friend, A. M. 1979. Towards a Comprehensive Framework for Environmental Statistics: A Stress Response Approach. Statistics Canada, Ottawa.

Reid, W. V., Kenton, R. M. 1989. Keeping options alive: the scientific basis for conserving biodiversity. World Resources Institute, Washington, D.C.

Riley, S. J. 1984. Effect of clearing and roading operations on the permeability of forest soils, Karuah Catchment, New-South-Wales, Australia. Forest Ecology and Management, 9(4): 283-293.

Rodríguez, J. P., Bakch, J. K., Rodríguez-Clark, K. M. 2007. Assessing extinction risk in the absence of species-level data: quantitative criteria for terrestrial ecosystems. Biodiversity and Conservation, 16: 183-209.

Sankoh, O., Bonner, D., Determann, T., Gersten, J., Gropp, A., Hoelters, I., Krueger, N., Lehmann, U., Marty, C., Strauss, K. 1993. Finding and assessing route alternatives. Journal of Environment Management, 38: 323-334.

Saunders, S. C., Mislivets, M. R., Chen, J. Q., Cleland, D. T. 2002. Effects of roads on landscape structure within nested ecological units of the Northern Great Lakes Region, USA. Biological Conservation, 103: 209-225.

Schoener, T. W., Spiller, D. A. 1987. Effects of lizards on spider populations: manipulative reconstruction of experiment. Science, 236: 949-952.

Sherwood, B. R., Cutler, D. F., Burton, J. A. 2002. Wildlife and roads: the ecological impact. World Scientific Publishing Company.

Shi, P., Xiao, J., Wang, Y. F., Chen, L. D. 2014. The effects of pipeline construction disturbance on soil properties and restoration cycle. Environmental Monitoring and Assessment, 186: 1825-1835.

Shi, P., Huang, Y., Chen, C., Wang, Y. F., Chen, L. D. 2015a. How does pipeline construction affect land desertification? A case study in northwest China. Natural Hazards, doi: 10.1007/s11069-015-1688-8.

Shi, P., Huang, Y., Chen, H. B., Wang, Y. F., Xiao, J., Chen, L. D. 2015b. Quantifying the effects of pipeline installation on agricultural productivity in west China. Agronomy Journal, 107: 524-531.

Solé-Senan, X. O., Juárez-Escario, A., Conesa, J. A., Torra, J., Royo-Esnal, A., Recasens, J. 2014. Plant diversity in Mediterranean cereal fields: Unraveling the effect of landscape complexity on rare arable plants. Agriculture Ecosystems & Environment, 185: 221-230.

Spellerberg, I. F. 2002. Ecological Effects of Roads. New Hampshire: Science Publishers.

Stockle, C., Papendick, R., Saxton, K., Campbell, G., Van Evert, F. 1994. A framework for evaluating the sustainability of agricultural production systems. American Journal of Alternative Agriculture, 9: 45-50.

Takebe, H., Shiga, T., Kato, M. 2001. Biological and Health Effects From Exposure to Power-Line Frequency Electromagnetic Fields: Confirmation of Absence of any Effects at Environmental Field Strengths. Tokyo: Ohmsha IOS Press: 15-40.

Tilman, D., Wedin, D., Knops, J. 1996. Productivity and sustainability influenced by biodiversity in grassland ecosystems. Nature, 379: 718-720.

Trombulak, S. C., Frissell, C. A. 2000. Review of ecological effects of roads on terrestrial and aquatic communities. Conservation Biology,14: 18-30.

Tyser, R. W., Worley, C. A. 1992. Alien flora in grasslands adjacent to road and trail corridors in Glacier National Park, Montana (USA). Conservation Biology, 6: 253-262.

USEPA. 2001. Control of emissions of hazardous air pollutants from mobile sources: final rule. Federal Register, 66: 80-86.

Van Bohemen, H. D., Van De Laak, W. H. J. 2003. The influence of road infrastructure and traffic on soil, water, and air quality. Environmental Management, 31: 50-68.

Wang, W., Xie, J., Li, Z., Zhu, J. 2010. Research on Water & Soil Conservation and Eco-Restoration Management in West-East Natural Gas Pipeline Project of China. Pages 808-811 in E-Business and E-Government (ICEE), 2010 International Conference on. IEEE.

Witkowski, E. T. F., Wilson, M. 2001. Changes in density, biomass, seed production and soil seed banks of the non-native invasive plant, *Chromolaena odorata*, along a 15 year chronosequence. Plant Ecology: 152.

Woodward, C. L. 1996. Soil compaction and topsoil removal effects on soil properties and seedling growth in Amazonian Ecuador. Forest Ecology and Management, 82: 197-209.

Zink, T. A., Allen, M. F., Heindl-Tenhunen, B., Allen, E. B. 1995. The effect of a disturbance corridor on an ecological reserve. Restoration Ecology, 3: 304-310.